Friedrich Türcke · Herbert Tomiczek

Das Muffelwild

Das Muffelwild

Naturgeschichte · Ökologie · Hege · Jagd

Von Dr. Friedrich Türcke
und Dr. Herbert Tomiczek

Zweite, völlig neubearbeitete Auflage

Mit 195 Einzeldarstellungen in 114 Abbildungen,
davon 11 farbig, und 30 Tabellen

Verlag Paul Parey · Hamburg und Berlin

CIP-Kurztitelaufnahme der Deutschen Bibliothek

Türcke, Friedrich
Das Muffelwild : Naturgeschichte, Hege, Jagd /
von Friedrich Türcke u. Herbert Tomiczek. – 2.,
völlig neubearb. Aufl. – Hamburg ; Berlin :
Parey, 1982.
ISBN 3-490-44112-5
NE: Tomiczek, Herbert

 Anschriften: Spitalerstraße 12, 2000 Hamburg 1; Lindenstraße 44–47, 1000 Berlin 61. Printed in Germany by Druckerei Gebr. Rasch & Co., Bramsche. Umschlag- und Einbandgestaltung: Jan Buchholz und Reni Hinsch, Hamburg. Umschlagphoto: Ingo Gerlach GDT

ISBN 3-490-44112-5

Vorwort zur 2. Auflage

Die Monographie „Das Muffelwild" gilt als Standardwerk über Naturgeschichte, Hege und Jagd des Wildschafes. Seit Erscheinen der ersten Auflage sind sechzehn Jahre vergangen. In dieser Zeitspanne sind zahlreiche Untersuchungen über die Lebensweise des Muffelwildes durchgeführt und eine Fülle neuer Erkenntnisse gewonnen worden. Wissenschaftler und Praktiker haben gleichermaßen mitgewirkt, unser Wissen über dieses Wild zu erweitern, das nicht nur in Europa, sondern auch in anderen Erdteilen immer neue Lebensräume annimmt. So ist es auch gelungen, einige der genetischen und ökologischen Probleme beim Wildschaf zu erhellen und bisher übliche Begriffsfassungen neu zu formulieren.

Das alles hat seinen Niederschlag in der zweiten, völlig neubearbeiteten Auflage gefunden, die – unter Einbeziehung zahlreicher Veröffentlichungen aus dem In- und Ausland – den derzeitigen Stand unserer Kenntnisse über das Muffelwild wiedergibt. Das gilt im besonderen für die Ausführungen zur Stammesgeschichte, zu Lebensweise und Verhalten, zu Fang und Aussetzen, zur Fütterung wie zur Krankheitsvorbeuge und -bekämpfung. Wegen der starken Vermehrung des Muffelwildes zu einem Weltbestand von heute etwa 60000 Stück mußten auch die Verbreitungsnachweise aktualisiert werden.

Der Text ist durch zahlreiche Zeichnungen, Photos, Karten und Tabellen ergänzt und das Literaturverzeichnis erweitert worden.

Von Herbert Tomiczek, der nach dem Tode von Samuel Schmincke als Mit-Autor gewonnen werden konnte, stammt die Bearbeitung des biologischen Hauptteils mit den Abschnitten „Stammesgeschichte", „Erscheinung und Lebensweise", „Verbreitung". Die Abschnitte „Hege" und „Jagd" hat Friedrich Türcke verfaßt.

Allen, die uns bei dieser Arbeit unterstützt und die damit zur Vervollständigung des Buches beigetragen haben, gilt unser besonderer Dank.

Im Sommer 1982

Herbert Tomiczek, Mautern
Friedrich Türcke, Springe

Vorwort zur 1. Auflage

Als der Hamburger Industrielle Tesdorpf zu Anfang dieses Jahrhunderts das Muffelwild in deutschen Jagdrevieren einführte und mit großer Begeisterung förderte, gab er mit Überzeugung den Jägern sein Vermächtnis, daß der „reinblütige Mufflon" eine Wildart des Waldes sei, die sich hervorragend dieser Lebensgemeinschaft anpasse, den Anforderungen der Land- und Forstwirtschaft gerecht werde und sich deshalb zur Einbürgerung eigne. Inzwischen sind 60 Jahre vergangen, in denen zwei Völkerauseinandersetzungen in Europa tiefgreifende Veränderungen für das Gefüge der Jagdreviere mit seinen Wildarten gebracht haben. Trotz mancher Rückschläge hat das Muffelwild an Zahl und Verbreitung bemerkenswert zugenommen, und es haben viele Jäger Gefallen an dieser anspruchslosen, standorttreuen Hochwildart gefunden, die zudem eine reizvolle Trophäe trägt. Auch aus diesen Gründen sind die Wünsche für eine Neubesiedlung vieler Reviere gestiegen. So ist das Bedürfnis entstanden, über die Lebensweise und die Jagd des Muffelwildes erschöpfend informiert zu werden. Zugleich ist die Notwendigkeit gegeben, den Entwicklungsstand des Muffelwildes vom volkswirtschaftlichen, faunistischen und jagdlichen Gesichtspunkt her zu beurteilen und Licht in das Dunkel der sich vielfach widersprechenden Meinungen zu bringen. Waldeigentümer, Jagdvorsteher und Jagdpächter fragen immer wieder nach geeigneten Bezugsquellen, wollen Rat haben über die Technik der Einbürgerung, hegerische Behandlung und Fütterung, möchten Klarheit gewinnen über Fragen der Artreinheit oder Bastardierung und über Wildschäden. Deshalb ist der Versuch unternommen worden, ein Buch zu schreiben, das in erster Linie für den Jäger, dann aber auch für alle am Muffelwild interessierten Kreise bestimmt ist.

Die Anfänge einer Muffelwildmonographie gehen zurück auf eine Reihe von wertvollen Beiträgen, worunter die von Tesdorpf, dem verdienstvollen deutschen Förderer des Muffelwildes, und die von Dauster, dem wir die umfassende Erarbeitung der Grundlagen über die Verbreitung des Muffelwildes verdanken, zu nennen sind. Aufbauend auf diesem Fundament und auf vielen anderen Ergänzungen, von denen die Arbeiten von Rieck und die tschechische Monographie von Mottl besonders erwähnt werden müssen, gab 1955 den Anstoß zu dieser Monographie ein Forschungsauftrag des Landes Nordrhein-Westfalen in Düsseldorf und des Instituts für Jagdkunde der Universität Göttingen in Hann. Münden an Forstmeister Schmincke. Die Durchführung wurde von den Jagdbehörden und Jagdverbänden tatkräftig gefördert. Für diese Unterstützung sind wir zu großem Dank verpflichtet. Auf Grund dieses Auftrages wurden durch Forstmeister Schmincke alle Muffelwildreviere des Bundesgebietes bereist und die positiven sowie negativen Erfahrungen mit der Fülle der interessierenden Fragen persönlich mit den Revierinhabern, benachbarten Jägern, Forstleuten, Landwirten und Wissenschaftlern ausgetauscht und kritisch aufeinander abgestimmt. Es ergab sich auch die Gelegenheit, die meisten damals erreichbaren Trophäen nach einheitlichen Gesichtspunkten zu photographieren, zu vermessen und auszuwerten.

In entgegenkommender Weise haben viele Muffelwildkenner ihren Rat zur Verfügung gestellt. Wir danken hierfür Frau Dr. Mohr und den Herren Forstmeister Dauster, Dr. Goethe, K. Hagenbeck, Professor Heck, Professor Herre, Dr. Lindner, Professor

Müller-Using, Professor Nüsslein, Professor Rieck. Außerdem ist der großen Zahl der Revierinhaber und sonstigen an der Jagd auf Muffelwild Beteiligten für die Erteilung von Auskünften und Erfahrungsberichten zu danken. Wertvolle Informationen gingen uns auch aus anderen europäischen Ländern zu, die wir besonders den Herren Andres, Frohnleiten, Schmidt, Ma. Enzersdorf, Dr. Bubenik, Prag und Dr. Mottl, Zbraslav und aus unserer mitteldeutschen Heimat den Herren Uloth, Seligenstadt und Ofm. Wuttky, Gatersleben, zu danken haben.

Die technischen Zeichnungen hat Herr Forstmeister Füllgrabe, Seesen verfaßt. Ihm sei hierfür aufrichtig gedankt ebenso wie allen denen, die die photographischen Aufnahmen gefertigt und zur Verfügung gestellt haben.

Als Verfasser der Monographie sind zwei Autoren beteiligt. Dem naturgeschichtlichen Teil liegt eine Ausarbeitung von Forstmeister Samuel Schmincke, Heiligenkirchen, den Abschnitten Hege und Jagd eine solche von Forstmeister Dr. Friedrich Türcke, Springe, zugrunde. Die Verfasser haben sich bemüht, durch Austausch des Manuskriptes eine sich gegenseitig ergänzende Gesamtbearbeitung, die Dr. Türcke übernahm, zu fertigen. Sie soll als Handbuch die Jäger bei der Hege und Bejagung des Muffelwildes beraten.

Im Herbst 1965

Friedrich Türcke
Samuel Schmincke

Inhalt

Die Stammesgeschichte

Kein geringerer als der widderköpfige Götterkönig des ägyptischen Neuen Reiches, Amon (Amun Ré), stand bei der Namensgebung der Art Wildschafe der Gattung *Ovis* Pate. Sie erhielt durch den schwedischen Naturforscher CARL VON LINNÉ (1707–78) innerhalb der zoologischen Systematik den Namen *Ovis ammon* Linnaeus, 1758. Als König der Könige, *Ovis ammon ammon* Linnaeus 1758, bezeichnete er das größte aller Wildschafe, das mächtige Altai-Argali (Archar). Mit dem kleinsten Vetter, dem europäischen Mufflon, begann man sich erst zu einem späteren Zeitpunkt näher zu beschäftigen und er erhielt die Bezeichnung *Ovis ammon musimon* Schreber, 1782.

Blättern wir in der Stammesgeschichte etwa zwei Millionen Jahre, bis an die Grenze Pliozän/Pleistozän, zurück, so lebten nach Feststellungen von BOULE und VILLENEUVE (1927), welche durch Untersuchungen von GROMOV (1935/36) bestätigt wurden, im eurasischen Raum, von China bis Südfrankreich, „argaliartige", der Orientalis- und der Ammon-polii-nivicola-Gruppe zuzuordnende, und vom mittleren Pleistozän an „mufflonartige" Wildschafe. KESPER (1953) will diese Bezeichnung nur in bezug auf die Größe verstanden wissen und kennzeichnet echte Mufflone als Breitwuchstypen mit geringerer Körpergröße. Aus diesen Wildschafen ist im Verlaufe der stammesgeschichtlichen Entwicklung das Hausschaf als Unterart der Gattung Schaf (*Ovis* Linnaeus, 1758) entstanden. Über die Zahl der bestehenden Arten und Unterarten von Wildschafen gibt es keine einheitliche Auffassung der Zoologen. Es finden sich daher bei den einzelnen Autoren sehr unterschiedliche Einteilungen.

In das zoologische System werden die rezenten Mufflone wie folgt eingereiht:

Klasse:	Mammalia Linnaeus, 1758	Säugetiere
Unterklasse:	Theria Parker und Haswell, 1897	Eigentliche Säuger
Infraklasse:	Eutheria Gill, 1872	Höhere Säuger
Kohorte:	Ferungulata Simpson, 1945	Fleischfresser und Huftträger
Überordnung:	Paraxonia Marsh, 1884	Spreizzeher
Ordnung:	Artiodactyla Owen, 1884	Paarhufer
Unterordnung:	Ruminantia Scopoli, 1777	Wiederkäuer
Infraordnung:	Pecora Linnaeus, 1758	Stirnwaffenträger
Überfamilie:	Bovidae Simpson, 1931	Hornträgerartige
Familie:	Bovidae Gray, 1821	Rinder
Unterfamilie:	Caprinae Gill, 1872	Böcke
Tribus:	Caprini Simpson, 1945	Ziegen
Gattung:	*Ovis* Linnaeus, 1758	Schafe
Art:	*Ovis ammon* Linnaeus, 1758	Wildschafe
Unterart:	*Ovis ammon musimon* Schreber, 1782	Mufflon

Diese Einteilung verwendet auch ULOTH (1975) in Anlehnung an HEPTNER u. a. (1966) und PETZSCH (1972). Er fügt allerdings eine weitere Unterart und zwar das *Ovis ammon sinesella* Turček, 1949 hinzu.

Die Unterart *Ovis ammon sinesella,* Mufflon ohne Sattel oder Slovakei-Mufflon, zum Unterschied von *Ovis ammon musimon,* Mufflon mit Sattelfleck, wurde im Jahre 1949 durch Turček in das zoologische System eingeordnet. Turček ging von der Feststellung aus, daß bei einigen in Mitteleuropa begründeten Populationen, insbesondere im Tribeč-(Slovakischen Erz-)Gebirge und in den kleinen Karpaten, in einer stufenweisen Entwicklung der typische Sattelfleck verschwand, die Decke eine dunklere bis schwarze Färbung annahm, die Gestalt größer und kräftiger, der Schädel im Nasenknochenbereich schmaler und die Schnecken stärker wurden. Während Uloth darin das Anfangsstadium der Herausbildung eines Regional- oder Ökotyps sieht, aber auch mögliche genetische Ursachen durch Hausschafeinkreuzungen (Amon) nicht ausschließt, schreibt Lochman (1979) die Erscheinungen der großen Variabilität des Mufflon zu und vermerkt, daß diese Unterart in der Zoologie heute allgemein nicht anerkannt wird.

Kratochvil (1954) teilt die Wildschafe in 4 Arten mit 9 Unterarten ein, Hanák u. a. (1975) in 6 Arten und 5 Unterarten, während Zalkin (1951) nur zwei Arten von Wildschafen und zwar das Argali *(Ovis ammon)* und das Großhornschaf *(Ovis canadensis)* unterscheidet und für Haltenorth (1963) überhaupt nur eine Art Wildschafe *(Ovis ammon)* existiert.

Aufgrund der Untersuchungen von Voronzov u. a. (1972) sowie Schmitt und Ulbrich (1968) über die Chromosomenzahlen der einzelnen Arten weisen die Wildschafe folgenden diploiden Chromosomensatz (2n) auf (Uloth 1975):

I. 2n = 54; Mufflons Eurasiens (westlich der Linie Kaspisches Meer – Persischer Golf)
Ovis musimon Pallas, 1811, Europäischer Mufflon
Ovis orientalis Gmelin, 1774, Asiatischer Mufflon oder Elburs-Schaf

II. 2n = 58; Urials (vom östlichen Iran westlich, bis Kaschmir und Klein-Tibet nach Osten)
Ovis vignei Blyth, 1841, Urial (auch Ladak-Schaf oder Schapi)

III. 2n = 56; Archare und Argalis (Berge Südsibiriens und Zentralasiens, vom Pamir bis zum Großen Chingan)
Ovis ammon Linnaeus, 1758, Argali

IV. Diploider Chromosomensatz noch unbekannt; Schneeschafe (mit Verbreitung um die Beringstraße)
Ovis nivicola Eschscholtz, 1829, Sibirisches Schneeschaf (Tolstorog oder Tschubuk)

V. 2n = 54
Ovis canadensis Shaw, 1804, Nordamerikanisches Großhornschaf oder Bighorn
Ovis dalli Nelson, 1884, Alaska-Schneeschaf (Dallschaf)

Aus der Tatsache, wonach alle Hausschafrassen einen diploiden Chromosomensatz von 2n = 54 aufweisen, wird geschlossen, daß diese aus den westlich der Linie Kaspisches Meer – Persischer Golf vorkommenden Wildschafen hervorgegangen sind.

Unter Berücksichtigung der Übereinstimmung des diploiden Chromosomensatzes (2n = 54) von Mufflon und Dickhornschaf und der nachweislichen Kreuzungen zwischen Wildschafen sowie zwischen Wild- und Hausschafen wird von Uloth (1966) *Ovis ammon* Linnaeus, 1758 als einzige, wenn auch sehr variable Wildschafart anerkannt.

Diese, für den Laien etwas verwirrenden, uneinheitlichen Auffassungen der Zoologen hinsichtlich der Arten und Unterarten unserer Wildschafe sind für unsere Betrachtungen jedoch ohne Belang. Sie geben nur den Stand der derzeit immer noch unterschiedlichen Meinungen wieder.

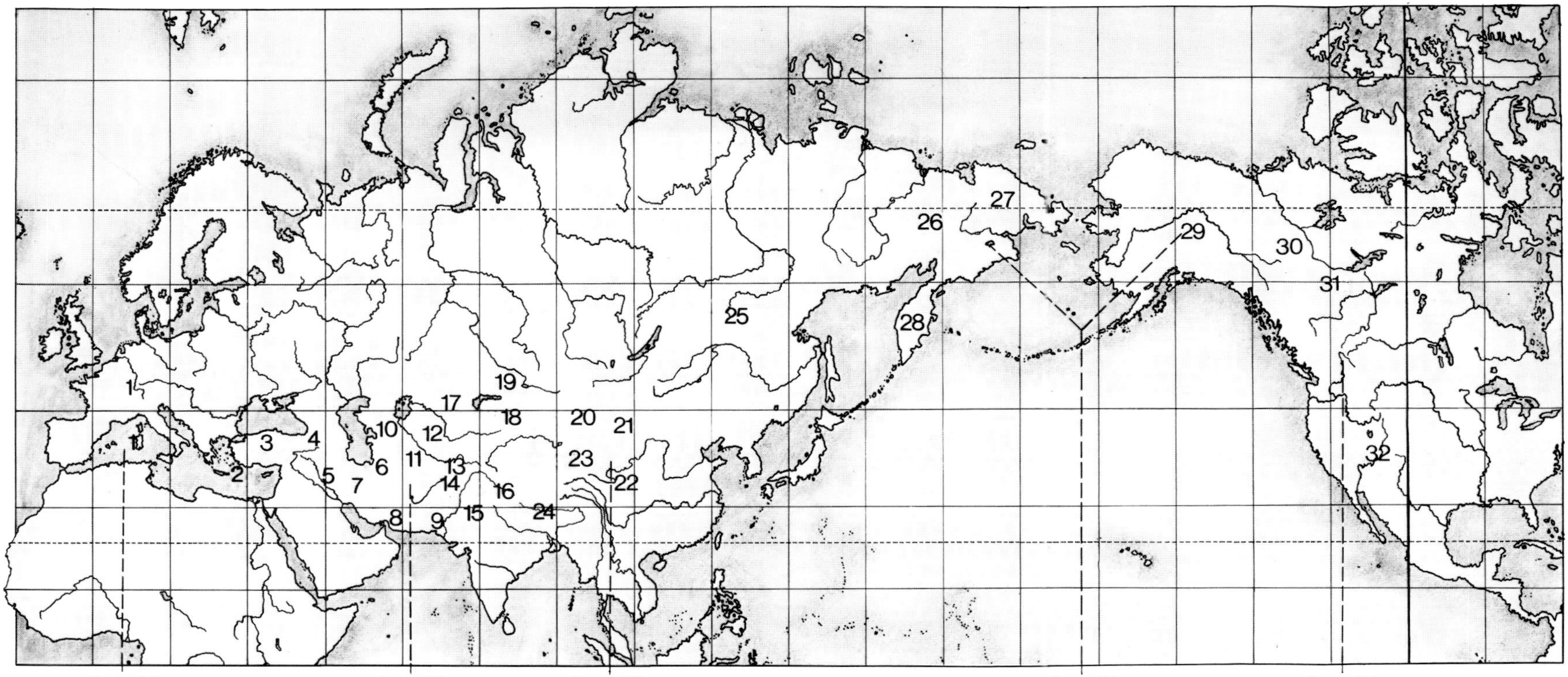

Abb. 1. Die Wildschafe *(Ovis ammon)* der Welt

Europa
1 *musimon* — Mufflon (Tyrrhenischer M.)

Vorderasien
2 *ophion* — Cypern Mufflon
3 *anatolica* — Anatolien-Wildschaf
4 *gmelini* — Armenien-Wildschaf
5 *urmiana* — Urmia-Wildschaf
6 *orientalis* — Elburs-Wildschaf
7 *isphahanica* — Isfahan-Wildschaf
8 *laristanica* — Laristan-Wildschaf
9 *blanfordi* — Belutschistan-Wildschaf
10 *arkal* — Arkal-Wildschaf
11 *cycloceros* — Kreishorn-Wildschaf
12 *severtzovi* — Nura-Tau-Wildschaf
13 *bochariensis* — Tadjikistan-Wildschaf
14 *punjabiensis* — Pandschab-Wildschaf
15 *vignei* — Steppen-Wildschaf

Mittelasien
16 *polii* — Pamir-Wildschaf
17 *nigrimontana* — Kara-Tau-Wildschaf
18 *karelini* — Ala-Tau-Wildschaf
19 *kollium* — Tschingis-Tau-Wildschaf
20 *ammon* — Argali- oder Altai-Wildschaf
21 *jubata* — Mongolisches Wildschaf
22 *kozlovi* — Jabaira-Wildschaf
23 *dalai-lamae* – Altyn-Tau-Wildschaf
24 *hodgsoni* – Himalaja-Wildschaf

Ostasien
25 *alleni* — Taiganisches Schneeschaf
26 *lydekkeri* — Jakutien-Schneeschaf
27 *borealis* — Sywerma-Schneeschaf
28 *nivicola* — Kamtschatka-Schneeschaf

Alaska
29 *dalli* — Dallschaf

Kanada
30 *stonei* — Steinschaf
31 *canadensis* – Großhornschaf (Bighorn)

Nordamerika
32 *nelsoni* — Wüsten-(Desert-)Schaf

Abb. 2. Kara-Tau-Wildschaf (Phot. Tilgner)

Die Wildschafe haben auf der nördlichen Erdhalbkugel von Asien bis Südeuropa und dem nördlichen Teil von Amerika ihr natürliches Verbreitungsgebiet, während auf der südlichen Hemisphäre erst seit wenigen Jahrzehnten Einbürgerungen vorgenommen werden. Bei dieser weiten natürlichen Verbreitung finden wir in Größe und Farbe sehr unterschiedliche Formen. Die größten Unterarten, wie das eine Körperlänge von über 2 m und eine Schulterhöhe von 120 cm erreichende, bis zu 150 kg schwere, im Gehörn weit gedrehte Marco-Polo-Schaf Pamirs und das Altai-Argali, mit einem Durchschnittsgewicht von 200 kg und seinen ungeheuren Schnecken, sind in den Gebirgen und Hochebenen Innerasiens beheimatet. Aus diesem wahrscheinlichen Entstehungsherd sind nachweislich (Cowan 1940; Buechner 1960) im frühen Pleistozän über die heute vom Meer bedeckte Bering-Landbrücke Wildschafe nach Nordamerika gelangt und haben in weiterer Folge, dem vordringenden Inlandeis der Kaltzeiten weichend, sich bis Kalifornien verbreitet. Nach Thenius (1972) drangen im Jung-Pleistozän neuerlich Wildschafe *(Ovis ammon nivicola)* von Eurasien über die Beringbrücke in Nordamerika

Abb. 3 (links). Dallschaf-Widder (Dallsheep) aus Alaska (Phot. v. Hake). – *Abb. 4 (rechts).* Mähnenschaf *(Ammotragus lervis)* aus Afrika (Phot. Mohr)

ein. Das, gleich dem Eisbären, ganzjährig ein weißes Haarkleid tragende Dallschaf Alaskas und das weiter westlich und südlich lebende Dickhornschaf zählen mit einem Gewicht bis zu 100 kg zu den Großsäugern dieses Kontinents. Die Wildschafe Vorderasiens sind wesentlich kleiner, das kleinste und zierlichste ist der Europäische Mufflon.

Überraschenderweise haben die Forschungsergebnisse der letzten Jahrzehnte aus der Analyse von Knochenfunden Uerpmann (1980, brieflich) zu der Annahme veranlaßt, daß Europa im Jungpleistozän und Holozän nicht zum Verbreitungsgebiet der Gattung *Ovis* gehört hat. Er vertritt außerdem die für Jäger verblüffende Hypothese, daß der sardische und korsische Mufflon wie der zyprische *(O. a. ophion)* und ebenso die Wildziege Kretas als Haustiere früher Viehzüchter auf die Mittelmeerinseln gelangt und dort wieder verwildert sind. Diese Verwilderung sei vermutlich auch dadurch unterstützt worden, daß die spätere Einfuhr von Wollschafen die altertümlichen Haarschafe im Wert herabgesetzt hat.

Die Erscheinung und Lebensweise

Beschreibung des Muffelwildes

Gestalt

Der Gesamteindruck eines Muffelwidders ist der eines überaus kraftvollen, in Gestalt und Färbung ästhetisch wirkenden Wildes.

Auf einem starken Rumpf, der auf kräftigen Läufen ruht, sitzt ein kurzer, starker, besonders im Winterkleid durch seine dunkle bis schwarze, hirschartige Mähne mächtig wirkender Träger mit einem verhältnismäßig kleinen Haupt, das mit zunehmendem Alter ein wuchtiges Gehörn, die Schnecke, trägt. Die Lauscher sind kurz, grau umrandet und innen weiß. Im Alter wird die graue Haarumrandung der hell und wachsam, oft auch lebhaft wirkenden Lichter mehr und mehr zur „Brille" und die Weißverfärbung um das Geäse zur „Maske". Der im rötlich braunen Sommerkleid nur angedeutete seitliche weiße Sattelfleck ist im dunkleren Winterhaar kräftig ausgeprägt.

Die Geschlechter sind in ihrem äußeren Erscheinungsbild unterschiedlicher, als dies bei anderen Schalenwildarten der Fall ist. Das weibliche Muffelwild ist kleiner und

Abb. 5. Schaf, Widderlamm, Jährling (Phot. Behnke)

zierlicher, sein Haarkleid ist weniger bunt gefärbt und nur wenige tragen am Haupt unansehnliche Gehörnstummel.

Ueckermann (1976) beschreibt den jungen Widder als hochläufig, bei dem durch den schwachen Körperbau die Läufe kräftig wirken, der Vorschlag ist nicht auffallend und die Bauchlinie nicht abgewölbt. Beim mittleren Widder verlagert die Körpermasse sich nach vorne, der Vorschlag wird erkennbar und die Läufe wirken zierlicher. Mit weiter zunehmendem Alter wird die Bauchlinie immer mehr gewölbt bzw. abgesenkt und die Ramsnase tritt hervor.

Bei den Schafen vollzieht sich die figürliche Entwicklung bei der Bauchlinie etwa gleich.

In der Bewegung wirkt das Muffelwild oft eckig und fahrig, ist dann wiederum blitzschnell und vermag in der Flucht eine unglaubliche Geschwindigkeit und Gewandtheit bei der Überwindung von Hindernissen zu entwickeln.

Größe

Die Körper-, Schädel- und Hornmaße wie auch die Körpergewichte können populationsweise sehr verschieden sein. Für Korsika wird beim Widder eine Körperhöhe bis zu 78 cm, beim Schaf bis 65 cm, und eine Körperlänge von 111 cm angegeben (Tschudi 1878; Pfeffer 1967). Beim Muffelwild der ČSSR hat Lochman (1979) eine Körperhöhe von 78–92 cm und eine Körperlänge (ohne Wedel) von 82–128 cm bei Widdern und 72–79 cm Körperhöhe und 98–113 cm Körperlänge bei Schafen festgestellt.

Gewicht

Wie zuvor erwähnt, sind die Körpergewichte beim Muffelwild regional sehr unterschiedlich. Lochman (1979) hat die Gewichte und den Gewichtsverlust durch den Aufbruch und das Haupt an 130 Stück Muffelwild in der ČSSR untersucht und wie folgt festgestellt:

	Gewicht lebend kg		Gew. m. Haupt aufgebrochen		Aufbruch		Haupt kg		
	min.	max.	min.	max.	kg	%	min.	max.	%
Lämmer	9,0	19,5	5,5	13,0	5,28	36,49	0,5	1,5	5,74
Schmalschaf	22,0	28,0	14,2	18,5	8,55	34,28	0,9	2,0	5,49
Jungwidder	33,2	40,0	19,0	27,5	11,94	32,34	3,2	4,3	10,07
Altwidder	41,3	58,0	27,1	43,0	13,63	28,98	3,8	7,8	12,42
Altschaf	27,0	35,5	15,5	23,2	12,94	42,68	1,2	2,6	5,08

Behaarung

Das Haarkleid des Muffelwidders ist Sommer wie Winter weitaus bunter gefärbt als das der Schafe. Die Grundfarbe der Sommerdecke ist ein helles Braun bis Rostrot. Die Rückenpartie mit dem zu dieser Zeit weniger ausgeprägten, milchigweißen, charakteristischen Sattelfleck (Schabracke) ist dunkler, ebenso die die Mähne nur andeutende Trägerunterseite. Die Körperunterseite, die Innenseiten der Läufe und der grau gerändertten Lauscher sind licht und weiß. Die „Maske" um den Äser, die bis zu den grauweißen „Brillen" um die Lichter ziehen kann, ist ebenso weiß wie der Spiegel. Das Winterhaarkleid ist dunkler, tief kastanienbraun bis schwarz. Dadurch heben sich die weißen Teile der Decke, insbesondere der Sattelfleck und der Spiegel, deutlich hervor. Am dunkelsten sind der Trägerbereich mit seiner kurzen, hirschartigen Mähne und die Oberseite des Wedels. Die Schafe sind weit weniger bunt gefärbt, im Sommer hell-rötlich-braun, im Winter dunkler. Mitunter verleihen Grautöne der Decke eine fahle Färbung. Auch beim Schaf sind die Körperunterseite, die Innenseiten der Läufe und der Lauscher, die Äserpartie und der Spiegel hell bis weiß. Speziell der Spiegel, der ähnlich wie beim Rehwild in Gefahrensituationen gespreizt wird und in der Flucht offenbar eine richtungsweisende Funktion hat, ist von besonders heller Färbung. Die Decke der Lämmer weist im Sommer eine monoton hellbraune und im Winter eine etwas dunklere Färbung auf.

Neben dieser braun-bunten Färbung des Haarkleides sind von den Mittelmeerinseln her, besonders aus Korsika, auch wesentlich dunklere Typen bekannt, z. T. völlig schwarze (mit oder ohne Sattel), sogenannte Schwärzlinge. Derartige Mutationen bzw. Melanismen werden häufig bei Pelztieren (z. B. Fuchs, Eichhörnchen), aber auch bei Reh- und Damwild beobachtet. Sie finden sich in fast allen Muffelpopulationen. Den massenweisen Melanismus der Muffelpopulation im Tribeč-Gebirge deutete Turček (1949) als eine dominante Mutante, als ökogenetische Reaktion auf die veränderten Umweltverhältnisse, und er veranlaßte ihn zur Einführung der – heute nicht anerkannten – Unterart *Ovis ammon sinesella* Turček, 1949. Ein begründeter Anlaß für die Ausmerzung von Schwärzlingen besteht jedenfalls nicht. Anders verhält es sich beim Auftreten einer über die Grannen hinauswachsenden, wolligen, leicht gekräuselten Behaarung, besonders am Träger, an der Dünnung und an den Schlegeln. Hier kann auf eine unerwünschte Hausschafeinkreuzung geschlossen werden.

Abb. 6. Fetzenweise wird das Winterhaar abgestoßen (Phot. Ctverak)

Abb. 7. Drei Altersstufen, drei verschiedene Masken. *(v. l. n. r.)* 7-, 4- und 5jährig (Phot. Ctverak)

Lochman (1979) weist darauf hin, daß das Haarwachstum und der Haarwechsel genetisch bedingt und photoperiodisch beeinflußt werden, jedoch das Klima (Umwelt), das Alter und der Allgemeinzustand den zeitlichen Ablauf mitbestimmen. Das Wachsen der feinen und dichten Unterwolle und der harten Grannen erfolgt kaum merklich im Herbst (August/September) und das deutliche (fetzenweise) Abstoßen derselben im Frühjahr (März/April–Juni). Der Austausch der langen, mit feinen Spitzen versehenen Stichelhaare findet immer nur teilweise, und zwar anläßlich des Frühjahrs- und Herbsthaarwechsels statt.

Der Haarwechsel ist ein Instrument aller Konstantwarmblüter, um ihren Wärmehaushalt längerfristig zu regulieren, d. h. an die hohen Sommer- und die niedrigen Wintertemperaturen anzupassen. Die dünne Sommerdecke erspart ebenso Energie zur Kühlung wie die dicke Winterdecke zur Wärmung. Der Aufbau des Haarkleides ist so beschaffen, daß die herrschende Außentemperatur niemals direkt auf die Haut einzuwirken vermag, aber auch umgekehrt die Körpertemperatur nicht nach außen strahlen kann. Im Winter ist dies an dem auf der Decke verbleibenden und nicht abschmelzenden Schnee sehr deutlich zu sehen.

Die „Maske", d. h. die vom Äser ausgehende Weißverfärbung des Hauptes, ist hinsichtlich ihres graduellen Ausmaßes keineswegs ein – wie oft angenommen – sicheres Altersmerkmal. Sie kann nicht nur individuell beträchtlich variieren, sondern dürfte auch von Population zu Population unterschiedlich erblich verankert sein.

Die schematische Darstellung nach Ueckermann u. a. (1976) zeigt beim jungen Widder die gering ausgebildete Gesichtsmaske, in der der weiße Fleck um den Windfang nur bis zum Anfang des Nasenrückens reicht. Mit zunehmendem Alter weitet sich der weiße Fleck am Windfang bis zur Mitte aus. Später reicht er bis zu zwei Drittel des

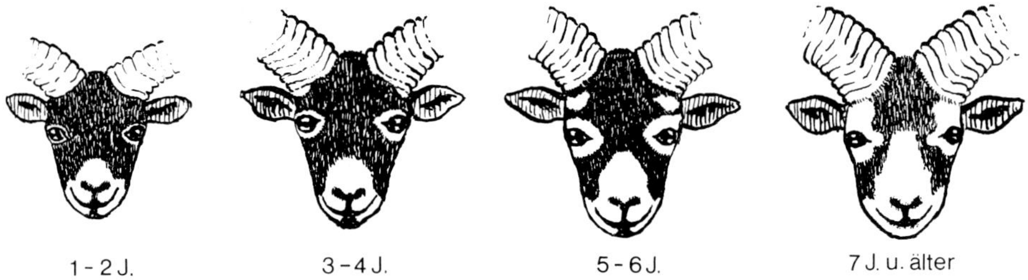

Abb. 8. Schematische Darstellung der Gesichtsmaske (nach Ueckermann u. a.)

Nasenrückens, beim alten Widder sogar bis zu den Lichtern. Man hat dann den Eindruck, daß die Weißfärbung um die Lichter mit der Weißfärbung am Schlauchrand verschmilzt.

Ähnlich, jedoch erst später einsetzend und im Endstadium viel weitgreifender, vollzieht sich die Weißverfärbung des Hauptes bei den Schafen.

Schnecke

Die Hörner der Muffelwidder, ob ihrer Form vom Jäger als Schnecke bezeichnet, werden vorwiegend aus Keratin gebildet und sind, wie die Behaarung und die Schalen, ein Produkt der Haut. Schnecken besitzt nur der männliche Mufflon, der Widder.

Normalerweise hat die Schnecke eine tiefbraune Färbung mit einem sukzessiven Übergang in hellere Brauntöne von den jüngsten zu den ältesten Schlauchteilen, also von der Basis gegen die Spitze zu. Die Variationsbreite dieser Brauntöne ist groß, es können populationsweise merkliche Unterschiede auftreten.

Vereinzelt, aber auch bei ganzen Ortspopulationen, treten gehörnte Schafe auf. Selbst in der Urheimat der Mufflon, auf der Mittelmeerinsel Korsika, wurde diese Erscheinung beobachtet. Die Hörner der Schafe, Stümpfe genannt, unterscheiden sich deutlich von den Schnecken der Widder. Sie sind an der Basis meist auseinanderstehend und schmaler, mehr verflacht und damit zweischneidig wirkend, weniger gebogen, mehr gerade und deutlich gerillt. Selten erreichen sie eine Länge von 15–16 cm, meist sind sie kürzer. Stubbe und Uhlenhaut (1971) haben bei ihren Untersuchungen am Harzer Muffelwild auch Längen von 22,5 und 35 cm gemessen.

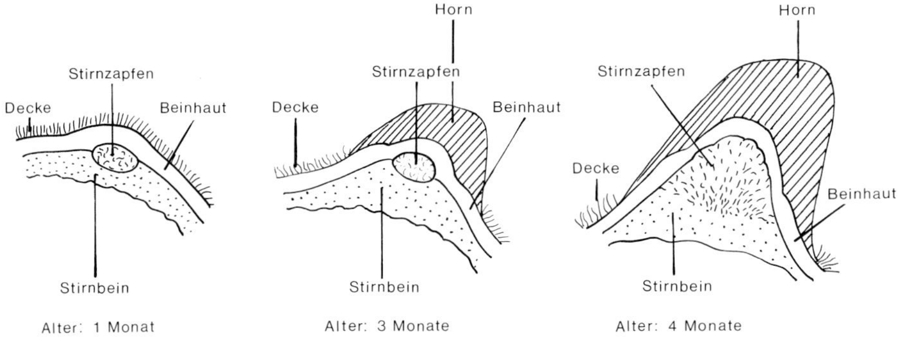

Abb. 9. Schneckenwachstum (Zeichn. M. Gauss nach Mottl 1960)

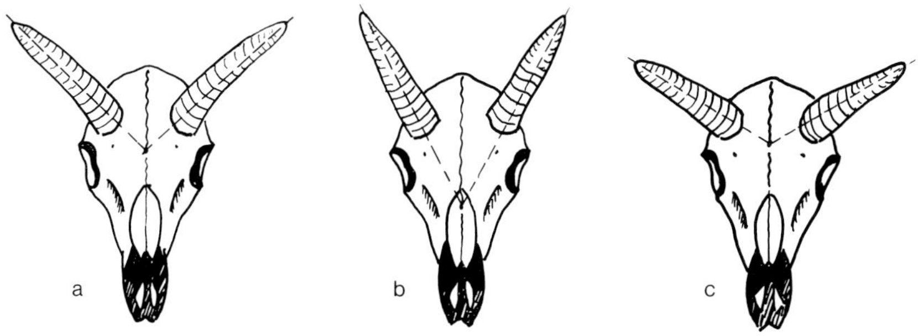

Abb. 10. Der Stirnzapfenwinkel. a: rechter Winkel, b: spitzer Winkel, c: stumpfer Winkel (Zeichn. M. Gauss nach Mottl 1960)

Das Schneckenwachstum beginnt mit dem bald auf die Geburt des Widderlammes folgenden Zusammenwachsen der im Bindegewebe angelegten paarigen Knochenzapfen mit dem Stirnbein (Bubenik 1959). Bereits nach vier Wochen beginnt die Oberhaut Hornmasse auszuscheiden und es entstehen die zunächst zweischneidigen, spitztütenförmigen und dünnwandigen, über diese Knochenzapfen gestülpten und mit diesen durch eine gut durchblutete Bindegewebsschicht verbundenen kleinen Hornschläuche. In der Folge wird Hornsubstanz an der Basis abgelagert und gleichzeitig werden die Schläuche nach der Spitze hin geschoben.

Optisch erkennbar wird das Schneckenwachstum zwischen dem dritten und fünften Lebensmonat. Frühestens im Juni, spätestens im August, wachsen die hörnernen Schläuche, spitz- bis rechtwinklig nach vorn außen gerichtet, auf den inzwischen gebildeten Stirnzapfen.

Diese Knochen- oder Stirnzapfen sind für die Entwicklung der Schnecken und für ihre Form von großer Bedeutung. Sie erreichen bei erwachsenen Widdern eine Länge bis zur Hälfte (lt. Lochman 44,6%) der Gesamtschneckenlänge. Frontal gesehen, wird durch die Stellung der Stirnzapfen ein Winkel gebildet, der stumpf, spitz oder auch ein rechter sein kann. Die meisten Spitzentrophäen weisen einen Winkel von 94–98° auf. In dieser Spanne dürfte demnach das hegerisch anzustrebende Optimum liegen.

Die Stirnzapfen bestimmen nicht nur die Auslage und die Drehung der Schnecke, sondern verleihen ihr auch die im Hinblick auf die Länge und Mächtigkeit der Schläuche notwendige Festigkeit. Der Grad der erforderlichen Festigkeit ergibt sich aus der Beanspruchung der Schnecke als Waffe insbesondere im Zweikampf. Die durch das Angriffstempo und das Körpergewicht ausgelösten Aufprallkräfte sind enorm. Trotzdem kommt es nur in seltenen Fällen zum Abbrechen von Schnecken und zu Schädelverletzungen, die mitunter den Tod zur Folge haben können, wie vom Verfasser (1979) nachgewiesen wurde. Die Abb. 11 zeigt den Schädel eines im November 1965 in Lainz nach einem kurz zuvor beobachteten Brunftkampf aufgefundenen, 3 Jahre und 8 Monate alten Widders, mit einem frischen V-förmigen Bruch des Stirnbeins von jeweils 3 cm Länge, einer Sprengung der Stirnnaht mit Diastase von etwa 5 mm; weiter zieht der Bruch über 35 mm am medialen hinteren Rand des rechten Stirnzapfens über das rechte Scheitel- und Hinterhauptbein zur Schädelbasis; Bruchlänge 16 cm. Daß derart schwerwiegende Folgen kraftvoller Auseinandersetzungen meist ausbleiben und es häufig nur zum Absplittern mehr oder weniger großer Teile der Frontalseiten der Schläuche kommt, ist dem Aufbau der Schnecke, der stoßdämpfenden Struktur der im Inneren mit

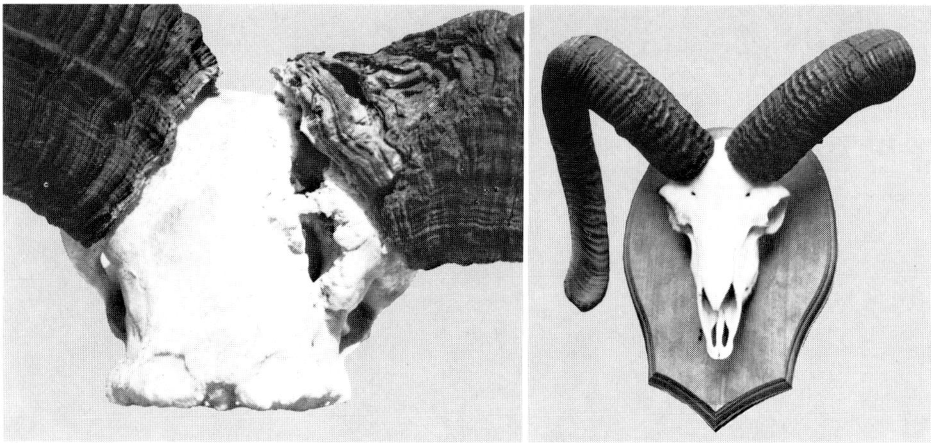

Abb. 11. Links: Offener Bruch des rechten Stirnzapfens; *rechts:* Bruch des linken Schlauches

Hohlräumen versehenen Stirnzapfen und der federnden Hornmasse der Schläuche zuzuschreiben.

Die Schläuche weisen an der Basis einen fast dreieckigen Querschnitt auf, welcher zur Spitze hin sich allmählich in eine zweikantige Form verliert. Ihre Oberfläche zeigt eine in den ersten beiden Lebensjahren weniger, ab dem 3. Jahr jedoch recht deutlich ausgeprägte Rillung unterschiedlicher Stärke und Breite, welche mit zunehmendem Lebensalter zusehends feiner und damit wiederum undeutlicher wird. Die Anzahl dieser

Abb. 12. Bruch des rechten Stirnzapfens (Phot. Tilgner)

Abb. 13. Regelwidriges Schneckenwachstum infolge Erkrankung. *Links oben:* Schnecke eines 8½jährigen Widders. Infolge Erkrankung im 5. Lebensjahr ist die Rillung der Schmuckwülste regelwidrig. Nach Gesundung im 6. Lebensjahr wieder normale Rillung. *Rechts oben:* Schnecke eines von Jugend an unter innerer Erkrankung leidenden Widders – wahrscheinlich 6jährig. Eine Altersfeststellung ist wegen der unregelmäßigen Schmuckwulstbildung schwierig. *Links unten:* Widderschnecke, infolge Rammverletzung Einschnürung ohne Folgewirkung. *Rechts unten:* Widderschnecke mit rechtsseitiger Rammverletzung. Das weitere Hornwachstum ist stärker mit breiteren Schmuckwülsten. Das Hornwachstum des linken Schlauches reagiert im Alter der Verletzung mit enger Rillung. Das weitere Wachstum paßt sich dem rechten Schlauch an

Rillen ist dem Lebensalter entsprechend unterschiedlich. So sind die Rillen der ältesten Schneckenteile, also der Spitzen, bis zum Beginn des 3. Lebensjahres flach, bis zu 1,5 cm breit und von geringer Zahl; erst dann werden sie tiefer und damit deutlich ausgeprägt, wobei sie aber durchaus auch eine Breite von 1–1,5 cm erreichen können. Ihre Zahl beträgt dann 11–13 und nimmt ab dem 7. Lebensjahr rapid ab. Um das 8. Lebensjahr und später haben die Rillen meist nur noch eine Breite und Tiefe von 1–2 mm. Für die Bildung der Rillen werden kosmobiologische Reize (Mondphasen) angenommen. Verschiedene Krankheitsursachen können ein unregelmäßiges Hornwachstum und damit auch eine regelwidrige Rillung hervorrufen. Schwere Erkrankungen der inneren Organe, tiefgreifende Störungen des Stoffwechsels, insbesondere infolge Parasitenbefalles (Leberegel, Magen- und Darmstrongyliden), führen zu einer häßlich verworrenen Rillung der Schnecke und bisweilen auch zu einem deutlichen Rückgang des Längenwachstums.

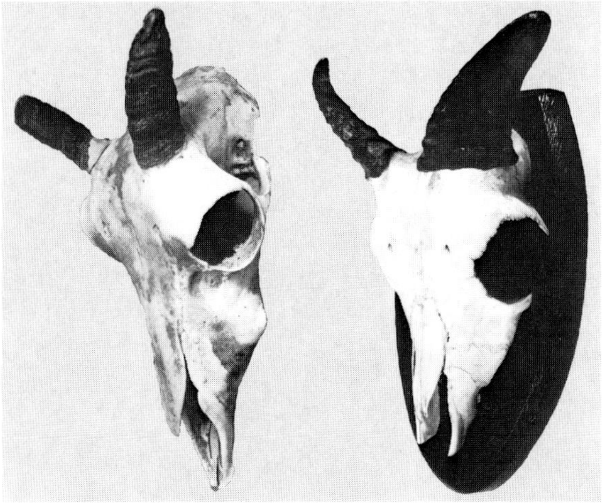

Abb. 14. Links: Stümpfe eines Altschafes. *Rechts:* Schnecke eines Widderlamms im September

Äußere schwere Erkrankungen infolge von Eiterungen nach Schuß- oder Stichverletzungen sowie infolge von Verletzungen der Schnecke (Rammschäden) haben an den homologen Schneckenpartien (also im gleichen Basalabstand) eine auffällige Verfeinerung der Rillen zur Folge. Derartige Erkrankungen heilen aber meistens wieder aus und es tritt in der Folge eine Normalisierung der Rillung ein.

In dem ständigen, bis ans Lebensende andauernden Wachstum der Schnecke tritt jeweils am Ende eines Kalenderjahres, etwa November/Dezember, eine mehrwöchige, mit zunehmendem Alter länger andauernde Pause ein. Diese Wachstumspause bewirkt eine ringsum verlaufende, tiefere und damit deutlichere Einschnürung, die Jahresrille, welche zur Altersbestimmung der Widder herangezogen wird.

Lochman u. a. (1979) beobachteten während mehrerer Jahre das Schneckenwachstum, insbesondere im Hinblick auf den Beginn und das Ende der Winterwachstumspause, an mehreren, verschieden alten Widdern. Das Ergebnis zeigt die nachstehende Graphik.

Die stark ausgezogene Kurve verdeutlicht die Schneckenwachstumsaktivität, ausgedrückt in mm/Tag, jüngerer Widder im Alter von 1–2 Jahren und die gestrichelte Kurve jene von 4 bis 7jährigen Widdern. Die ausgezogene Kurve zeigt einen fließenden, kräftig ansteigenden Verlauf ab Februar, bei einem Höhepunkt im Juli, dem Zeitraum der vollen Vegetationsentwicklung, des Übermaßes an Nahrungsangebot und der intensivsten Sonneneinstrahlung und der damit gegebenen günstigsten Voraussetzungen für ein maximales Schneckenwachstum. Dieses Maximum erreicht 1,2 mm/Tag Zuwachs an Hornmasse. Ab August sinkt die Wachstumsaktivität sehr rasch ab. Das Minimum des Schneckenwachstums fällt auf den Dezember/Januar mit ca. 0,2 mm/Tag. Eine absolute Wachstumspause wurde nicht festgestellt. Die gestrichelte Kurve der älteren Widder zeigt einen ungefähr parallelen Verlauf zu ersterer, mit ebenfalls einer Spitze im Juli/August und zwei Minima im Winterzeitraum. Gesamt gesehen ist die Wachstumsaktivität bei den älteren Widdern wesentlich geringer als bei den jüngeren und erreicht im Sommer einen Höhepunkt von nicht ganz 0,4 mm/Tag. Ebenso weisen sie eine wesentlich längere Wachstumspause, besser gesagt -reduzierung, mit einem täglichen Zuwachs von 0,1 mm/Tag auf, welche vom November bis zum April andauert. Das

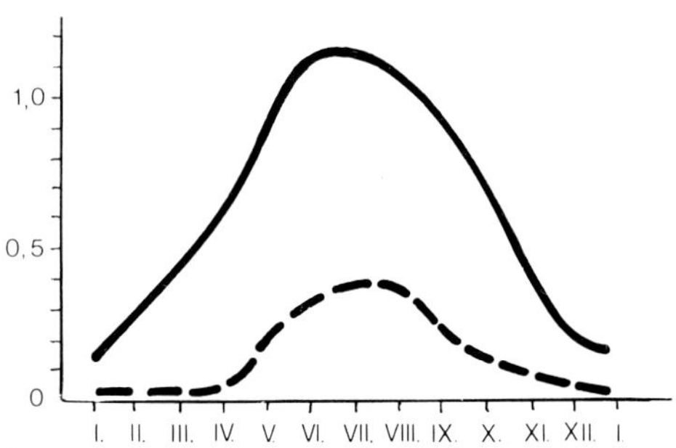

Graphik 1. Schneckenwachstumsaktivität (nach Lochman 1979)

Schneckenwachstum steht also in einem direkten Zusammenhang mit dem Lebensalter.

Die Ansicht von Mottl (1960), wonach es bei in Gefangenschaft gehaltenen und ganzjährig intensiv gefütterten Widdern zu keiner Wachstumsunterbrechung der Schnecke und damit auch zu keiner Jahresringbildung kommt, konnte bei diesen Untersuchungen wie auch bei jahrzehntelangen Kontrolluntersuchungen des Verfassers in kleineren und größeren Wildgehegen in keinem Falle bestätigt werden.

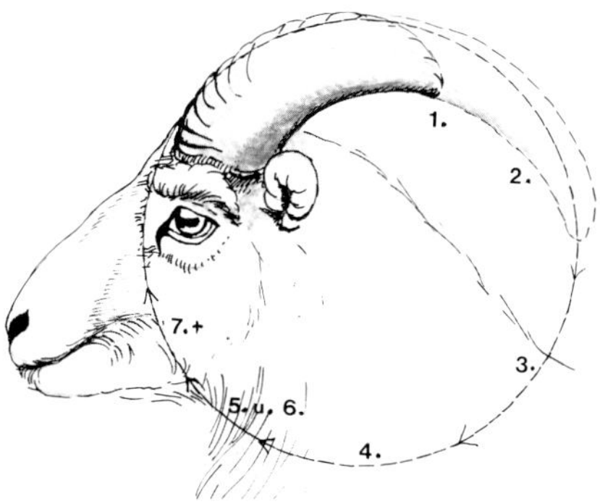

Abb. 15. Schneckenwachstum (Zeichn. M. Gauss nach Fischer)

Bubenik (1959), der photoperiodische Ursachen in der Schneckenwachstumspause vermutet, aber hormonale Einflüsse nicht ausschließt, kommt nach Ansicht von Bendová (1979) der Wahrheit insofern näher, als die vorübergehende Wachstumsunterbrechung im Winter primär durch die lichtintensitätsabhängige hormonale Aktivität gemeinsam mit dem zeitweiligen Nahrungsmangel beeinflußt wird. – Untersuchungen über das Hornwachstum bzw. die Jahresringbildung ausschließlich bei künstlichem (Sonnen-) Licht gehaltener Widder, welche diesbezügliche nähere Aufschlüsse geben könnten, stehen noch aus.

Die jährlichen Wachstumsraten der Jahresabschnitte oder Segmente sind nicht bei allen Populationen gleich, sondern mitunter sehr unterschiedlich. Nach Amon (1953) ist der Kreisbogen als Ergebnis von Längenwachstum und Krümmung wohl auch genetisch, vorwiegend aber umweltbedingt. Sind also die Umweltbedingungen optimal, so sind auch die jährlichen Wachstumsraten entsprechend groß. Die folgende Tabelle zeigt in Anlehnung an Uloth (1976) einige populationsbedingte Unterschiede in den Segmentlängen, wobei dem von Hromas (1978) an 157 Trophäen erarbeiteten Zahlenmaterial wohl die größte Bedeutung zukommt. Aus Gründen der Übersichtlichkeit wurden nur die Durchschnittswerte angeführt.

	Segmente in cm							Autor
	I	II	III	IV	V	VI	VII	
Bavella/Korsika	21,5	15,2	9,0	7,0	3,0	2,25	1,25	Pfeffer (1967)
Ostharz	22,1	16,3	10,9	6,8	4,8	3,6	3,2	Stubbe und Uhlenhaut (1971)
CSSR	21,5	23,8	17,0	9,9	6,2	4,8	4,0	Hromas (1978)
Wien	18,3	22,6	15,0	9,2	6,5	4,5	3,6	Tomiczek (1980)

Unter Heranziehung der vorstehenden Tabellenwerte, ergänzt durch die Angaben der 1. Auflage (1965), ergibt sich folgender prozentualer Segmentanteil bezogen auf die Gesamtlänge der Schläuche:

Segmente in %								Autor
I	II	III	IV	V	VI	VII	VIII	
16	28	18	13	9	7	5	4	Schmincke (1965)
24	26	19	11	7	5	4	4	Hromas (1978)
36	26	15	12	5	4	2		Pfeffer (1967)
33	24	16	10	7	5	5		Stubbe und Uhlenhaut (1971)
23	29	19	12	8	6	3		Tomiczek (1980)

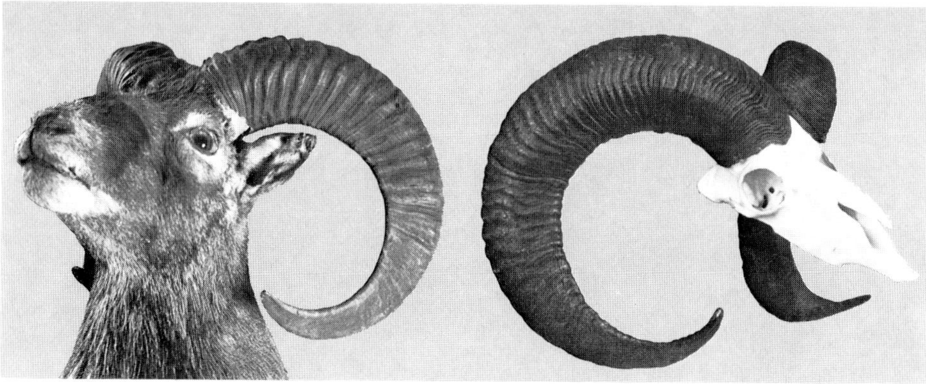

Abb. 16. Links: Sehr gut veranlagter Jungwidder, 1¾jährig mit 55 cm langen Schläuchen und deutlich erkennbaren Jahresrillen. *Rechts:* Altwidder 6¼jährig. Auf dem rechten Schlauch sind 6 Jahresrillen deutlich erkennbar

Diese Gegenüberstellungen sind allerdings nur beschränkt miteinander vergleichbar, bedingt durch das unterschiedliche Ausgangsmaterial wie auch die Anzahl der untersuchten Trophäen. Aber auch ULOTH (1976) kommt bei einem ähnlichen Vergleich zu dem Schluß, daß zumindest in den höheren Altersstufen sich eine annähernde Übereinstimmung der Wachstumsraten vermuten läßt. Dies wiederum bedeutet, daß die Länge der Schläuche vom Wachstum der ersten vier Lebensjahre bestimmt wird. Der Zuwachs ist ab dem 5., insbesondere aber ab dem 7. Lebensjahr relativ gering. Deshalb ist die Schnecke, im Hinblick auf das häufige Abstoßen der Schlauchspitzen im höheren Alter und den damit verbundenen Längenverlust, mit 6 Jahren ausgereift.

Mit dem Längenwachstum der Schläuche zugleich erfolgt auch das Stärkewachstum, ausgedrückt durch den Umfang der Schläuche. Die auf den Stirnbeinzapfen aufsitzenden Schläuche werden ständig durch nachwachsende neue Hornschichten nach außen und gleichzeitig nach der Spitze hin geschoben. Der gesamte Vorgang wird durch ein Hauptgen, in Abhängigkeit von anderen, die normalen Körpereigenschaften bestimmenden Polygenen, gesteuert. Die Bildung der Hornmasse ist also erbbedingt, ihr Ausmaß wird jedoch weitgehend durch die Umwelteinflüsse bestimmt. So ist die vom Haupt größenabhängige Stärke der Stirnbeinzapfen für den Schlauchumfang ebenso von Bedeutung wie die Masse der vom Oberhautbezirk der Stirnbeinzapfen abgelagerte

Maße des Schlauchumfanges an Widderschnecken aus der Intern. Jagdausstellung 1976

Jahr	Anzahl der Schnecken	Umfang in cm min.	Umfang in cm max.	Durchschnitt
1	157	7,5	21,0	15,4
2	157	14,3	25,1	21,1
3	157	13,5	26,5	23,1
4	155	20,3	27,1	23,8
5	128	20,6	27,6	23,9
6	87	20,0	26,8	23,6
7	52	20,2	26,5	23,2
8	25	19,5	26,8	22,8
9	9	21,3	25,3	22,7
10	1			22,7
11	1			22,6

Hornsubstanz. Etwa ab dem 6. Lebensjahr und in den Folgejahren läßt mehr und mehr die Bildung von Hornsubstanz und damit auch der Zuwachs der Schlauchumfänge an der Basis nach. Hierdurch wird der stärkste Schlauchumfang alter Widder von der Basis hinweg weiter geschoben und kann unter Umständen bis zu 20 cm von dieser entfernt liegen. Diese Entwicklung verdeutlicht sehr genau die in der vorstehenden Tabelle

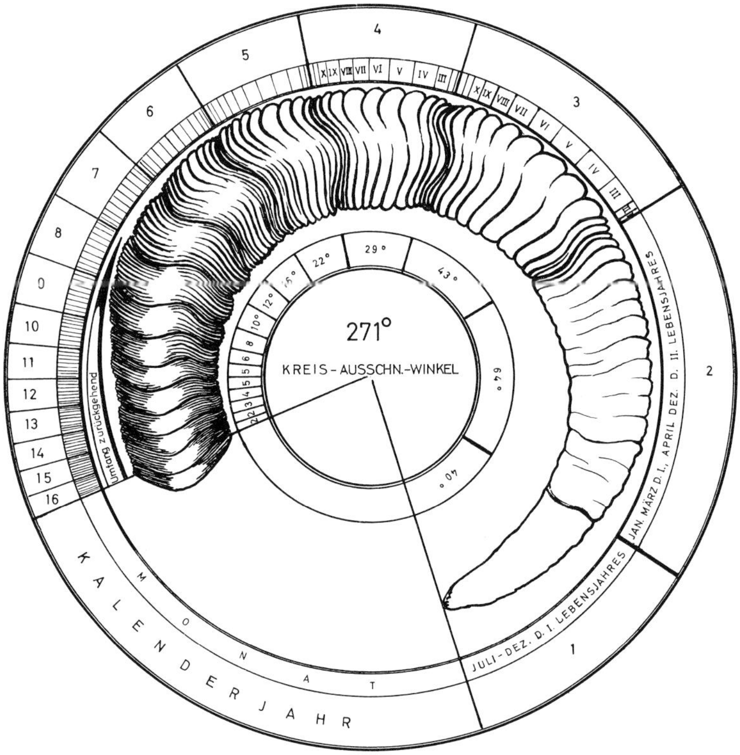

Abb. 17. Schematische Darstellung des linken Schlauches eines über 16 Jahre alten Muffelwidders (nach SCHMINCKE)

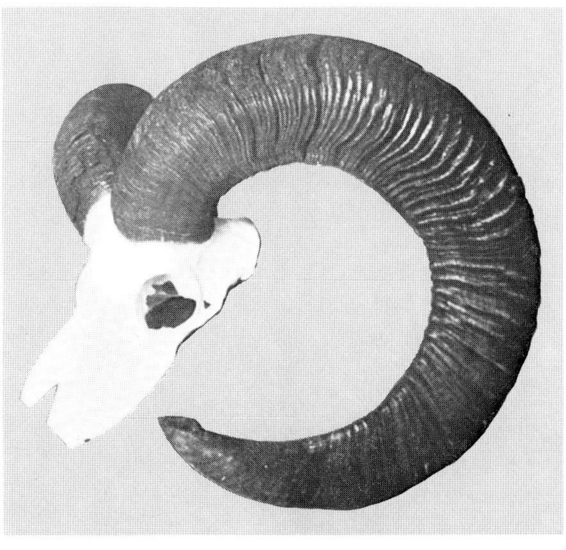

Abb. 17a. Photo der Schnecke des 16jährigen Widders aus der schematischen Darstellung

Maße: Länge links = 78,5 cm, rechts = 77,5 cm
Basalumfang links = 19,8 cm, rechts = 20,2 cm
Maximalumfang links = 22,5 cm, rechts = 22,3 cm

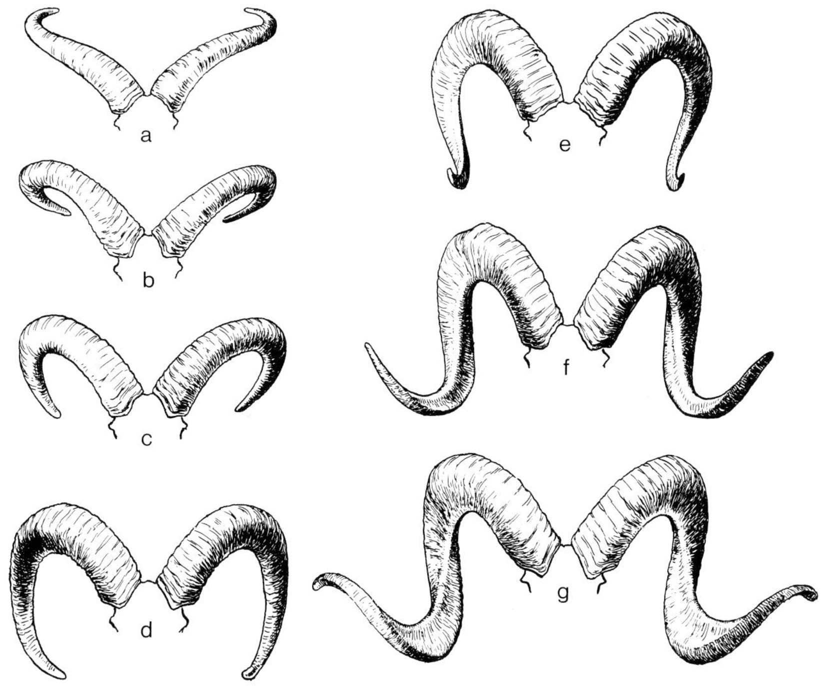

Abb. 18. Die vom Muffelwild reflektierten Schneckenformen der Wildschafe in der geographischen Reihenfolge zwischen dem Zypernschaf im Westen und dem Pamirschaf im Osten. a: *O. a. ophion,* Cypernmufflon 2n = 54; b: *O. a. urmiana,* Urmia-Wildschaf 2n = 54; c: *O. a. orientalis,* Elburs-Wildschaf 2n = 54; d–e: *O. a. cycloceros,* Kreishorn-Wildschaf 2n = 58; f: *O. a. karelini,* Ala-Tau-Wildschaf 2n = 56; g: *O. a. polii,* Pamir-Wildschaf 2n = 56 (nach Zalkin)

dargestellte Untersuchung von Hromas (1978) über den Schlauchumfang der einzelnen Jahressegmente an den 157 Widderschnecken der Internationalen Jagdausstellung 1976 in České Budějovice.

Der maximale Schlauchumfang der in dieser Tabelle enthaltenen Widdertrophäen beträgt 27,6 cm, und zwar bei einem 1970 erlegten 5jährigen Widder. Diese Trophäe erreichte 216,2 Internationale Punkte. Bei der Welt-Jagdausstellung Budapest 1971 war es ein ebenfalls in der ČSSR im Jahre 1970 erlegter Widder, dessen maximaler Schlauchumfang 28,7 cm (225,3 Punkte) betrug. Der bisher stärkste Schlauchumfang einer Widdertrophäe aus der freien Wildbahn wurde bei einem 1976 in Österreich (Burgenland) erlegten 5jährigen Widder vom Verfasser mit 30,5 cm beidseits, gesamt 218,6 Punkte, gemessen.

Sabadoš (1974) hat die Abhängigkeit der Wertziffer (IP) der Schnecken (y) vom Alter (x) untersucht und festgestellt, daß Muffelwidder im Alter von 9 Jahren die höchste Wertziffer bei ihren Trophäen erreichen.

Wie schon zuvor erwähnt, ist die Krümmung der Schläuche erb-, aber auch umweltbedingt. In den ersten beiden Lebensjahren ist die Widderschnecke säbelförmig, wobei weniger das Alter als vielmehr der Krümmungsdurchmesser bestimmend ist. Je kleiner der Krümmungsdurchmesser ist, um so rascher wird die Sichelform und damit auch ein voller Kreisausschnittwinkel, der von der Verbindungslinie Mittelpunkt, Schlauch-

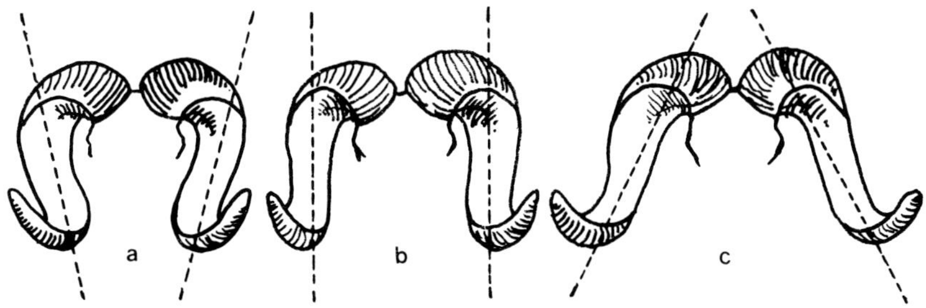

Abb. 19. Schneckentypen der Wildschafe. a: Konvergenz, b: Parallel, c: Divergenz (n. CLARK 1964)

spitze und Schlauchbasis gebildet wird, erreicht. Je größer der Krümmungsdurchmesser ist, um so später wird die Sichelform und unter Umständen nie ein 360° Schluß erreicht. Im ersteren Falle wird meist von einem Heidschnuckentyp und im letzteren vom Argalityp gesprochen.

ZALKIN (1951) u. a. haben auf die große Variabilität der Schneckenformen und u. a. auf die Ähnlichkeit zwischen dem Mufflontyp und dem Argalityp hingewiesen. ULOTH (1963) sieht in den vom Normaltyp abweichenden Wuchsformen der Schnecke keine Zufälligkeiten, sondern den Beweis der engen phylogenetischen Beziehungen zwischen den eurasischen Wildschafen.

Durch die stufenweise Auseinanderfaltung des Hauptstammes mit dem Vorrücken der geologischen Zeitalter entstanden die verschiedenen Wuchsformen der Schnecken von Wildschafen, wie sie in der Abb. 18 (nach ZALKIN 1951) in ihrer geographischen Reihenfolge zwischen dem Zypernschaf im Westen und dem Pamirschaf im Osten dargestellt sind. Die Verschiedenheit der Wuchsformen oder Typen wird im wesentlichen durch die Schlauchdrehung (Perversion), d. h. die Abweichung von der Ebene der Schlauchkrümmung, geprägt. Die Schlauchdrehung kann gleichgerichtet (homonym) sein, d. h. der rechte Schlauch dreht nach rechts und der linke nach links, oder ungleichgerichtet (heteronym), also in entgegengesetzter Richtung. Je nach der Stellung der Schläuche zur Mittelsenkrechten des Gesichtsschädels unterscheidet man ferner konvergente (aufeinanderzulaufende), parallele (nebeneinanderlaufende) und divergente (auseinanderlaufende) Schneckentypen, vereinfacht ausgedrückt, trapez-, kasten- und gestürzt-trapezförmige Schnecken. Beim Zypernschaf (*Ovis ammon ophion)* finden wir den stark heteronym pervertierten, konvergenten Schneckentyp und beim Pamirschaf (*Ovis ammon polii)* den weit homonym pervertierten, divergenten Typ.

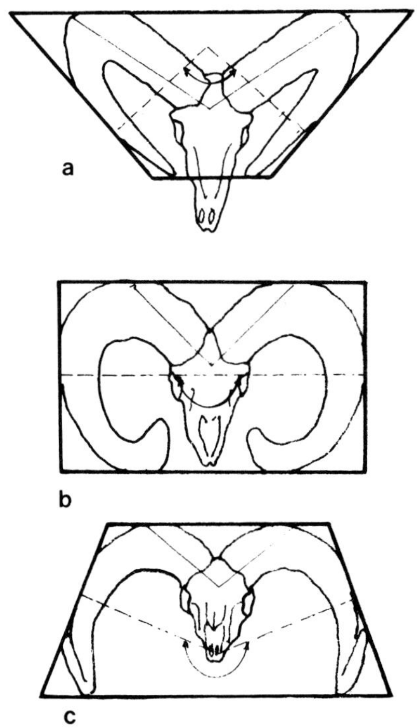

Abb. 20. Grundsätzliche Schneckenformen
a: Trapezform (Konvergenz)
b: Kastenform (Rechteck)
c: Gestürzte Trapezform (Divergenz)
(Aus BÁN und IZRAEL 1973)

Uloth (1976) präzisiert die „morphologische Ordnung in der geographischen Variabilität der eurasischen Wildschafschnecken soweit, daß unter Berücksichtigung der Feststellungen von Voronzov u. a. (1972), ausgehend vom Kreishornschaf (2n = 58) die Tendenz der heteronymen Perversion und Konvergenz, in östlicher Richtung bis zum Pamirschaf (2n = 56) der homonymen Perversion und Divergenz zunimmt. Unter Beachtung des einheitlichen diploiden Chromosomensatzes von 2n = 54 repräsentiert innerhalb der Mufflongruppe (*O. a. musimon* im Westen bis *O. a. orientalis* im Osten) das Elbursschaf den Schneckentyp, bei dem Schlauchdrehung und -krümmung in einer Ebene liegen (ebener Typ nach Pfeffer 1967), aber die Konvergenz noch nicht aufgehoben ist". Diese Wuchsform mit Neigung in Richtung zum Kreishornschaf entspricht dem Originaltyp des Mufflon.

Homonym pervertierte, divergente Mufflonschnecken können das Produkt einer Kreuzung sein, aber auch innerhalb der Variationsbreite auftreten. Von den 642 Muffelschnecken der Internationalen Jagdausstellung Nitra 1980 entsprachen 1,3% diesem Typ.

Bán, Fodor und Izrael (1973) haben bei der Welt-Jagdausstellung Budapest 1971 183 Widdertrophäen aus 11 verschiedenen Ländern untersucht und dabei festgestellt, daß der konvergente (trapezförmige) Schneckentyp mit 62% gegenüber dem parallelen (rechtekkigen) Typ mit 26% und dem divergenten (gestürzt-trapezförmigen) Schneckentyp mit 12% dominiert. Dieses Ergebnis deckt sich mit den Feststellungen des Verfassers, der anläßlich der Welt-Jagdausstellungen Budapest (1971) und Plovdiv (1981), wie auch der Internationalen Jagdausstellungen České Budějovice (1976), Nitra (1980) und Zagreb (1981), als Mitglied der Internationalen Bewertungskommission und im Rahmen eigener Untersuchungen über 2000 Widdertrophäen zu bewerten hatte.

Abb. 21. Links: Divergenter, stark pervertierender Typ; *rechts:* Argalityp

Den divergenten, stark pervertierenden Schneckentyp repräsentiert der Heidschnukken- oder Zackelschaftyp mit seiner spiraligen Drehung der Schläuche. Sein Auftreten läßt in Verbindung mit einer mehr oder weniger wolligen Behaarung auf eine Hausschafeinkreuzung schließen, so wie ein extremer Argalityp eine Rückkreuzung mit Wildschafunterarten vermuten läßt. Derartige Einkreuzungen wurden nach Tesdorpf (1910) um die Jahrhundertwende gezielt vorgenommen, um den Mangel an einbürgerungsfähigem Muffelwild dem gestiegenen Bedarf anzupassen. Anderen Quellen zufolge soll mit diesen Einkreuzungen die Hebung der Wildbretgewichte und eine Verminderung der Tendenz des Einwachsens der Schnecken beabsichtigt gewesen sein.

Abb. 22. Links ein 5½jähriger, in der Mitte ein 2½jähriger, rechts ein 3½jähriger Widder. Die Form des Schneckenwachstums in der Auslage und der Ansatz der Drehung der Schlauchspitzen (nach außen) – die erst mit dem fünften Lebensjahr beginnt – sind hier deutlich erkennbar. Sie entsprechen dem Originaltyp

Tatsache ist, daß durch die unkontrollierten Kreuzungen unvorhergesehene und z. T. sicherlich unbeabsichtigte Veränderungen entstanden sind. Die zuvor genannten Autoren Bán, Fodor und Izrael haben sich eingehend mit diesen Artveränderungen bzw. dem Formenreichtum der Muffelschnecken befaßt und eine Gesetzmäßigkeit der Schneckenmaße des Muffelurtyps mit Hilfe der biometrischen Methode herausgefunden. Als Weiser dient der sogenannte Index C, welcher das Verhältnis der Auslage, gemessen am äußeren Schneckenbogen und an den Schneckenspitzen zueinander ausdrückt. Schnekken, deren Spitzen über die äußeren Bogenkanten hinausdrehen, haben einen C-Index unter 1, solche mit nach innen gedrehten Spitzen eine steigende Indexzahl.

Das errechnete Maximum der C-Werte liegt bei C = 1,77, bzw. ergibt sich eine Häufigkeitsstreuung zwischen C = 1,56 und C = 1,83. Die Autoren vertreten die Ansicht, daß Schnecken mit einem C-Index innerhalb dieser Bandbreite demnach dem Mufflonoriginaltyp entsprechen. Von diesem in Richtung kleinerer oder größerer C-Werte 0,6 ← C → 3,4 gehende Schnecken stellen die fragliche, bzw. immer weniger charakteristische Form des Originaltyps dar.

Bei der Untersuchung der Wachstumsgesetzmäßigkeiten der Schnecken konnten weiterhin folgende Zusammenhänge nachgewiesen werden:

– der Kreisbogen-(Krümmungs-)Durchmesser ist zwischen C-Index 1,6 – 2,2 maximal,
– zu größeren Kreisbögen gehören größere Auslagenmaße,
– die lineare Gerade charakterisiert die Wechselbeziehung zwischen Auslage und Länge.
Lochman (1979) hat 456 Muffelwiddertrophäen der Internationalen Jagdausstellung České Budějovice 1976 auf dieselben Merkmale hin untersucht und ist zum gleichen Ergebnis gelangt.

Trophäen mit einem C-Index über 2,8 sind meist sogenannte Einwachser. Als Einwachser – richtig müßte es „Hineinwachser" heißen – werden jene Widder bezeichnet, deren Schneckenspitzen gegen den Träger oder den Kiefer gerichtet sind. Derartige Schnecken weisen meist einen spitzen oder stumpfen Strirnzapfenwinkel auf, der ein mehr steiles, in die Höhe oder flach-seitlich gerichtetes Schneckenwachstum zur Folge hat.

Dieckert (1979) unterscheidet bei den Einwachsern drei Typen:

1. *Kiefer-Einwachser:* Das sind Widder, deren Schlauchspitzen seitlich am Träger scheuern, ihn verletzen oder hart am Träger vorbei in den Unterkiefer einwachsen.
2. *Nacken-Einwachser* oder Rückwachser sind Widder, deren Schlauchspitzen hart unterhalb des Hauptes von seitlich hinten in den Träger einwachsen.
3. *Till Eulenspiegel-Typ* ist ein Widder, dessen Schläuche nicht nach schräg hinten, sondern nach seitlich außen wachsen, und dessen Schlauchspitzen in fast rechtem Winkel von der Seite her in den Träger einzuwachsen drohen. Der Kopfschmuck dieses Widders wirkt in der Vorder- oder Rückansicht wie eine Schellenkappe.

Abb. 23. Links: Typischer doppelseitiger Kiefereinwachser (Phot. Dieckert); *rechts:* Nackeneinwachser

Dieses Einwachsen oder Scheuern kann beidseitig oder auch nur einseitig erfolgen, wobei das einseitige Einwachsen immer nur auf der linken Seite auftritt. Die natürliche, also nicht durch äußere Einwirkung hervorgerufene Asymmetrie der Schnecke ist eine häufige Erscheinung, wobei die Regelwidrigkeit stets am linken Schlauch auftritt. Eine Erklärung für dieses Phänomen gibt es bisher nicht.

Der Anteil an Einwachsern ist gesamt gesehen gering (ca. 5%), kann aber bei manchen Populationen mehr als 1/3 und somit ein erhebliches Ausmaß erreichen. Dauster (1955) bemerkt hierzu, daß das in einzelnen Stämmen gehäufte Auftreten von Einwachsern – während dieser Fehler anderenorts überhaupt nicht auftritt – als Stammeseigenschaft über relativ lange Zeit- und über große geographische Räume hinweg sich nachweisen läßt, so daß auch hierbei erbliche Zusammenhänge als gegeben betrachtet werden dürfen. Inzwischen konnte nachgewiesen werden, daß es auch im natürlichen Verbreitungsgebiet Einwachser gibt, und somit entgegen der ursprünglichen Annahme Hausschafeinkreuzungen nicht der einzige Grund für dieses Phänomen sind. Die anomale Schlauchstellung kann im Extremfall zu einer sich steigernden Behinderung in der Äsungsaufnahme und damit in weiterer Folge zu einer körperlichen Schwächung und letztlich im Verein mit einer hinzugetretenen Infektion oder parasitären Erkrankung zum Verenden des Stückes führen.

Weit häufiger sind die sogenannten Scheuerer, bei denen fehlende Perversion und ein kleiner Krümmungsdurchmesser mit zunehmendem Alter, etwa im 4. oder 5. Lebensjahr, zum Scheuern der Schnecken an der Decke bis zum Durchscheuern und damit zu offenen Wunden führen können. Diese offenen Wunden bilden Eintrittspforten für Krankheitserreger, welche durch Insekten übertragen werden, und damit ein wesentliches Gefahrenmoment für die Gesundheit des Stückes. In der Mehrzahl der Fälle bleibt es jedoch beim Scheuern ohne gesundheitliche Schäden.

Abb. 24. Flehmender Muffelwidder. Die Form der Schnecke repräsentiert ein Beispiel des „Till-Eulenspiegel-Typs" (Phot. Tilgner)

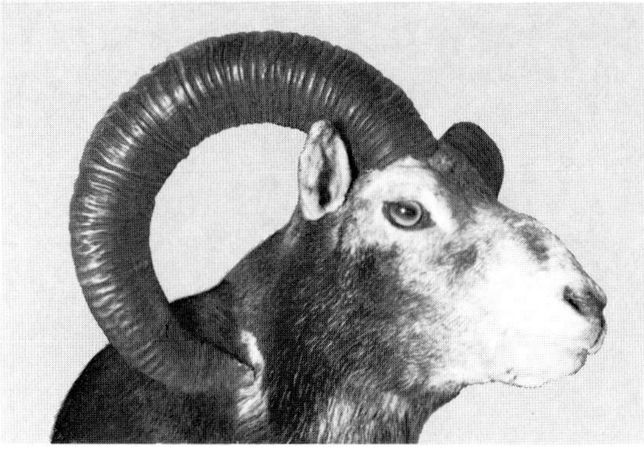

Abb. 25. Scheuerer-Typ (Phot. Schmincke)

Einwachser und Scheuerer neigen zu tödlichen Verhakelungen, sei es durch Einfädeln auf Äste oder einen dünnen Stamm, oder auch in die Schnecke des Gegners im Zweikampf, wobei das Verenden durch Erschöpfung, durch Verhungern oder auch Genickbruch eintritt.

Schalen und Fährte

Ebenfalls ein Produkt der Haut sind die Schalen und die Afterklauen (Geäfter), welche aus mehreren Hornschichten gebildet werden. Die äußeren scharfen Ränder der Schalen sind aus einem weit härteren Horn als die Trittballen. Ähnlich dem Schneckenwachstum wachsen auch die Schalen in der Vegetationszeit rascher als in der Zeit der Vegetationsruhe, bzw. kann es zu dieser Zeit auch zu einem vorübergehenden Wachs-

Abb. 26. Beispiel der Situation für die Gefahr einer Verhakelung

tumsstop kommen. Diesem fortwährenden Wachstum der Schalen wirkt die fortwährende Abnutzung durch den Boden entgegen, d. h. die Schalen werden durch die mehr oder weniger rauhe Bodenoberfläche während der Fortbewegung abgeschliffen. (Wuchs) -Kraft und Gegen(Abrieb)-Kraft müssen sich im Gleichgewicht befinden, um die Schalen funktionsfähig zu erhalten. Anatomische Veränderungen des Laufapparates, wie z. B. Laufverkürzungen durch Schußverletzungen etc., Krankheiten oder für entsprechenden Abrieb ungeeignete Bodenverhältnisse können Veränderungen an den Schalen, z. B. ein schnabelförmiges Auswachsen, herbeiführen. Dieses Auswachsen kann aber auch durch eine genetisch bedingte Veranlagung gefördert werden und es ist dann ein gehäuftes Auftreten dieser Symptome innerhalb einer Population festzustellen.

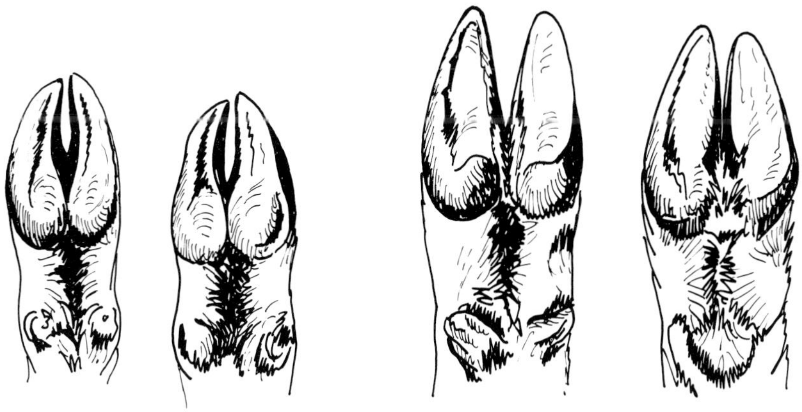

Abb. 27. Normal gewachsene Schalen. *Links:* Muffel, *rechts:* Gemse

Die Fährte des Muffelwildes unterscheidet sich wesentlich von der anderer Schalenwildarten und ähnelt sehr der des Hausschafes. In ihren Ausmaßen entspricht sie etwa der des Gamswildes, die Trittsiegel sind jedoch abgerundeter und die äußeren Schalenränder deutlicher ausgeprägt. Das Geäfter wird normalerweise nicht abgedrückt. Die Länge des Trittsiegels eines erwachsenen Widders beträgt 55–65 mm, ausnahmsweise bis 70 mm, bei einer Breite von etwa 45 mm. Bei einem erwachsenen Schaf ist das Trittsiegel 45–55 mm, ausnahmsweise bis 60 mm lang. Ein ruhig ziehender, erwachsener Widder hat eine Schrittlänge von 40–60 cm und eine Schrittbreite von ca. 13–15 cm, erwachsene Schafe 35–40 cm bzw. ca. 10 cm. Alte Widder und hochbeschlagene Schafe weisen eine größere Schrittlänge und -breite, wie auch einen stärkeren Schrank der Fährte auf. Die Fluchtfährte zeigt ein Übergreifen der Trittsiegel der Hinterläufe vor die Trittsiegel der Vorderläufe. In der hohen Flucht vermag das Muffelwild bis zu 10 m weite Sprünge auszuführen. Mitunter kommt es bei der Überwindung von Hindernissen zum gleichzeitigen Abstoßen mit allen vier Läufen. Das Sprungvermögen ist außerordentlich gut, wenngleich das Muffelwild nur gelegentlich hiervon Gebrauch macht. FORGACH (1875) beschreibt u. a. einen mit spielerischer Leichtigkeit vollbrachten Sprung eines Muffelschafes aus dem Fenster des zweiten Stockwerkes der Ruine Gymes auf grobes Geröll.

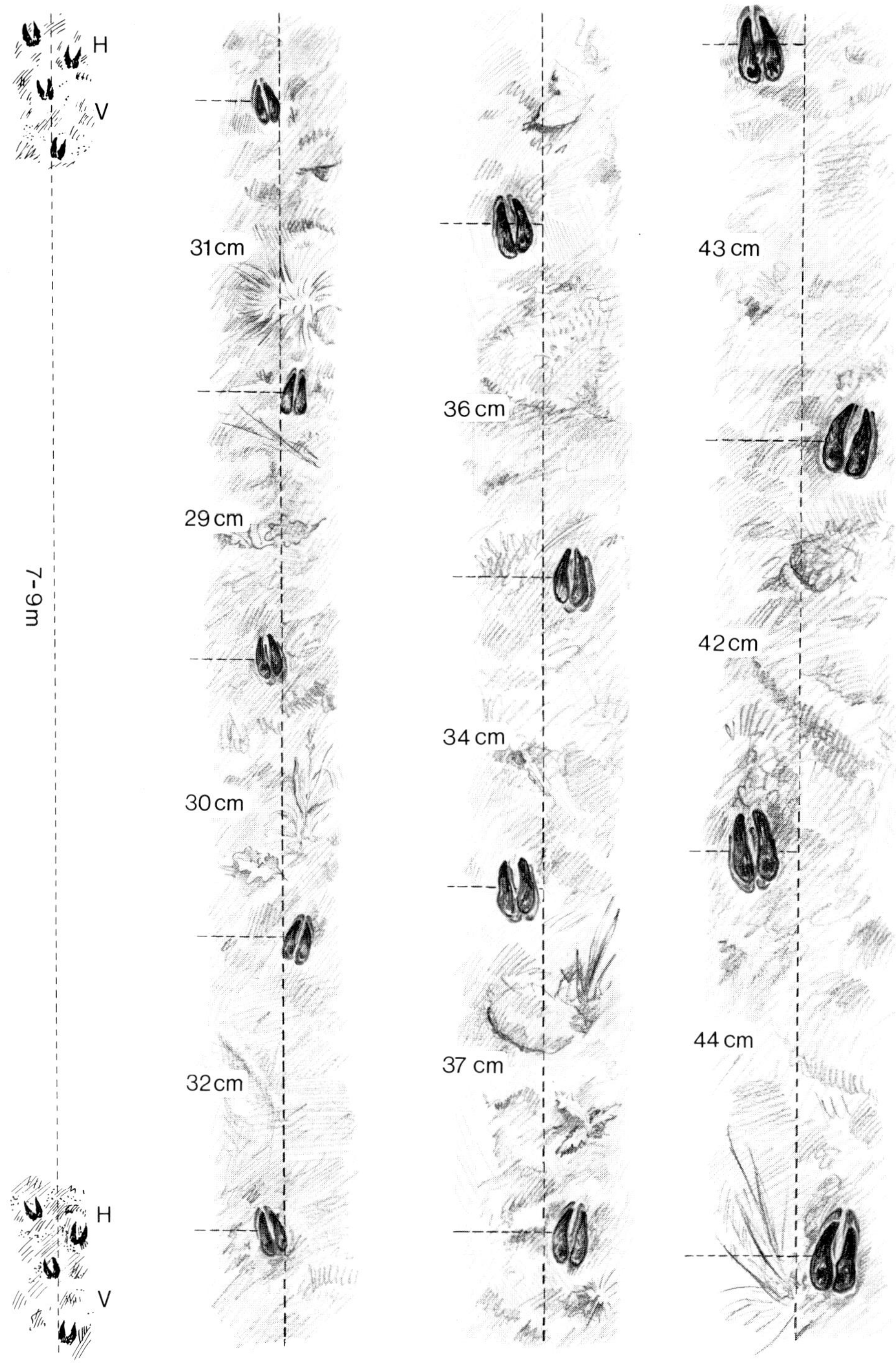

Abb. 28. Verschiedene Fährtenbilder. *Links außen:* Fährte eines flüchtigen Widders in Sprüngen. V = Vorderläufe, H = Hinterläufe. *Daneben:* Fährten ziehenden Muffelwildes im Dezember. *Links:* Lamm. *Rechts:* 3jähriger Widder. *Mitte:* Schaf (etwa ⅛ nat. Größe)

Gebiß

Das Gebiß des Muffelwildes ist zahlenmäßig identisch mit dem des Hausschafes und des Rehwildes.

Die Schneidezähne (I = Incisivi), die Eckzähne (C = Canini) und die vorderen Backenzähne (P = Prämolares) wachsen zunächst als Milchzähne (d = deziduus) und werden erst mit fortschreitendem Alter durch Dauerzähne ersetzt, während die hinteren Backenzähne (M = Molares) gleich als Dauerzähne erscheinen. Der endgültige Wechsel der Milchzähne gegen die Dauerzähne dauert beim Muffelwild verhältnismäßig lange. Während die Gesamtentwicklung des Gebisses beim Rehwild bereits in 30–31 Monaten abgeschlossen ist, tritt sie beim Muffelwild erst nach 43–45 Monaten (etwa 3,7 Jahre) mit dem Austausch der Eckschneidezähne ein.

Die Zahnformel des Milchgebisses lautet:

$$\frac{\text{Oberkiefer}}{\text{Unterkiefer}} \quad \frac{\text{0Id} \quad \text{0Cd} \quad \text{3Pd}}{\text{3Id} \quad \text{1Cd} \quad \text{3Pd}} = 20 \text{ Zähne}$$

und die Zahnformel des Dauergebisses:

$$\frac{\text{Oberkiefer}}{\text{Unterkiefer}} \quad \frac{\text{0I} \quad \text{0C} \quad \text{3P} \quad \text{3M}}{\text{3I} \quad \text{1C} \quad \text{3P} \quad \text{3M}} = 32 \text{ Zähne}$$

Die nachfolgende, von Rieck (1963) zusammengestellte und durch Uloth (1975) umgeschriebene Tabelle der Gebißentwicklung im Unterkiefer des Muffelwildes veranschaulicht den zeitlichen Ablauf bis zur Gesamtentwicklung und kann somit zur Altersschätzung des erlegten Wildes herangezogen werden.

Die Unterscheidung der Milchzähne von den Dauerzähnen erfordert eine gewisse Übung. Als Milchzahn ist beispielsweise der Eckschneidezahn heller gefärbt und stärker abgeschliffen als die Dauerzahnform.

In der Tabelle sind die Milchzähne mit M und die Dauerzähne mit D bezeichnet, das Hervorbrechen des betreffenden Zahnes wird durch Klammern () ausgedrückt.

Gebißentwicklung im Unterkiefer des Muffelwildes

Kalendermonat	Schneidezähne			Eckschneidezahn	Backenzähne vordere			Backenzähne hintere			Alter in Monaten
April	M	M	M	M	(M)	(M)	(M)				1
Mai					(M)	M	M	↓			2
Juni/Juli					M			(D)			3– 4
Juli–Januar								D			4–10
Januar–März									↓		10–12
Februar–August	↓								(D)		11–17
August–Oktober	(D)								D		17–19
September–April	D	↓			↓	↓	↓			↓	18–25
April–Juni		(D)			(D)	(D)	(D)			(D)	25–27
Mai–November		D	↓		D	D	D			D	26–32
November–Januar			(D)								32–34
Dezember–Oktober			D	↓							33–43
Oktober–Dezember				(D)							43–45
ab November	↓	↓	↓	D	↓	↓	↓	↓	↓	↓	ab 44

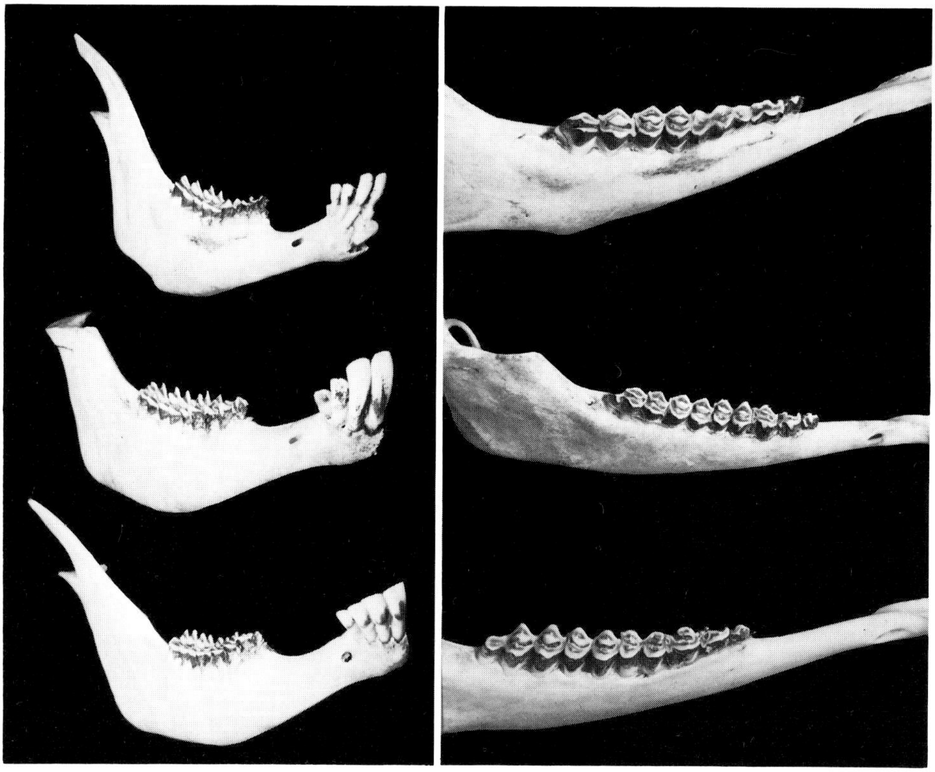

Abb. 29. Links und rechts oben: Unterkieferast eines Muffellamms im 10. Lebensmonat (Januar). Die Milchbackenzähne (Prämolaren) sind stark abgeschliffen. Molaren IV und V sind vorhanden. Schneide- und Eckzähne sind noch Milchgebiß. *Mitte:* Unterkieferast eines 3½jährigen Widders im 43. Lebensmonat (November). Der Eckzahn wird gerade als Dauerzahn gebildet. Das übrige Gebiß ist mit Dauerzähnen vollständig. *Unten:* Unterkieferast eines 4jährigen Muffelschafes. Das Gebiß ist mit Dauerzähnen vollständig ausgestattet. Ein geringer Abschliff am 1. Molar (IV) ist bereits zu erkennen

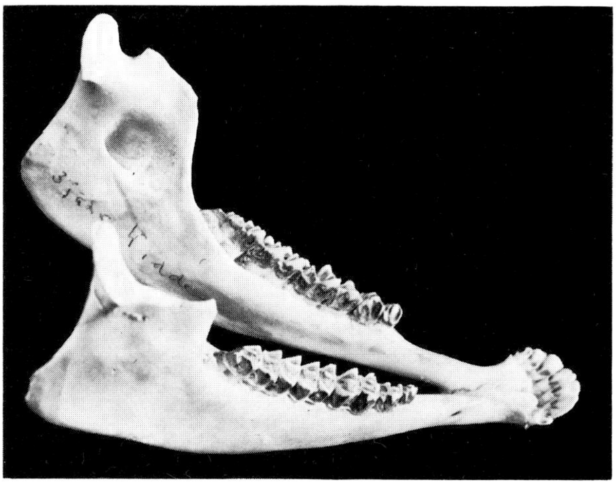

Abb. 30. Vollständiger Unterkiefer eines 3½jährigen Muffelwidders. Der Dauereckzahn ist gerade gewachsen, der Widder ist mithin 43 Monate alt

Duftdrüsen

An Duftdrüsen verfügt das Muffelwild über die zwischen den Schalen befindlichen Klauendrüsen, über die – wie ihr Name treffend ausdrückt – Vorderaugendrüsen und die Genitaldrüsen. Von den in der Haut liegenden Duftdrüsen werden art- und geschlechtsspezifische, aus Fetten und Duftstoffen bestehende Sekrete gebildet und abgesondert. Mit dem Sekret der Klauendrüsen markiert das Mufflon seine Fährte und mit dem der Vorderaugendrüsen die Vegetation. Die Markierung dient der Orientierung und dem gegenseitigen Erkennen und Finden. Das Sekret der Genitaldrüsen enthält geschlechtsspezifische, auf den Geschlechtszyklus abgestimmte Duftstoffe, welche die Bereitschaft zur Kopulation signalisieren.

Abb. 31. Duftdrüsen (Zeichn. Gauss)

Innere Organe

Die Größe und das Gewicht der inneren Organe haben Lochman u. a. (1979) anhand eines umfangreichen Untersuchungsmaterials festgestellt, wobei die Gewichtsermittlung beim Herz am reinen, völlig ausgeschweißten Herzmuskel, an der Lunge ohne Luftröhre und Hauptverzweigungen, an der Leber ohne Galle und an der gesäuberten Milz und Niere vorgenommen wurde. Beim Messen der Darmlänge wurde jegliches Dehnen vermieden. Das Pansenvolumen wurde unter Wasser festgestellt und dadurch ein den natürlichen Druckverhältnissen entsprechendes Resultat erzielt.

Organ		Widder	Schaf	Lamm
Herz	Gewicht in g	217	204	129
Lunge	Gewicht in g	643	485	338
Leber	Gewicht in g	605	494	376
Milz	Gewicht in g	90	85	60
Niere	Gewicht in g	50	45	34
Dünndarm	Länge in cm	1521	1400	1280
Dickdarm	Länge in cm	527	514	310
Blinddarm	Länge in cm	28	26	22
Pansen	Volumen in cm^3	5300	4400	3300

Im Pansen des Muffelwildes finden sich gelegentlich „Haarkugeln", die unter dem Namen „Bezoarkugeln" in den Handel kamen und speziell im Mittelalter teuer bezahlt wurden. Ähnlich wie bei solchen des Steinbocks werden ihnen besondere Heil- und Zauberkräfte zugeschrieben. Geholfen haben sie sicherlich auch, zumindest den Geldbeutel ihres Verkäufers zu füllen. Der Name Bezoar stammt aus dem arabischen und persischen *bad sahr,* was Gegengift bedeutet. Er wurde ursprünglich nur für die

Abb. 32. Bezoarkugeln aus dem Pansen eines kranken Muffelschafes (nat. Größe)

Haarkugeln der auf einigen Inseln des östlichen Mittelmeeres beheimateten Ägäischen Wild- oder Bezoarziege *(Capra aegargus)* angewendet, später aber auch für die Magenkugeln anderer Wiederkäuer. Diese Haarkugeln entstehen durch gelegentlich des Belekkens verschluckte und im Pansen mit Nahrungsresten vermengte und verfilzte Haare, die durch die andauernde Bewegung zu völlig runden und glatten Kugeln geformt werden. Die meisten Bezoarkugeln bestehen aus unverdauten Pflanzenfasern und harzigen Bestandteilen. Ihre Größe ist verschieden, je nach der Dauer ihres Entstehens.

Ernährung

Wildschafe, also auch das Muffelwild, sind typische Grasfresser, d. h., im Nahrungsspektrum haben die Gräser den größten Anteil. Nach Untersuchungen von Stubbe (1971) beträgt der durchschnittliche Nahrungsanteil der Gräser 69%, der Kräuter und Blätter 13%, Gehölze und Sträucher 9% und der Samen und Früchte 6%. Das jahreszeitlich unterschiedliche Äsungsangebot muß dabei berücksichtigt werden.

So hat Sabadoš (1977) bei Panseninhaltsuntersuchungen in der außervegetativen Periode in verschiedenen Gebieten der Slovakei festgestellt, daß der Äsungsanteil der Gräser 54%, der Gehölze 28%, der Sträucher 7%, der Pilze 4%, Kräuter 4% und der Samen und Früchte 3% beträgt. Unter den Gräsern stellen das Riedgras *(Carex pilosa)* und die Hainsimse *(Luzula memorosa)* den entscheidenden Anteil. Es folgen der Menge nach Holzarten, besonders Eiche und Esche. Der Rest fällt auf Baumschmarotzerpilze, Sträucher, unter denen der Brombeerstrauch *(Rubus)* und von den Kräutern das Heidekraut *(Calluna vulgaris)* sowie die Heidelbeere *(Vaccinium myrtillus)* den Hauptanteil stellen. Unter den Samen bevorzugt das Muffelwild die Roßkastanie *(Aesculus hippocastanum)*. Der Laubholzanteil war in den Analysen größer als der der Nadelhölzer.

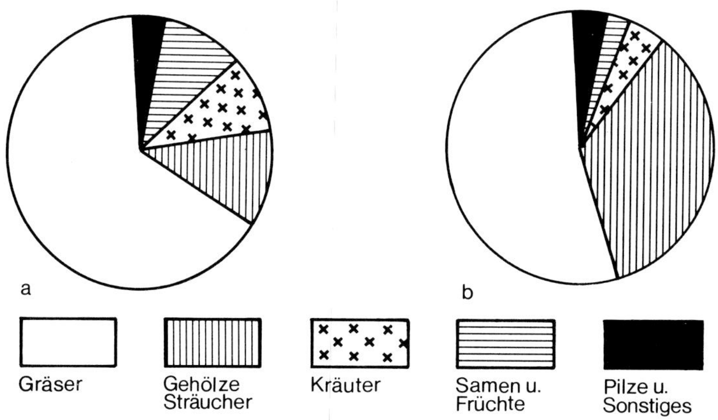

Graphik 2. a: Nahrungsspektrum (nach Stubbe 1971, 1973); b: Nahrungsspektrum in der außervegetativen Periode (nach Sabadoš 1977)

Äsungspflanzen des Muffelwildes (nach Silvestri 1975)

Auf Sardinien

Fraxinus oxiphilla, Esche
Quercus ilex, Steineiche
Alnus glutinosa, Schwarzerle
Ilex aquifolium, Stechpalme
Pistacia lentiscus, Pistazie
Sambucus nigra, Schwarzhollunder
Lonicera etrusca, Heckenkirsche
Cornus sanguinea, gem. Hartriegel
Sorbus domestica, Eberesche
Rosa sp., Heckenrose
Crataegus monogyna, Weißdorn*
Rubus fruticosus, Brombeere*
Cytisus triflorus, Geißklee
Genista corsica, kors. Ginster
Genista lobelii, Ginster
Erica arborea, Erika
Daphne gnidium, Seidelbast
Dactylis glomerulata, Knäuelgras
Vulpia myuros, Vulpia
Briza maxima, gr. Zittergras
Briza minor, kl. Zittergras
Festuca ovina, Schwingel*
Poa annua, Rispengras
Poa nemoralis, Rispengras*
Carex divulsa, Segge*
Carex stellulata, Segge*
Juncus pygmaeus, Zwergsimse
Juncus glaucus, Blausimse
Luzula foresteri, Hainsimse*
Bromus maximus, gr. Trespe
Bromus mollis, weiche Trespe
Avena barbata, Glatthafer
Calamagrostis montana, Bergreitgras
Agrostis alba, Straußgras
Agrostis verticillata, Straußgras
Phleum pratense, Wiesenlischgras
Agropyrum caninum, Hundsquecke
Brachypodium sylvaticum, Waldzwenke*
Brachypodium ramosum, Zwenke
Brachypodium distachyon, Zwenke
Lolium perenne, engl. Ray-gras
Holcus lanatus, wolliges Honiggras
Lupinus angustifolius, Lupine
Sarothamnus scoparius, Besenginster
Lotus allioni, Hornklee
Astragalus sirinicus, Tragent
Trifolium tomentosum, Klee
Trifolium bocconei, Klee
Lathyrus dymenum, Platterbse
Vicia lutea, Wicke*
Teucrium marum, Gamander
Rosmarinus officinale, Rosmarin
Potentilla ripestris, Fingerkraut
Potentilla micrantha, Fingerkraut
Epilobium hirsutum, Weidenröschen
Malva alcaea, Malve
Geranium robertianum, Storchschnabel
Geranium molle, weicher Storchschnabel
Daucus maximum, Möhre
Pastinaca latifolia, Pastinak
Lysimachia vulgaris, Goldweiderich
Euphorbia helioscopia, Wolfsmilch
Euphorbia gravi, Wolfsmilch
Allium pendulinum, Bärlauch
Stellaria media, Sternmiere
Stellaria nemorum, Sternmiere
Hypericum perfoliatum, Johanniskraut
Hypericum humifusum, Johanniskraut
Viola sylivestris, Waldveilchen
Fragaria vesca, Walderdbeere
Geum urbanum, Nelkenwurz
Plantago insularis, Wegerich
Galium mollugo, gemeines Labkraut
Galium corsicum, kors. Labkraut
Inula odora, Alant
Valeriana montana, Baldrian
Artemisia vulgaris, gewöhnlicher Beifuß
Hieracium sp., Mauerlattich
Robertia taraxacoides, Robertie
Leontodon autumnale, Herbstlöwenzahn
Taraxacum densleonis, Löwenzahn

Auf dem Festland

Genista tinctoria, Färberginster
Achillea millefolium, Wiesenschafgarbe
Medicago lupulina, Hopfenklee
Vicia hirsuta, Wicke*
Calluna vulgaris, Besenheide*
Taraxum officinale, gemeiner Löwenzahn
Helianthus tuberosus, Topinambur
Carpinus betulus, Weißbuche*
Fagus sylvatica, Rotbuche*
Betula alba, Birke*
Acer campestre, Feldahorn
Acer pseudoplatanus, Bergahorn*
Acer opalus, schneeballblättriger Ahorn
Pyrus malus, Holzbirne
Pyrus communis, gem. Birne*
Pyrus domestica, Birne
Salix alba, Silberweide
Ligustrum vulgare, Liguster*
Vaccinium vitis-idaea, Preiselbeere
Vaccinium myrtillus, Heidelbeere*
Cornus mas, Kornelkirsche
Ribes alpinum, Alpenjohannisbeere

Die mit * bezeichneten Pflanzen hat auch Sabadoš bei Pansenuntersuchungen in der Slovakei festgestellt.

Losung

Das Muffelwild, das täglich 5- bis 7mal wiederkäut, hat eine Durchlaufzeit der Äsung bis zur völligen Ausscheidung von 14 bis 21 Stunden (MOTTL 1960).

Jahreszeitlich hat die Losung eine unterschiedliche Form. Sie ist in Größe und Form dem Kot des Hausschafes sehr ähnlich. Die Losung liegt im Vergleich zu den Cerviden zwischen der des Rehwildes und der des Damwildes. Sie ist etwa 15 mm lang, mit einem kleinen Zäpfchen, und 10 mm breit. Nach der Aufnahme frischer Grünäsung – insbesondere bei Beginn der Vegetation im Frühjahr – entstehen größere Fladen oder zusammengeballte Trauben. Die Losung starker Widder ist etwas größer als die der Schafe. Lämmer wie auch Schafe harnen kauernd mit erhobenem Wedel, Widder jedoch in Grundstellung; beim Lösen wird nur der Wedel abgespreizt.

Abb. 33. Losung vom Muffelwild (etwa ⅓ nat. Größe)

Die Zählung von Losungshäufchen anstelle der sehr zeitaufwendigen Wildzählung durch intensive Sichtbeobachtung schlägt ULOTH (1975) vor. Der Wildbestand wird dabei nach folgender Formel berechnet:

$$\text{Bestand} = \frac{\text{Losungshäufchen gesamt} \times \text{Gesamtfläche des Zählgebietes}}{\text{Probefläche} \times \text{Defäkationsrate je 24 h} \times \text{durchschnittl. Anzahl der Tage zwischen dem Ablesen}}$$

Diese Methode wurde von OGREN (1965) auch bei der u. a. in Neu-Mexiko eingebürgerten Mähnenziege erprobt.

Lebensweise und Verhalten

Sinne

Wie alles Wild verfügt auch das Muffelwild über hochentwickelte Sinnesorgane. Neben dem Gehör- und Geruchssinn scheint der Gesichtssinn am schärfsten ausgeprägt zu sein. Die stark seitwärts angeordneten Lichter ergeben ein vergrößertes, etwa 300° erfassendes Gesichtsfeld, wie auch die ovale, horizontal gestellte Pupille und die größere Anzahl gekreuzter Fäden ein sehr hochentwickeltes peripheres Bewegungssehen ermöglichen (ÜBERREITER 1980). Bei den Widdern ist dieses erweiterte Gesichtsfeld durch die Schnecke wesentlich beeinträchtigt. Schafe sichern daher weitaus besser. Nach einem alten korsisch-sardischen Jägersprichwort wird „das Haar, das der Jäger verlor, vom Hirsch vernommen, vom Keiler gewittert, vom Widder geäugt" (TESDORPF 1910).

Das Muffelwild äugt nicht nur hervorragend, es vermag vielmehr offenbar auch die erhaltenen Eindrücke auszuwerten. Veränderungen in der vertrauten Umgebung werden

Abb. 34. Gesichtsfeld (Zeichn. Gauss)

wahrgenommen und auch entsprechend quittiert. „Beschränktheit des Geistes wie beim Hausschaf ist sicher nicht vorhanden" (FORGACH 1875).

Es ist eine bekannte Tatsache, daß Muffelwild außerhalb der Schußzeit häufig vertraut erscheint, jedoch nach der ersten Bejagung zu den scheuesten Wildarten zählt. In den Zeiten der Ruhe, ohne ersichtliche Bedrohung, wird das Muffelwild dem sich nähernden Menschen gegenüber Distanz bewahren, ohne aber, wie andere Wildarten, sofort flüchtig abzugehen. Dadurch werden Energien gespart und der Körper vor unnötigem Streß bewahrt. Völlig anders verhält es sich in den Zeiten der Bedrohung durch den Jäger, Raubwild oder ähnlichem. Hier zeigt es sich, daß das Muffelwild nicht nur einen ausgeprägten Gesichtssinn und ein nicht minder scharfes Gehör- und Wittrungsvermögen besitzt, sondern auch über einen hervorragenden Orientierungssinn verfügt. Dieser gestattet es ihm, alle Geländevorteile für sich nutzend, unter Umständen den Einstand für kurze oder auf längere Zeit zu wechseln, ganz entgegen seiner sonstigen sprichwörtlichen Standortstreue. Diese Eigenart ermöglicht einem Teil des Muffelwildes auch über längere Zeiträume der ständigen Bedrohung hinweg, wie z. B. während der Wilderer(Besatzungs)zeiten nach den großen Kriegen, sich der Verfolgung wirksam zu entziehen und damit zu überleben. Dies trifft für seine „Urheimat" auf Korsika und Sardinien ebenso zu wie etwa für den Lainzer Tiergarten bei Wien, wo der Muffelwildbestand von 240 Stück Ende des Zweiten Weltkrieges binnen kurzer Zeit durch die Besatzungsjäger auf etwa 1–2 Dutzend reduziert wurde. Der Bestand konnte sich jedoch Jahre hindurch bis zur Normalisierung und damit möglichen Erholung halten.

Stimmäußerungen und Bewegungen

Bei Gefahr stößt das Muffelwild, vor allem das Leitschaf, einen „Warnpfiff" aus, der meist noch durch ein kurzes Aufstampfen mit dem Vorderlauf bekräftigt wird. Dieses zischende Pfeifen wird durch ein kräftiges Ausstoßen der Atemluft durch den Windfang (Nasenöffnung) hervorgerufen. Auf diese Warnung hin flüchtet das gesamte Rudel urplötzlich, ohne wie anderes Wild vorher zu verhoffen, in einer Art Galopp, der vom unregelmäßigen „Hopsen" bis zu weit ausgreifenden Sprüngen reichen kann, um erst in einiger Entfernung zu halten und zu sichern. Die Fluchtdistanz ist für gewöhnlich bei Schneelage geringer als sonst. Mitunter reagiert das Muffelwild beim Erkennen einer

Gefahr mit ein paar markanten Sprüngen, wobei alle vier Läufe zu gleicher Zeit hart aufgesetzt werden. Ähnlich dem die Gefahr ankündigenden Aufstampfen, kommt diesen Sprüngen ebenfalls Warnfunktion zu. Beim Flüchten befindet sich der stärkste Widder gewöhnlich am Schluß des Rudels.

Außer dem Warnpfiff sind an Stimmäußerungen im Familienverband noch der zarthohe Meckerton der Lämmer und das Bähen der Schafe, seltener das Blöken der Widder zu vernehmen und ganz selten ein, nur hin und wieder das Flehmen des brunftenden Widders begleitender, schwer definierbarer, gurgelnd-brummender Ton.

Zyklen

Zwischen den Bewegungen der Gestirne und dem Verhalten der irdischen Lebewesen bestehen ökologisch relevante Beziehungen. Zyklisch vollziehen sich Nahrungsaufnahme und Fortpflanzung entsprechend dem Wechsel der Tageslänge und der Jahreszeiten (Farb 1976).

Tageszyklus

Über den Tageszyklus des Muffelwildes gibt es verschiedene, uneinheitliche Auffassungen.

Bubenik (1959) charakterisiert das Muffelwild als „Tagtier", das mit dem Sonnenaufgang beginnend, am Vormittag drei Äsungsperioden durchläuft. Die längste Äsungssuche wird für den Nachmittag bis zum Sonnenuntergang angegeben. Die darauffolgende Ruheperiode wird bis zum nächsten Sonnenaufgang nur durch eine kurze Äsungsperiode vor Mitternacht unterbrochen.

Nach Mottl (1960) äst das Muffelwild mit Unterbrechungen fast den ganzen Tag, meistens jedoch in den frühen Morgen- und Abendstunden. 14–17 Stunden entfallen täglich auf Äsen und Wechseln, und 7–10 Stunden auf Ruhen und Wiederkäuen. Die längste Ruheperiode ist in der Nacht. Fast regelmäßig erfolgt das Wiederkäuen in den Mittagsstunden, oft stehend oder langsam ziehend. Bisweilen werden zur Äsungsaufnahme ziemliche Strecken, selten weiter als 5 km, zurückgelegt.

Eingehende systematische Beobachtungen über 10 Jahre hindurch hat Stubbe (1975) an einer Muffelwildpopulation der freien Wildbahn im Norden der DDR vornehmen lassen. Danach verläuft die Äsungsaufnahme entsprechend der Jahreszeit und der damit im Zusammenhang stehenden Tageslänge unterschiedlich. Im Herbst sind zwei kleinere Maxima von 8–9 Uhr und von 12–13 Uhr zu beobachten, denen ein breites Äsungsmaximum von 14–18 Uhr folgt. Sicher macht sich hier der Einfluß der Brunft bemerkbar, der die Aktivität während des gesamten Tages erhöht.

Im Winter ist das Muffelwild während des gesamten Tages zu beobachten, mit zwei Äsungsspitzen von 10–11 Uhr und 15–16 Uhr. Mit den länger werdenden Tagen im Frühjahr und der frisch heranwachsenden Vegetation verschiebt sich die Äsungsaufnahme in die Abendstunden, da das Muffelwild nun weitere Wege zu den Äsungsflächen nicht scheut (Wiesen), sie jedoch als Tagesaufenthalt meidet. In geringem Umfang kann die Äsungsaufnahme den ganzen Tag über beobachtet werden. Während die Grünäsung im Sommer in den Beständen hart wird, bleibt sie auf den Wiesen infolge wiederholter Nutzung frisch und zart. So erklärt sich das Äsungsmaximum in den Abendstunden des Sommers.

Nachts wurde äsendes Muffelwild selten und nur bei Mondschein auf Freiflächen wie Wiesen und Feldern beobachtet.

Der Verlauf der Ruheperioden ist mit geringer zeitlicher Verschiebung von Herbst bis Frühjahr gleich. So werden die meisten ruhenden Muffel je nach Jahreszeit in den Mittagsstunden von 11–15 Uhr angetroffen.

Die vorstehenden Daten decken sich etwa mit den Feststellungen von Bubenik und bestätigen seine Charakterisierung des Muffelwildes als „Tagtier".

Genaue Untersuchungsergebnisse über das Raum-Zeit-Verhalten des Muffelwildes, seine Tages- und Nachtaktivitäten, wie sie durch Telemetrie gewonnen werden, liegen derzeit nur aus Wildgehegen vor.

Witt (1980) bestätigt aus seinen Untersuchungen, die er zweieinhalb Jahre lang im Forstamt Saupark bei Springe mit Hilfe einer modernen Telemetrie-Ausrüstung durchgeführt hat, daß die Mufflons tagaktive, nicht territoriale Tiere sind mit Ansprüchen an große Wohngebiete, deren Lage sich im Jahreslauf fortdauernd verschiebt.

Witt war es möglich, aus den ununterbrochenen, automatischen Aufzeichnungen zu jeder beliebigen Tages- und Nachtzeit festzustellen, wo sich das gesuchte Tier befand, ohne es dabei zu stören. Witt unterscheidet zwischen „Schlafen" und „Ruhen" des Muffelwildes: Es kam vor, daß die Tiere mehrere Tage hindurch überhaupt nicht schliefen. Die längste ununterbrochene *Schlaf*phase dauerte 148 Minuten, die längste beobachtete schlaflose Zeitspanne betrug 74 Stunden. Die Bereitschaft zum *Ruhen* war zwischen Sonnenunter- und Sonnenaufgang allgemein höher als am Tage. Um Mitternacht ist diese Bereitschaft vermindert, sie betrug 0–80%. Während des Tages ist die Tendenz zum Ruhen in den Vor- und Nachmittagsstunden in der Regel gering, sie steigt jedoch um die Mittagszeit an. Im Jahreslauf ruhen Mufflons am längsten in den Wintermonaten. Das Maximum liegt im Januar, das Minimum im Juni.

Welche praktische Nutzanwendung wir Jäger aus diesen Feststellungen ziehen können, läßt sich nicht immer überzeugend beantworten. Bisher haben wir uns bei dem Disput über ein Phänomen mit dem Hinweis beruhigt, daß wir nicht in alle Geheimnisse der Natur hineinleuchten können und sollen. Gleichwohl müssen wir heute die technischen Errungenschaften würdigen, mit denen es möglich ist, Einblicke in das raum-zeitliche Verhalten des Muffelwildes zu erhalten, die, im Zusammenhang mit dem Sozialverhalten, dem Erscheinungsbild und anderen Faktoren, eine Aussage über die Lebensansprüche dieser Wildart gestatten.

Jahreszyklus

Das Muffelwild besitzt einen ausgeprägten Herdentrieb. In der Regel steht es in Rudeln, deren zahlenmäßige Stärke nach Jahreszeit und Populationsdichte schwankt. Schafe werden selten einzeln angetroffen, es sei denn kurz vor oder nach dem Setzen. Eher noch alte Widder, aber meistens befinden auch diese sich in der Gesellschaft von ein bis zwei Gleichaltrigen. Rudel von 2–4 Stück, die aus ein bis zwei Schafen mit ihren Lämmern bestehen, sind in der Überzahl. Meist bilden sie sich in der Zeit von April bis August. Mitunter kommt es auch zur Bildung von Rudeln mit Schafen, Lämmern und Jährlingswiddern, wobei anzunehmen ist, daß es sich bei diesen Jährlingswiddern um die vorjährigen Lämmer der Schafe handelt. Kennzeichnend ist jedoch bei diesen Widdern die noch vorhandene Bindung an die Mutterfamilie. Reine Widderrudel gibt es zu allen Jahreszeiten; diese bestehen in der Regel nur aus wenigen Tieren. Sie bilden sich bevorzugt zur Setzzeit der Schafe im April-Mai. Das Kleinstrudel mit zwei bis vier

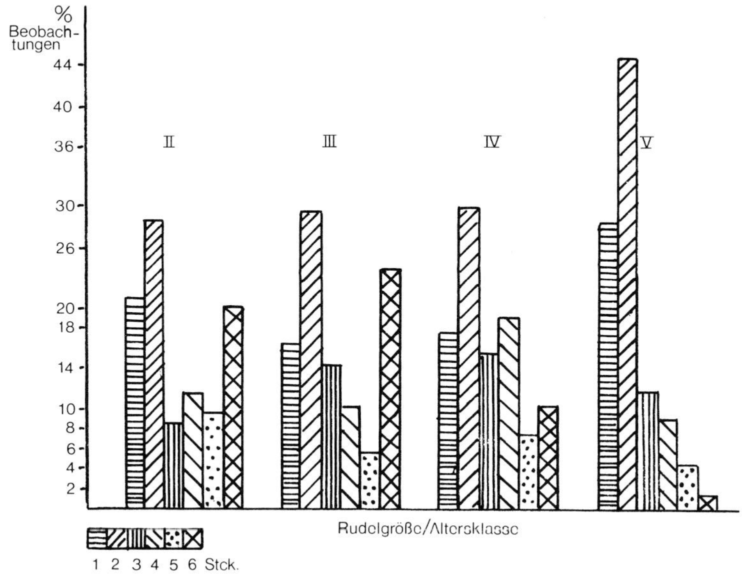

Graphik 3. Anteil der Altersklassen an unterschiedlich großen Widderrudeln (nach STUBBE 1977)

Widdern herrscht vor, lediglich im Winter und Frühjahr besteht die Tendenz bei den Widdern, sich in Rudeln von einigen Stücken zusammenzufinden. Während ältere Widder vorwiegend allein oder zu zweit ziehen, neigen jüngere Widder zur Bildung größerer Rudel. Gelegentlich treten im April-Mai Schmalschafe zu den Widderrudeln. Gemischte Rudel mit Widdern, Schafen und Lämmern gibt es jedoch das ganze Jahr über. Von Dezember bis März, wenn sich größere Rudel bilden, steigt die Beteiligung der älteren Widder an den gemischten Rudeln. In den Sommermonaten erhöht sich dagegen der Anteil der jüngeren Widder an den männlichen Rudeln (STUBBE). Häufig bilden mehrere kleinere gemischte Rudel ein Großrudel mit 30 und mehr Stück für einen mehr oder weniger langen Zeitraum. Die Führung des Rudels liegt beim erfahrensten Alt-(Leit-)schaf; bei den Widderrudeln führt der stärkste (ranghöchste) Widder.

Jede Tierart bildet in der Natur eine unersetzliche Einheit. Das Bestehen der Art steht und fällt mit der Fortpflanzung, die physiologisch den Eintritt der Geschlechtsreife voraussetzt. Merkmale der Spermatogenesis zeigen sich beim Muffelwidder bereits im ersten Lebensjahr (MOTTL) und es kommt im 2. Lebensjahr auch

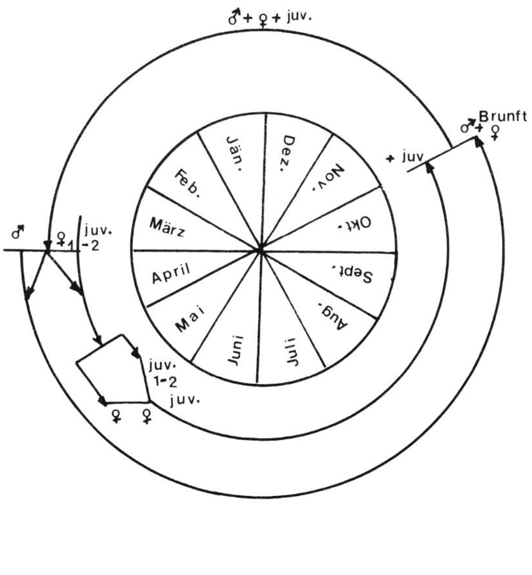

Graphik 4. Soziale Struktur einer Muffelwildpopulation im Jahreslauf (verändert n. PFEFFER 1967)

schon zu Sprüngen, bei denen gelegentlich ein Schaf befruchtet wird. Die volle Geschlechtsreife dürfte beim Widder mit 2,5 Jahren erreicht werden. Er ist das ganze Jahr über fruchtbar und nur im Juni und Juli ist die Spermatogenesis herabgesetzt. Eine zeitweilige physiologische Unfruchtbarkeit, wie sie bei männlichen Vertretern anderer Schalenwildarten besteht, gibt es beim Muffelwidder nicht. Die nachstehende Graphik zeigt den jährlichen Geschlechtszyklus erwachsener Muffelwidder.

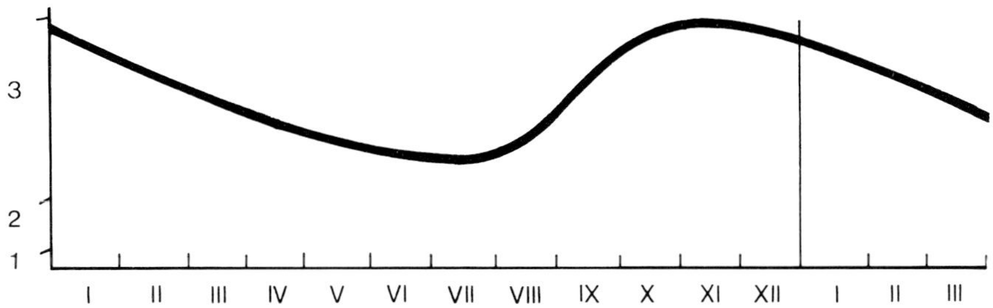

Graphik 5. Jährlicher Geschlechtszyklus erwachsener Muffelwidder (nach MOTTL 1960)

Die Geschlechtsreife des Schafes tritt gewöhnlich im zweiten Lebensjahr ein, häufig auch schon im ersten. Die Ursache dafür, wie auch für die Dauer der Fruchtbarkeit überhaupt, dürfte weitgehend im Nahrungsangebot und dem gesundheitlichen Allgemeinzustand gelegen sein.

Für gewöhnlich treten Schmalschafe früher als Altschafe in die Brunft. Gelegentlich werden Schafe zweimal im Jahr brunftig, meist wenn das frischgesetzte Lamm verlorengegangen ist. Es sind jedoch auch Fälle bekannt, wo Schafe im Frühjahr und im Herbst gesunde Lämmer setzten und führten.

Die Fruchtbarkeitsdauer reicht bei den Widdern und den Schafen über das 10. Lebensjahr hinaus (MOTTL).

Die Brunft des Muffelwildes ist zeitlich wesentlich vom Klima und der herrschenden Witterung abhängig. Auf Sardinien und Korsika beginnt die Brunft bereits im September. In unseren Breiten setzt sie in der Regel in der zweiten Oktoberhälfte ein, um sich über den ganzen November und mitunter bis in den Dezember zu erstrecken.

Die älteren Widder haben sich von ihrer „Herrenriege" abgesondert und suchen die brunftigen Schafe aus den Rudeln heraus, um sie abseits dieses Rudels zu beschlagen. Nur höchst selten ist ein Beschlagen – besser gesagt ein Versuch des Beschlagens – im Rudelbereich zu beobachten. Meist handelt es sich hier um eine mehr oder weniger deutliche Aufforderung.

Mitunter begegnen sich zwei oder mehr Widder auf einer Brunftfährte. Ist das Kräfteverhältnis annähernd gleich, so kommt es zum Kampf. Brunftkämpfe stellen beim Wild jene Rangordnung her, die die Natur dem Stärkeren einräumt. Dieses Kräftemessen wird von frühester Jugend an geübt. Was bei den Widderlämmern noch heiteres und anmutiges Spiel und bei den Jungwiddern Ausdruck von Übermut und überschäumender Kraft heranwachsender Männlichkeit ist, wird im reifen Alter zum Kampf um die Vorrangstellung innerhalb der Gemeinschaft. Widder haben in der Regel ein gutes Empfinden für ihre eigene Stärke. Es kommt kaum vor, daß ein Schwächerer sich in einen Kampf mit einem Stärkeren einläßt. Hat die Prüfung jedoch annähernd ein

Abb. 35. Gemischtes Rudel (Phot. Ctverak)

Kräftegleichgewicht ergeben, so stellen die Widder sich in Front zueinander, um in einem eigenartig anmutenden steifen Rückwärtsgang auf etwa 20 bis 30 Schritte Stellung gegeneinander zu beziehen. Ein kurzes, fast unmerkliches Senken des Hauptes, und schon geht es mit sich steigernder Geschwindigkeit aufeinander los, bis die Schnecken mit gehöriger Wucht zusammenprallen. Der Zusammenprall verursacht einen dem Büchsenschuß nicht unähnlichen Knall, der weithin hörbar ist. Dieser an die Duelle

Abb. 36. In der Brunft (Phot. Ctverak)

Abb. 37. Typisches Widderrudel der mittleren Altersklasse (Phot. Ctverak)

vergangener Jahrhunderte erinnernde Vorgang wiederholt sich mehrmals, meist bis einer der Kämpen mehr oder weniger benommen das Feld räumt. Je nach der Intensität des vorangegangenen Kampfes und dabei etwa erlittener gesundheitlicher Schäden, wird die Flucht eine vollständige oder aber auch nur eine unvollständige sein.

Das Absplittern der Frontalkanten der Schnecke als Minimalfolge von Auseinandersetzungen ist insbesondere bei älteren Widdern häufig vorzufinden. Obwohl die Hornsubstanz ein äußerst elastisches und daher auch widerstandsfähiges Gebilde ist, kann die Absplitterung mitunter bis auf die Knochenhaut der Stirnzapfen reichen. In der Regel stellt sie eine, für das Tier unwesentliche, lediglich die Schönheit der Trophäe beeinflussende und damit wertmindernde Beeinträchtigung dar. Schwere, bzw. tiefreichende Beschädigungen der Schnecke mit Bloßlegung der empfindlichen Knochenhaut des Stirnzapfens bilden nicht nur das Keimbett infektiöser Erkrankungen, sondern können auch eine Herabminderung der Kampfkraft des Widders bewirken. Es ist anzunehmen, daß Gehirnerschütterungen als Folge der Brunftkämpfe von Muffelwiddern häufiger auftreten, als wir vermuten.

Stubbe und Uhlenhaut haben gestörtes Schneckenwachstum, einen völlig asymmetrischen Schädel und Stauchungen mit nachfolgender Deformation vor allem im Atlasgelenk zu den Hinterhaupthöckern (deformierende Arthrosen) festgestellt. Vom Verfasser konnten Brüche im Schädelbereich mit mittelbarer oder unmittelbarer Todesfolge nach Brunftkämpfen nachgewiesen werden. Dies, obwohl die Schnecke ihrer Entwicklung nach keine echte Waffe ist, vielmehr der Waffenwert der Stirn(zapfen)fortsätze durch diese vermindert wird.

Nach der Brunft verbleiben die Widder beim Rudel und es kommt häufig zur Bildung von Großfamilien.

Trag- und Setzzeit

Die Tragzeit beträgt beim Muffelschaf 148 bis 160 Tage = 21 bis 23 Wochen = ca. 5⅓ Monate. Zum unterschiedlichen Brunftbeginn kommt eine variable Dauer der Tragzeit und dementsprechend kann die Setzzeit in die Monate März bis Juni, selbst in den Julianfang fallen, liegt aber überwiegend im April.

Normalerweise setzen die Schafe ein Lamm, seltener zwei Lämmer, es sind aber auch Fälle regelmäßiger Zwillingsgeburten bekannt. Ob diese Zwillingsgeburten genetisch bedingt oder auch ernährungs- und umweltabhängig vorkommen, ist noch nicht geklärt. Die 1 bis 2 Stunden dauernde Geburt erfolgt abseits des Rudels. Unmittelbar nach dem Setzakt leckt das Mutterschaf das Lamm trocken.

ALTMANN (1970) hat im Rahmen seiner ethologischen Studie an Mufflons im Tierpark Berlin eine Abfolge für das erste Auftreten einiger Verhaltensweisen bei Lämmern ermittelt: „Die erste Lautgebung erfolgte nach 4 Minuten, das erste Stehen nach 7 Minuten und das erste Säugen (verbunden mit der ersten Anogenitalmassage) nach 10 Minuten. Die ersten Spiele (Bewegungsspiele) wurden nach zwei Tagen, erste Sprünge und anfängliche Gruppenbildung von Jungtieren nach 4 Tagen, erstes Beknabbern fester Nahrung nach 5 Tagen, erster Sexualkontakt (Aufspringen auf andere Lämmer oder das Mutterschaf) nach 8 Tagen und das Erreichen relativer Selbständigkeit nach 28 Lebensta-

Abb. 38. Frischgesetztes Lamm mit Mutterschaf (Phot. Tilgner)

Abb. 39. Saugendes Muffellamm (Phot. Tilgner)

gen registriert. Die Tagesaktivität der Lämmer erreicht zwei Höhepunkte, und zwar morgens und am späten Nachmittag (Hauptruhezeit zwischen 11 Uhr und 15 Uhr."

Ergänzend hierzu ein Beobachtung aus dem Gehege Springe: In den Nachmittagsstunden eines 23. März setzte ein Altschaf ein Lamm. Das Schaf leckte das Lamm mehrmals gründlich. Die Nachgeburt wurde nicht aufgeäst, obwohl dies nach anderen Beobachtungen vorkommen soll, vielleicht sogar die Regel ist. Nach 23 Minuten stand das Lamm auf, streckte sich, setzte sich aber bald wieder hin. Nach mehrmaligem Aufstehen und einigen Gehversuchen folgte das Lamm dem Mutterschaf zum Teil noch unbeholfen, zum Teil bereits mit kleinen Sprüngen. Wenn es stehenblieb, bewegte es auffällig den Wedel, und schüttelte Haupt und Körper. Das Schaf hatte oft das Bedürfnis, sich niederzutun. Nach 1 ¾ Stunden bemühte sich das Lamm, nach dem Gesäuge zu suchen und zu saugen. Die Saugversuche wurden mehrere Male wiederholt, bis schließlich auch der Saugakt mit Erfolg vollzogen werden konnte.

Die Laktation des Schafes dauert 4–5 Monate. Bubenik (1959) hat festgestellt, daß Lämmer und Jährlinge im ersten Lebenswinter und zu Beginn des Frühlings etwa 600 bis 650 g Trockensubstanz mit 8 bis 9% Eiweiß, 0,75 bis 1,00% P_2O_5 und 0,36 bis 0,50% CaO je Tag verbrauchen, um sich ungestört entwickeln zu können.

Die Saugzeit, die anfangs 3–5 Minuten beträgt, nimmt mit zunehmendem Alter des Lammes ab und dauert in den letzten Monaten der Laktation etwa 1 Minute.

Die anfänglich starke Mutter-Kind-Beziehung beginnt bereits nach wenigen Wochen sich zu lockern, um schließlich nach etwa 10 Lebensmonaten völlig an Bedeutung zu

Nährstoffgehalt der Milch des Mufflons
(nach Bubenik)

Bestandteil	Gehalt in %	Bestandteil	Gehalt in %
Wasser	78,70 –69,26	Kasein	3,13 – 7,14
Trockensubstanz	21,30 –30,77	Fette	9,90 –13,60
Asche	1,06 – 1,03	CaO	– 0,357
Eiweiß	5,31 – 8,01	P_2O_5	– 0,461
Stickstoff	0,898– 1,47		

verlieren. Die Bindung an das Rudel bleibt jedoch weiter durch den angeborenen und durch das vorausgegangene Mutter-Kind-Verhältnis gefestigten Herdentrieb bestehen.

Jugendwachstum

Das Gewicht frischgesetzter Lämmer wird von verschiedenen Faktoren beeinflußt. Mottl (1960) hat Geburtsgewichte von 2000–2600 g und Bubenik (1959) von 2800 bis 3400 g festgestellt. Die relative Gewichtszunahme ist in den ersten Lebenswochen am höchsten und kann innerhalb eines Monates das Doppelte des Geburtsgewichtes erreichen. Nach zwei Wochen nimmt das Lamm bereits Grünäsung an.

Die nachfolgenden, von Mottl zusammengefaßten tabellarischen Werte über die Gewichtszunahme eines Muffellammes im Verlaufe eines Jahres zeigen bei näherer Betrachtung drei Spitzen, und zwar die höchste relative und absolute Gewichtszunahme innerhalb der ersten Lebenswochen, eine zweite im 2. Lebensmonat und eine weitere im 4. Monat. Setzt man die Geburt für den Monat April an, so fallen die letzteren Spitzen in die Vegetationszeit Mai und August. Ab September verläuft die Zuwachskurve ziemlich ausgeglichen zwischen 0–9,9%, bzw. 0–2,0 kg im 20tägigen Intervall. Alles unter der Voraussetzung einer regelmäßigen und ausreichenden Ernährung.

Gewichtszunahme eines Muffellammes (nach Mottl)

Alter in Tagen	Gewicht kg	Gewichtszunahme absolut in kg	Gewichtszunahme relativ in %
1	2,25		
20	5,10	2,85	126,6
40	6,20	1,10	21,5
60	8,50	2,30	37,0
80	10,70	2,20	25,8
100	12,40	1,70	15,8
120	12,70	0,30	2,4
140	15,50	2,80	22,0
160	16,50	1,00	6,4
180	17,50	1,00	6,0
200	18,10	0,60	3,4
220	19,50	1,40	7,7
240	19,00	−0,50	−2,6
260	20,10	1,10	5,7
280	22,10	2,00	9,9
300	19,60	−2,50	−11,3
320	21,00	1,40	7,1
340	21,55	0,55	2,6
360	22,55	1,00	4,6

Abb. 40. ... spiel mit mir! (Phot. Tilgner)

Standorttreue und Verhalten gegenüber anderen Wildarten

Das Muffelwild zeichnet sich durch eine besondere Standorttreue aus. Ein einmal gewählter Standort wird so lange beibehalten, als es die äußeren Umstände und die Populationsdynamik erlauben. Soweit einer Standortsveränderung oder -erweiterung nicht ohnedies ökologische Grenzen wie Gebirgszüge, Seen und Flüsse, vegetationsfreie Zonen u. ä. entgegenstehen, sind es die in der Physiologie und Psychologie des Individuums hervorgerufenen inneren Barrieren, die eine für uns unsichtbare territoriale Abgrenzung bewirken. Derartige „verhaltenstechnische" Barrieren bilden beim Muffelwild für gewöhnlich Verkehrswege wie Autostraßen und Eisenbahnlinien, aber auch schon geringe Wasserläufe. Es sind dies jedoch keinesfalls absolute Grenzen. Eine akute Gefahr oder eine ständige Bedrohung kann zum (spontanen) Überschreiten dieser Barrieren führen. Oft sind es aber auch einzelne alte Widder oder kleine Widderrudel, niemals aber Schafe, die über diese imaginären Grenzen hinaus nähere oder weitere Streifzüge in andere Gebiete unternehmen. Soweit es sich nicht um die Vorboten einer sich anzeigenden Überpopulation handelt, werden sie über kurz oder lang in ihre alten Einstände wieder zurückkehren. Anders bei einem übermäßigen Populations- oder Jagddruck auf den besiedelten Lebensraum, der zunächst auf die Widder und erst in der Folge sich auf die Schafe auswirkt und zu einer Bestandesteilung und Standortsveränderung im Interesse der Existenzsicherung führen kann. Von einer Neubesiedlung kann jedoch erst dann die Rede sein, wenn Widder und Schafe in dem betreffenden Gebiet ihren festen Einstand genommen haben.

Eine Standortsveränderung oder -erweiterung kann somit verschiedene Ursachen haben. Die Aufteilung des verfügbaren Lebensraumes ist eines der wichtigsten Probleme, mit dem sich die Tiere einer Gemeinschaft auseinanderzusetzen haben, gleich ob sie nun ein und derselben Art oder verschiedenen Arten angehören. Territorialkämpfe, wie bei anderen Schalenwildarten, sind dem Muffelwild fremd. Die sichtbar zur Schau getragene Stärke (Rang) eines Altwidders oder der Führungs(Leit)anspruch eines erfahrenen Altschafes wird innerhalb der Gemeinschaft respektiert und nahezu widerspruchslos akzeptiert. Anlaß für Rivalität gibt lediglich die Brunft. Die gegenseitige Anpassungsfähigkeit bestimmt auch weitgehend das Verhalten des Muffelwildes gegenüber den anderen Schalenwildarten. So zeigt sich eine allgemeine Verträglichkeit mit dem Rot- und Damwild. An den Winterfütterungen, insbesondere in Gehegen, kommt es mitunter zu kleineren Auseinandersetzungen zwischen stärkeren Widdern und Rot- oder Damhirschen. Auch bei einem allzu beengten Lebensraum, wie z. B. in einem Kleingehege, legen Muffelwidder ein agressives Verhalten gegenüber aufhabendem Rot- und Damwild an den Tag. In der Regel ziehen sie dabei den Kürzeren und schon so mancher Widder wurde geforkelt. Für gewöhnlich stehen Muffel-, Rot- und Damwild, insbesondere führende Tiere, gemeinsam und in voller Eintracht auf den Äsungsflächen. Nicht ganz so einträchtig ist das Verhalten zwischen dem Muffel- und dem Schwarzwild. Zwar kann man auch sie gemeinsam äsend antreffen, in der Regel wird das Muffelwild jedoch

Abb. 41. Verkämpfter Widder mit Damschaufler (Phot. Hatlapa)

Distanz dem Schwarzwild gegenüber bewahren. An den Fütterungen zeigt es sich immer wieder, daß gegen eine grobe Sau auch der stärkste Widder nichts auszurichten vermag. Geteilte Sympathien herrschen auch zwischen dem Reh- und dem Muffelwild. Während das Muffelwild das Rehwild durchaus duldet, bzw. kaum Notiz von ihm nimmt, es sei denn, es schreckt in unmittelbarer Nähe, meidet mehr oder weniger das Rehwild das Muffelwild. Über das Verhältnis zwischen Muffel- und Gamswild gibt es unterschiedliche Auffassungen und Berichte. Mottl (1960) ist der Ansicht, daß der Gams durch das Muffelwild verdrängt wird und auch Pfeffer und Settimo (1973) berichten über Kompetenzstreitigkeiten zwischen diesen beiden Wildarten, nicht hingegen zwischen Stein- und Muffelwild. Beobachtungen in den österreichischen Alpen haben gezeigt, daß von einem Verdrängen der Gams durch das Muffelwild nicht gesprochen werden kann. Das Verhältnis zwischen Muffel- und Gamswild könnte man als indifferent bezeichnen.

Das Verhältnis des Muffelwildes gegenüber dem Menschen ist für gewöhnlich das des Gejagten zum Jäger. Dieses Verhalten kann sich jedoch bei in Gefangenschaft aufgewachsenen Wildtieren ins Gegenteil verkehren. Das Wild verliert seine ihm angeborene natürliche Scheu, so daß insbesondere die männlichen Stücke, ihrer körperlichen Stärke bewußt, dem Menschen gegenüber agressiv werden. In die freie Wildbahn verbracht, legen diese Tiere ihr nunmehriges Verhalten nicht mehr ab und werden somit zu einem unberechenbaren Gefahrenmoment für den Menschen. Forgach (1875) berichtet aus Gymes, daß am 12. August 1871 ein Widder abgeschossen werden mußte, „weil er jedermann annahm und ganz wuchtige Stöße austeilte".

Muffelwild suhlt nicht und scheut – wie bereits beschrieben – vor Wasserflächen zurück. Über rinnendes Muffelwild liegen keinerlei Berichte vor, wohl aber über ertrunkenes.

Wildschäden

Durch das Muffelwild können Wildschäden, vorwiegend durch Verbiß und Schälen, verursacht werden. Auf den landwirtschaftlichen Kulturen ist es weniger der Verbiß als der durch das rudelweise Auftreten des Muffelwildes entstehende Trampel- oder Lagerschaden, wenn auch hin und wieder der Verbiß nennenswerte Ausmaße annehmen kann. Ins Gewicht fallen können die am Wald, als naturbedingtem Lebensraum des Muffelwildes, verursachten Schäden. Es sind dies die Verbiß- und Äsungsschäden namentlich im Winterhalbjahr, wo infolge der Vegetationsruhe und der Schneedecke die übrige Äsung knapp wird. Verbissen werden Knospen und die letztjährigen Triebe von Laub- und Nadelhölzern. Folgen des Verbeißens sind nicht bloß Zuwachsverluste, sondern auch Schaftdeformierungen und Zwieselbildungen. Der Verbißschaden kann bei der Einzelpflanze vom Rückbiß um ein Jahr bis zum Totverbiß, wobei die Pflanze so stark verbissen wurde, daß sie nicht mehr lebensfähig ist, reichen und mitunter ganze Bestände gefährden.

Weit gravierender können die vom Muffelwild verursachten Schälschäden sein. In seiner Urheimat Sardinien, im Bereich des Berggeländes von S. Giovanni südlich Nuoro hat das Muffelwild überhaupt keine Gelegenheit zu schälen, da der Pflanzenbewuchs fast ausschließlich aus der sogenannten Macchia und nur aus wenigen Einzelexemplaren oder Gruppen, selten einmal einen kleinen Waldbestand bildenden Kork- und Steineichen, Aleppo-, Strand- und Schwarzkiefern, Eukalyptus und Akazien besteht. Die Macchia setzt sich aus der weißblühenden Heide *(Erica arborea* und *E. scoparia),* Zistrosen *(Cistus salvifolius),* vielen Ginsterarten und einer Fülle von Kräutern (besonders Thymian, Lavendel, Rosmarin, Wolfsmilch) sowie verschiedenen Gräsern zusammen. Hier haben die „muflone" eine ungeheure Fülle von abwechslungsreicher Nahrung, wie sie im mitteleuropäischen Raum niemals geboten werden kann. Über das auslösende Moment bzw. die tieferen Ursachen des Schälens – genetisch bedingt, Mangelerscheinung, sozial tradiert – ist man immer noch im Unklaren. So z. B. schält eine von zwei, 1965/66 vom Verfasser im niederösterreichischen Schneeberg-Rax-Gebiet neu eingebürgerten, durch einen Flußlauf voneinander getrennten Populationen aus dem gleichen, nichtschälenden Stamm, die andere jedoch nicht. Schälen kann jeder Muffel, gleich welcher Herkunft, ob Lainz, Neutra oder anders („Schälen tun sie allerdings auch" FORGACH Gymes 9. 1. 1875). Möglich ist sowohl eine Sommer- als auch Winterschälung, wobei keine nennenswerten Unterschiede im Schaden bestehen. Allerdings ist bei der Sommerschälung die Wunde meist wesentlich länger als bei wintergeschälten Bäumen, da die Rinde infolge des Saftflusses sich leicht abziehen läßt. Das Muffelwild zieht dabei unter schräger Haupthaltung die mit den unteren Schneidezähnen durchschnittene Rinde mittels der Zähne und Oberlippe unter Heben des Hauptes in langen, keilförmig zulaufenden Streifen ab. Es entstehen dadurch asymmetrische streifen- und platzförmige, mitunter aber auch den ganzen Baumumfang ringförmig umfassende Wundstellen. Die Schäden durch Sommerschälung sind meist schwerer als die durch Winterschälung. Auch die Wurzeln werden in trockenen Sommern geschält. Bei der Winterschälung wird die in der Zeit der Saftruhe nicht ablösbare Rinde mittels der unteren Schneidezähne unter Hinterlassung deutlicher Zahnspuren abgeschält und verzehrt. Die Winterschälstellen sind meist weniger ausgedehnt, mehr platzförmig und liegen der Schneehöhe entsprechend in der Regel höher als der untere Rand der Sommerschälstellen.

Der Schaden, der durch das Schälen entsteht, beruht darauf, daß durch die Schälwunde fäulniserregende Pilze in den Holzkörper eindringen und in der Folge das Holz des wertvollsten Stammabschnittes entwertet wird. Eine mittelbare Folge des Schälens ist die gesteigerte Sturm- und Schneebruchgefahr der anbrüchigen Stämme.

Abb. 42. Links: Sommerschäle an einer Buche. *Rechts:* Schälschäden in Fichtenbestand. Charakteristisch sind die scharfen Spitzen der Schälwunden (Phot. Schmincke)

Wildschaden durch Muffelwild

Ausmaß		Feldschäden		Verbißschäden		Schälschäden	
		Zahl der Reviere	%	Zahl der Reviere	%	Zahl der Reviere	%
keine	a	37	58	29	46	56	90
Schäden	b	31	88	23	66	31	88
geringe	a	23	37	32	51	4	7
Schäden	b	3	9	11	31	3	9
starke	a	3	5	2	3	2	3
Schäden	b	1	3	1	3	1	3

Erhebung (a) von RIECK (1953), (b) von TOMICZEK (1980)

In ihrer Gesamtheit sind die durch das Muffelwild verursachten Wildschäden gering, wie dies Erhebungen von RIECK (1953) und eigene (1980) gezeigt haben. Es wäre jedoch völlig verfehlt, die Wildschäden allgemein zu bagatellisieren.

Die Zahl der in die Wildschadenserhebungen einbezogenen Reviere betrug 63 bzw. 35; sie erstreckten sich über den gesamten Bundesbereich.

Kreuzungen des Muffelwildes

Über viele Jahrzehnte hindurch hat das Thema „Rassereinheit" (fälschlich „Artreinheit" genannt) bzw. „Bastardierung" des europäischen Mufflons Zoologen und Jäger gleichermaßen beschäftigt. Dies insbesondere in der Erkenntnis, daß es gegenwärtig auf der ganzen Welt wohl kaum noch tatsächlich „reinrassiges" Muffelwild geben dürfte (ULOTH 1976).

DAUSTER (1963) geht sogar noch einen Schritt weiter, wenn er feststellt, daß das heute so als Mufflon bezeichnete Wild mit dem ursprünglichen *muflone* der Insel Sardinien oder *mufre* Korsikas nicht mehr übereinstimmt und ein von Menschen geschaffenes Produkt ist. Das mag hart klingen, aber bei nüchterner Betrachtung ist diese Ansicht nicht ganz von der Hand zu weisen.

Die Übereinstimmung des diploiden Chromosomensatzes $2n = 54$ bei den europäischen, eurasischen und asiatischen Mufflons und allen Hausschafrassen ermöglicht eine Kreuzung zwischen Wildschafen sowie zwischen Wildschafen und Hausschafen. Sie kann nachgewiesenermaßen in den natürlichen Verbreitungsgebieten der Wildschafe bzw. in Wildschafverbreitungsgebieten mit Hausschafbeweidung erfolgen. Schon PLINIUS erwähnt, daß der Mufflon mit dem Hausschaf sich fruchtbar begatte und die Alten diese Bastarde *Umbri* nannten (*Quorum e genere et ovibus natos prisci umbros vocarunt.* PLINIUS Hist. nat., lib. VI, cap. 49).

Die überaus starke, durch einen jagdlichen Modetrend der zweiten Hälfte des 19. Jahrhunderts ausgelöste Nachfrage nach Muffelwild und das nur sehr begrenzt vorhandene, geringe Angebot an „rassereinen" Mufflons gaben den Anlaß für umfangreiche Kreuzungen. Aber auch die Herauszüchtung eines repräsentativen Trophäenträgers für Jagdzwecke war damals wie heute das Ziel derartiger Kreuzungen. Diese Blendlinge gelangten, meist als echtes Muffelwild deklariert, in den Handel und weiter in die freie Wildbahn und Jagdgehege. TESDORPF schreibt 1910: „Das Muffelwild ist teuer geworden, und das hat es zuwege gebracht, daß es ‚gefälscht' wird."

Die meisten dieser Kreuzungen blieben verborgen, und nur einige wenige sind offiziell bekannt geworden, wie z. B. jene von Hernstein, Niederösterreich, wo ab 1860 planmä-

Abb. 43. Zackelschaf (Widder) aus der Walachei (Rumänien) (Phot. E. Mohr)

ßig Lainzer Muffelwild mit Zackelschafen *(Ovis ammon* forma *aries)* aus dem Banat (mit aufwärts gerichteten Schnecken) und aus der Walachei (mit seitwärts gerichteten Schnecken) gekreuzt wurde. Durch einen gezielten Selektionsabschuß erhielt man ein Wild, das zwar dem Mufflon glich, jedoch stärker und resistenter war. Nach der Auflösung des Tiergartens Hernstein im Jahre 1898 wurden die noch vorhandenen Blendlinge verkauft. Auf diese Weise gelangte das Mischblut in verschiedene andere Linien. Nach Mottl (1960) kam das Blut dieser Bastarde in alle Züchtungen des Muffelwildes der Erde, mit Ausnahme von Korsika und Sardinien. Auf diesen Inseln ist jedoch eine freie Kreuzung des Muffelwildes mit dem Hausschaf in freien Äsungsplätzen nicht auszuschließen. Gekreuzt wurde im kleinen wie auch im großen Stil. Tesdorpf (1910) berichtet hierüber sehr ausführlich, so z. B. über einen ungarischen Tierhändler, der Muffelwild mit dem ungarischen Bergschaf (Racka) kreuzte. Zwei Schnecken dieser Blendlinge waren auf der Wiener Jagdausstellung 1910; die Entfernung der Spitzen des spiralig nach auswärts gewundenen Horns betrug 71 cm – die gleiche Form und Abmessung wie der sogenannte Ulmenstein-Widder (siehe Abb. 59). Erheiternd die folgende Beschreibung desselben Autors: „Der Fürst von Monaco hält einen Widder als „Mouflon" im Gatter, der das Körpergewicht eines starken Damhirsches, eine Ramsnase wie ein polnischer Schnorrer und ein Horn hat, das mindestens 1 m auf dem Kamm mißt. Es ist eine widerlich häßliche Promenadenmischung, wie überhaupt jegliche Beimischung fremden Blutes die eigenartige Schönheit des Muffelwildes zerstört."

Die Reihe der Kreuzungen läßt sich bis in die heutige Zeit weiterverfolgen. Nach Uloth (1976) werden in Texas ständig derartige Kreuzungen zwischen Mufflons und Hausschafen (Rambouillet und Barbados) vorgenommen. Diese Blendlinge, „Wild Corsican ram", erreichen bereits mit zwei Jahren (!) sehr starke Trophäen und durchschnittli-

Abb. 44. Widder mit originalförmiger Schnecke (Phot. Tilgner)

che Wildbretgewichte von 55 kg. Der Gewichts- und Trophäenunterschied zwischen dem Muffelwild und den Blendlingen (crossings) ist enorm, wenn man im Vergleich das Durchschnittsgewicht europäischer Muffelwidder von 24 kg und ein Reifealter von 6 Jahren gegenüberstellt. Das Kreuzungsziel wurde demnach hier erreicht. Zu ähnlichen, wenn auch nicht so spektakulären Ergebnissen war man schon 100 Jahre zuvor in Hernstein gelangt. Mangels genauer Gewichtsangaben über das Muffelwild in Texas bleibt allerdings die Frage offen, inwieweit auch die anders gearteten Umweltbedingungen gegenüber ihrer Inselheimat hierbei eine Rolle spielen. Diesbezügliche Untersuchungen des Verfassers an österreichischen Populationen ergaben umweltbedingte Unterschiede von 30% und mehr bei Gewicht- und Trophäenleistung.

Für die Organisatoren nicht ganz so zufriedenstellend verlief das Kreuzungsprogramm zwischen Muffelwild und dem Mauna-Kea-Schaf auf Hawaii; hier werden zur Zeit neue Wege beschritten.

„Hinsichtlich der in der Fachliteratur oft zitierten Merkmale der Fremdbluteinkreuzung beim Muffelwild (blöken, wolliges Vlies, erbliche Farbabweichungen, Schälneigung, bessere Trophäenqualität usw.) konnten aus den jüngsten Experimenten in Übersee nur die Farbabweichungen und das verstärkte Trophäenwachstum bei Mufflon-Blendlingen belegt werden (Uloth 1976)."

Eine Unterscheidung zwischen originalförmigem und gekreuztem Muffelwild ist tatsächlich äußerst schwierig. Dauster (1963) äußerte sogar die Ansicht, daß es heute nicht einmal auf den Heimatinseln „reinblütiges" Muffelwild mehr gibt, da man inzwischen auch dort vom Festland her für „Blutauffrischung" gesorgt hatte (Perko 1979). Diese Vermutung ist jedoch umstritten, da auf Sardinien nach der entschiedenen Behauptung der örtlichen Betreuer noch Urstämme der mufloni existieren (1980), auf die die Sarden begreiflicherweise besonders stolz sind.

Die Verbreitung

Geschichte der Ansiedlung auf dem europäischen Festland

Mit großer Wahrscheinlichkeit war das Vorkommen des Muffelwildes jahrtausendelang auf die Mittelmeerinseln Korsika und Sardinien beschränkt. In dem archäologischen Museum in der Hauptstadt von Sardinien, Cagliari, befinden sich drei Bronzedarstellungen von Widdern, die 1800 Jahre vor unserer Zeitrechnung gefertigt worden sind und wohl als die ältesten Nachweise des Muffelwildes gelten dürften. Die Figuren (in den Maßen 7 × 3 cm), aus dem Raum Nuoro (Zentralsardinien) stammend, haben einen ungewöhnlichen künstlerischen Wert, der die Betrachter wegen der heute beinahe als modern anmutenden Gestaltung faszinieren muß.

Wann zum ersten Male Muffelwild von den Inseln Korsika und Sardinien auf das europäische Festland gebracht worden ist, kann nicht mit Sicherheit nachgewiesen werden. Es wird vermutet, daß bereits in den römischen Arenen Mufflons für Schauzwecke verwendet worden sind (MOTTL 1960), ein Nachweis hierüber ist aber auch bei Plinius nicht zu finden, obwohl er in seinem 8. Buch dem Schaf von Corsica, den „Musmonen", einige Zeilen widmet. Mit großer Wahrscheinlichkeit kann hingegen angenommen werden, daß im Mittelalter Muffelwild in europäischen Tiergärten gehalten wurde, und später auch in einigen Revieren – vielleicht auch in Freiheit – „Wildschafe" existiert haben. Ob es sich hierbei in einzelnen Fällen womöglich um asiatische Schafe gehandelt hat und inwieweit damals bereits – gewollt oder ungewollt – Bastarde entstanden sind, ist kaum noch festzustellen.

Der erste historische Hinweis über die Existenz des Mufflons auf dem europäischen Festland findet sich in den Bauakten der Jahre 1566–69 des Renaissance-Prunkschlosses „Neugebäude" mit einem „Vasan und Mufflongarten" auf der Wiener Simmeringer Heide. In dem Kupferstichwerk „Kriegs- und Siegeslager des Helden Eugen von Savoyen" von Samuel KLEINER und der Beschreibung von Basilius KÜCHELBECKER (1731) sind weitere Hinweise über das Muffelwild, „etliche sardinische Schafe, so keine Wolle, sondern Haare, und Farbe, wie Rehe haben", zu finden, das Prinz Eugen um das Jahr 1729 aus *Sardinien* nach Wien, in die Me-

Abb. 45. Bronzedarstellung eines Widders, Sardinien 1800 a. C.

Abb. 46. Das Belvedere zu Wien. Nach dem Stichwerk in 140 Blättern aus den Jahren 1731–1740, von Salomon Kleiner. Harenberg Kommunikation, Dortmund 1980, S. 232. Sardische Schafe: „Eine weitere Versammlung von Widdern und Steinböcken, mit besonders gewaltigen Geweihen ausgestattet."

nagerie seines Schlosses Belvedere bringen ließ. Nach dessen Tod wurde u. a. auch das Muffelwild durch Kaiser Karl VI. für seinen Tiergarten Schönbrunn erworben. Von hier gelangten 3 Widder, 10 Schafe und 6 Lämmer in das rd. 2600 ha große kaiserliche Jagdgehege *Lainzer Tiergarten* bei Wien.

Die Angaben über den Zeitpunkt der Ansiedlung des Muffelwildes in dieses berühmte Jagdgehege weichen voneinander ab (1740–1840), so daß sich der genaue Zeitpunkt nicht mehr sicher herleiten läßt. Einem Bericht der Direktion des kaiserlichen Tiergartens aus dem Jahre 1866 zufolge war Muffelwild bereits im Jahre 1840 in Lainz vorhanden.

Die erste Mufflon-Ansiedlung in der freien Wildbahn auf dem europäischen Festland wurde 1780 in den Forsten der Apenninen bei Casentino, Lama (Norditalien) durch Großherzog Leopold von Toskana (1790–1792 Deutscher Kaiser) vollzogen (Perco 1979). Nach Mottl (1960) entstand das erste Mufflongatter in der Tschechoslowakei um 1858 im Tierpark Hluboka (Fürst Schwarzenberg), wo in den Jahren darauf bereits Abschüsse getätigt worden sind. Außerdem ließ Erzherzog Leopold 1860 für sein Gehege in Hernstein (südwestlich Wien) Muffelwild anschaffen.

Eine weitere Ansiedlung von besonderer Bedeutung wurde von dem Grafen Forgach 1868 unterhalb der Burg Gymes bei Jelenec im Laubwaldgelände des Tribec-Höhenzuges (Slowakei) eingeleitet, wo zunächst 4 Mufflons, die, (je ein Paar) aus Korsika und Sardinien stammend, über den Brüsseler und Frankfurter Zoologischen Garten ausgesetzt worden waren (Tesdorpf 1910). 1869 und 1871 wurden noch 5 Lämmer aus beiden Zoologischen Gärten hinzugesetzt. Diese 9 Stück (3 Widder und 6 Schafe) bildeten den Stamm in einem 45 ha großen „Verwilderungsgatter", der später auf über 600 Stück

Abb. 47. Die Burg Ghymes (jetzt Jelenec) im Neutragebirge (Tribec). Unterhalb der Burg wurde das erste große Eingewöhnungsgatter 1869 von Graf Forgach eingerichtet (Phot. Türcke)

Abb. 48. Das ehemalige Jagdschloß des Grafen Forgach in Jelenec (Phot. Türcke)

angewachsen ist. Nach 1883 wurden etwa 100 Stück in die freie Wildbahn ausgelassen, die sich bald auf große Gebiete entlang des Neutra-Flusses ausbreiteten, darunter auch auf den Besitz des Grafen Edelsheim-Gyulay in Felsö Elephánt (slowakisch = Dolné Lefantovce) bei Neutra (slowakisch = Nitra), einem wichtigen Stammrevier für weitere

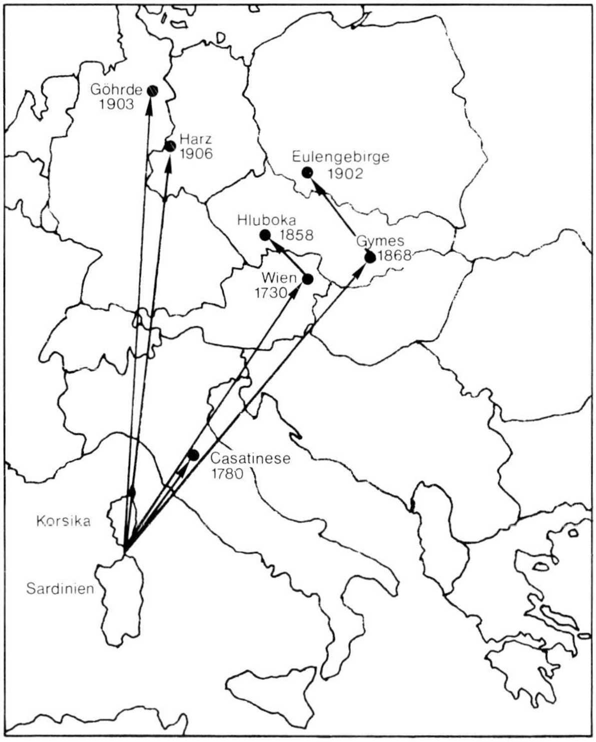

Abb. 49. Die ersten Muffelwildansiedlungen auf dem europäischen Festland

Ansiedlungen in Deutschland, und schließlich auch nach Nagy Appony (slowakisch = Oponice) sowie auf andere Besitzungen. TESDORPF bezeichnete dieses Wild als „ganz reinblütig".[1]

In *Deutschland* setzte als erster im Jahre 1902 Graf von Seidlitz-Sandreczki in seinem Revier Langenbielau (Eulengebirge) 2 Widder und 3 Schafe aus, die er aus Nagy Appony bezogen hatte (NIETHAMMER 1963). 1903 hat dann der Hamburger Kaufmann Oskar Louis TESDORPF auf Anregung des Direktors des Hamburger Zoologischen Gartens, Dr. Heinrich BOLAU, die Ansiedlung des Muffelwildes in Norddeutschland verwirklicht und sich mit großer Initiative sowie erheblichem materiellen Aufwand der Förderung dieser Wildart gewidmet. Zunächst wurde 1903/04 im Preußischen Forstamt *Göhrde* (Lüneburger Heide) und dann 1906 im Anhaltischen Forstamt *Harzgerode* (Harz) Muffelwild aus *Sardinien* (TESDORPF 1910; WUTTKY 1963) ausgesetzt und die freigelassenen Bestände in den folgenden Jahren ergänzt. Bis zum Ersten Weltkrieg sind dann noch zahlreiche Ansiedlungen vorgenommen worden, von denen besonders die im Taunus und im Solling zu nennen sind. Aber auch verschiedene Revierinhaber Österreich-Ungarns haben weitere Ansiedlungen von Mufflons durchgesetzt, die sich zumeist aus inzwischen vorhandenen Festlandstämmen oder aus dem Tierhandel rekrutierten, da der Bezug aus Korsika und Sardinien infolge fortschreitender Abnahme des dortigen Wildreichtums und der sich auch dort verschärfenden Jagdgesetzgebung und Aufsicht immer schwieriger wurde. So nahm der Bezug über den Tierhandel, dem oft selbst die Kontrolle über die Herkunft mangelte, zu. Außerdem stellte sich noch vor der Jahrhundertwende heraus, daß infolge der Kreuzungen des Muffelwildes mit fremden Schafrassen eine Steigerung der Wildbretgewichte und Verstärkung der Trophäen erreicht werden kann, ohne den Muffelwild-Habitus wesentlich zu beeinflussen. Hinzu kam, daß Hausschafe und Wildschafe aus dem Orient um ein Vielfaches billiger zu haben waren als das immer teurer werdende Inselwild. Schließlich führte die unbegründete Sorge um Degeneration

[1] Zur geographischen Lage sei erläutert, daß das Tribec-Gebiet früher Neutragebirge genannt wurde. Diese Landteile der Slowakei gehörten bis 1918 zu Ungarn, sie waren im Besitz ungarischer Adelsgeschlechter.

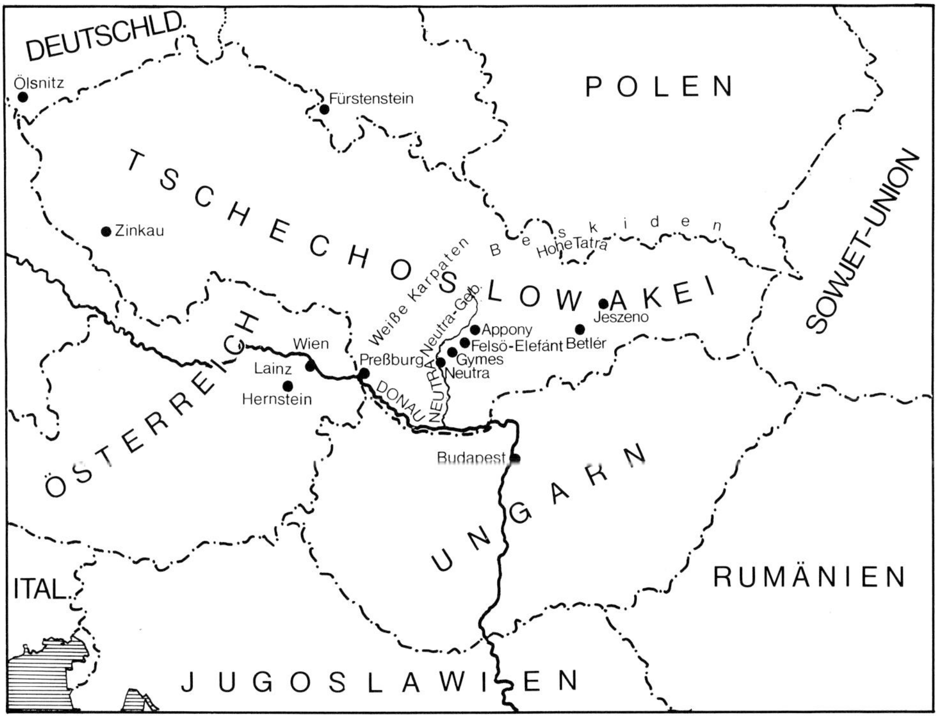

Abb. 50. Standorte einiger Muffelwildvorkommen, die für die weitere Verbreitung auf dem Festlande eine besondere Bedeutung gehabt haben

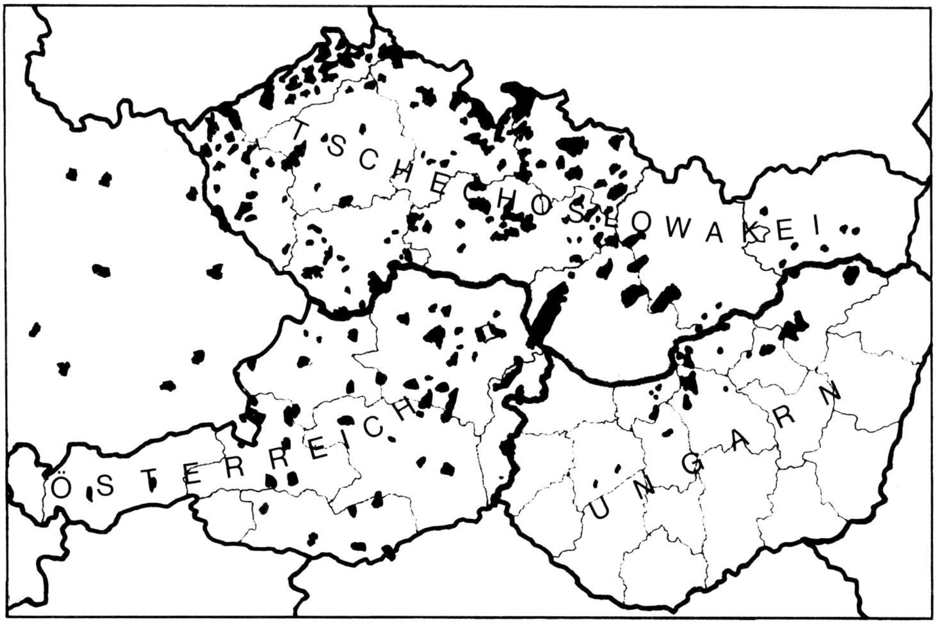

Abb. 51. Verbreitung des Muffelwildes in den Ländern Österreich, Tschechoslowakei und Ungarn

infolge Inzucht dazu, daß man „Blutauffrischung" für notwendig hielt und dabei vielfach zu herkunftsmäßig unkontrollierbarem Handelswild Zuflucht nahm.

Der Erste Weltkrieg mit seinen Folgen dezimierte die Muffelwildbestände erheblich. Aber bereits 1924 setzte eine neue Welle für weitere Ansiedlungen auf dem europäischen Festland ein mit dem Ergebnis, daß der Gesamtbestand an Muffelwild in *Europa* 1939 auf etwa 8000 Stück, und 1955 bereits auf 14000 Stück geschätzt wurde (Haltenort und Trense 1956). Uloth (1976) beziffert die Anzahl für das Jahr 1968 mit 22000 Stück und Lochman (1979) für das Jahr 1978 mit 53000 Stück.

Die Tatsache, daß der Gesamtbestand in 40 Jahren über das Sechsfache angewachsen ist, gibt Zeugnis von der vitalen Evolution einer Tierart nach der ersten Ansiedlung auf dem Festland. Naturschützer sehen in dieser Entwicklung einen wichtigen Beitrag zur Erhaltung einer Tierart, die auf ihren Heimatinseln in der Existenz von Zeit zu Zeit gefährdet ist; für den Jäger wiederum sind verantwortungsvolle Verpflichtungen entstanden, die ihm die zahlreichen ökologischen Erfordernisse bei der Behandlung des Muffelwildes auferlegen.

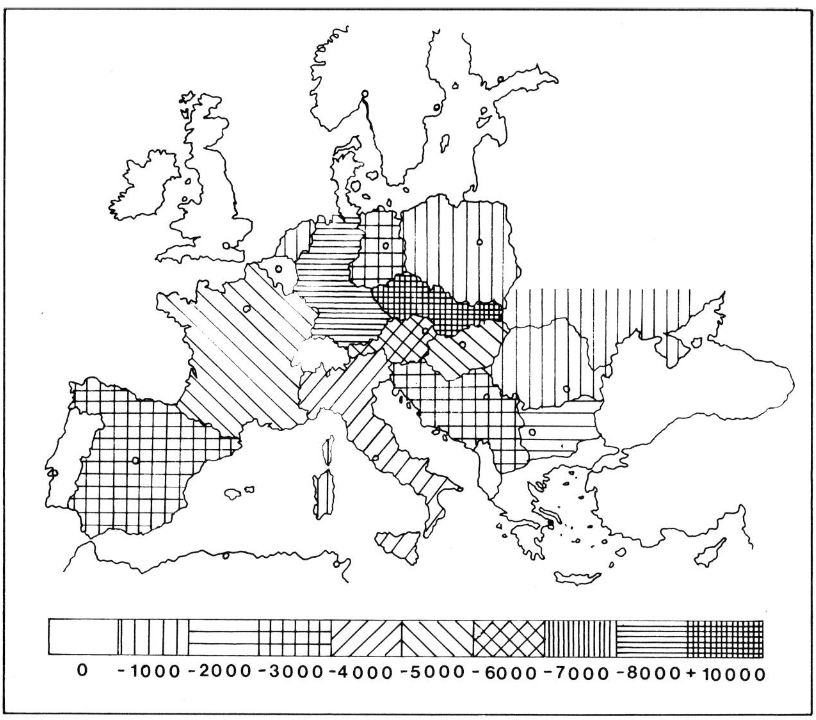

Abb. 52. Verbreitung des Muffelwildes in Europa

Das Muffelwild auf den tyrrhenischen Inseln

Angesichts der großartigen Entwicklung, die das Muffelwild seit seiner Ansiedlung auf dem europäischen Festland genommen hat, seiner seit längerer Zeit zu beobachtenden erstaunlichen Beliebtheit – auch in der breiten Öffentlichkeit –, ist auch das Interesse an der Ur-Heimat des Mufflons, den tyrrhenischen Inseln Korsika und Sardinien gewachsen. Begreiflicherweise möchte jeder Jäger gern wissen, wie es auf den Inseln aussieht und wie die oft widersprechenden Berichte über das Schicksal des Wildes dort zu beurteilen sind, da die Anzahl mit Beginn unseres Jahrhunderts erheblich zurückgegangen ist.

Korsika

Biotop. Geologische Formation: Urgestein, Granit, Kalkgesteine, Rhyolit, Bergland und Felsen bis 2000 m. Klima: heiße, trockene Sommer, feuchte Winde, kühle Nächte, im Winter naßkalt. Pflanzenbewuchs: Kleinbuschformation, die sogenannte Macchia, aus Heide, Ginster, Zistrosen, Zwergpalmen und einer Fülle von Kräutern wie Thymian, Lavendel, Rosmarin, Wolfsmilch und vielen Gräsern. Es steht mithin eine Fülle abwechslungsreicher Nahrung zur Verfügung.

Der Baumbestand setzt sich zusammen aus nur wenigen Eichen, Küsten- und Schwarzkiefern sowie Eukalyptus und Akazien, die jedoch nur wenige kleine Wälder bilden.

Verbreitung. Nach mündlicher Mitteilung von Professor Massoli-Novelli (1980) existieren auf Korsika zwei getrennte Vorkommen:

1. Am Monte Cinto (bei Asco) ca. 150 Stück
   Davon befinden sich ca. 20 Stück in einem Gehege von 20 ha. Der Anfangsbestand wurde 1974 aus Marseille importiert.
2. Am Col de Bavella (Südost-Korsika) ca. 100 Stück
   in freier Wildbahn in kleinen Kiefernwäldern

Es wird vermutet, daß eine ungesetzliche Verfolgung üblich ist.

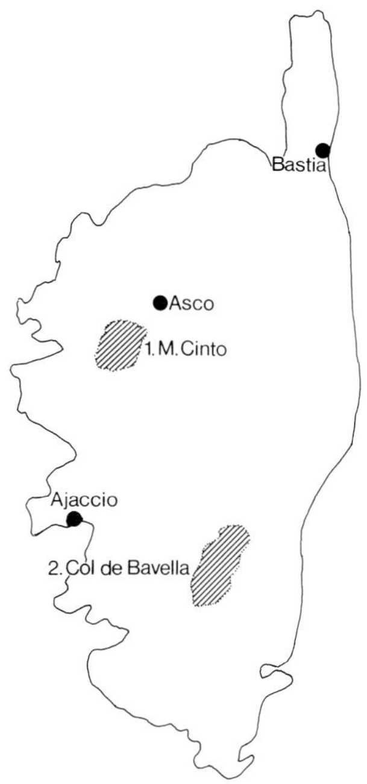

Abb. 53. Die Verbreitung des Muffelwildes auf Korsika in 2 voneinander getrennten Vorkommen (Massoli-Novelli 1980)

Konstitution. Das Muffelwild ist gesund, die Vermehrung ist normal, kein Auswachsen der Schalen. Vermischungen mit Hausschafen sind nicht bekannt. Gelegentlich kommen Widder vor, die keinen Sattelfleck besitzen. Gehörnte Schafe werden – allerdings nicht häufig – beobachtet.

Sardinien

Biotop. Ähnlich wie auf Korsika, vermehrt herausragende Kalkfelsen, noch weniger Waldbestände.

Verbreitung. Es existieren auf der Insel fünf voneinander getrennte Vorkommen (MASSOLI-NOVELLI 1976; mündl. Mitt. 1980):

1. Monte Albo (nördl. Nuoro)	ca. 20 Stück
2. Orgosolo (südl. Nuoro) in einer umzäunten Fläche von etwa 800 ha (die Umwehrung ist so niedrig, daß das Muffelwild aus- und einspringen kann) und in freier Wildbahn, auf insgesamt ca. 5000 ha.	ca. 400 Stück
3. Monte Gennargentu (Südteil) bei Seui, freie Wildbahn auf ca. 20000 ha.	ca. 280 Stück
4. Halbinsel Capo Figari (bei Olbia), freie Wildbahn auf ca. 1500 ha.	ca. 100 Stück
5. Insel Asinara (Nordwest-Sardinien) auf 5000 ha. Es handelt sich hier um einen durch Importe vermischten Stamm.	ca. 200 Stück
Summe	ca. 1000 Stück

Außer dem planmäßigen (und merkantilen Safari-)Abschuß wird vermutet, daß eine ungesetzliche Verfolgung des Muffelwildes üblich ist und bisher auch nicht verhindert werden kann. Bestrebungen, besondere zusätzliche Schutzmaßnahmen zu verwirklichen, sind eingeleitet.

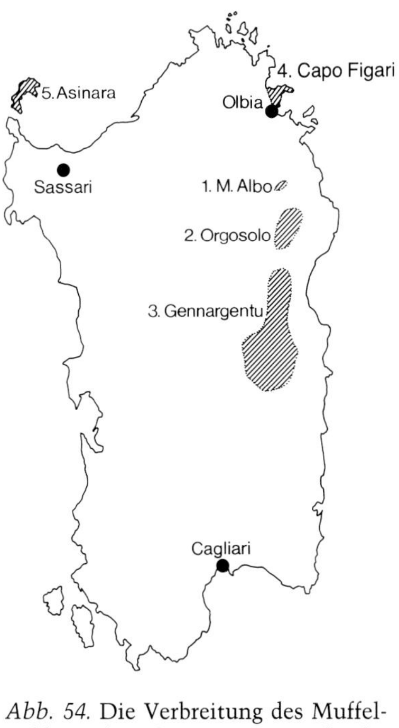

Abb. 54. Die Verbreitung des Muffelwildes auf Sardinien in 5 verschiedenen Vorkommen (MASSOLI-NOVELLI 1980)

Konstitution. Aus eigener Anschauung unter Führung von Professor MASSOLI-NOVELLI im Bereich Nuoro (am 29. 5. 1980) macht das Muffelwild einen gesunden Eindruck. Es konnten 4 Rudel von zusammen 25 Stück auf Entfernungen von 200–300 m beobachtet werden. Ein Auswachsen der Schalen ist nicht bekannt. Die Widder tragen durchweg einen weißen, unterschiedlich großen Sattelfleck. Gehörnte Schafe kommen nicht vor (was durch örtliche Berichte bestätigt wird). Die Vermehrung ist normal, jedes Altschaf führt ein Lamm. Im Aussehen entspricht das Muffelwild dem Originaltyp, Vermischungen mit Hausschafen sind nicht bekannt.

Der nur flüchtige Eindruck, der aus eigener Anschauung bei einem Aufenthalt vom 27.5. bis 4.6.1980 auf Sardinien im engen Kontakt mit örtlichen Dienststellen und Revierbetreuern gewonnen werden konnte, läßt sich wie folgt zusammenfassen.

Abb. 55. Außenzaun eines 80 ha großen Geheges bei Orgosolo (Sardinien). Die Höhe von etwa 1,80 m bedeutet für die Mufflons keine absolute Absperrung (Phot. Türcke)

1. Die vorstehend angegebenen Schätzungen über die Bestandszahlen des Muffelwildes auf Korsika und Sardinien müssen als zutreffend angesehen werden (Frühjahr 1980).
2. Eine Vermischung mit den auf der Insel lebenden Hausschafen (es sind auf Sardinien schätzungsweise 3 Millionen) findet offenbar nicht statt, da die hierzu erforderliche soziologische Situation nicht unmittelbar gegeben ist. Eine Affinität wäre wohl vorhanden, aber es kommt bei dem weitläufigen Lebensraum der Rudel und der gesonderten Haltung der Hausschafe auf Hütebereichen nicht (oder wohl nur selten) zu Begegnungen zwischen Muffelwidder und Hausschafen. Andererseits wird ein Hausschaf-Widder, falls er in ein Muffelwildrudel eindringen sollte, unbarmherzig abgeschlagen. Hinzu kommt die in gewisser Weise „geordnete" Brunftzeit des Muffelwildes im November. Wenn es nun tatsächlich im Laufe der Jahrtausende häufig zu Kreuzungen zwischen Mufflon und Hausschaf gekommen sein sollte, so müßten zahlreiche Bastarde auf der Insel herumlaufen. Dies ist aber nach Aussage der örtlich zuständigen Revierbetreuer nicht der Fall. Mithin muß gefolgert werden, daß die auf Sardinien (über Korsika können keine exakten Aussagen gemacht werden) lebenden Mufflons im Kern tatsächlich noch die unvermischten Nachkommen des Ur-Stammes *Ovis ammon musimon* sind.

   Es würde sich wirklich lohnen, aus dem Ur-Stamm noch einmal eine Neugründung in einem geeigneten Biotop im mitteleuropäischen Festland vorzunehmen.
3. Da das Muffelwild auf den Inseln noch kerngesund ist und jedes Altschaf jährlich mindestens ein Lamm setzt, müßte die Vermehrung in den Populationen auch dem normalen Zuwachs entsprechen. 1000 Stück Muffelwild müßten auf etwa 1350 Stück anwachsen! Da die Bestände aber nicht größer werden, muß trotz eines staatlichen

Schutzes oder jedenfalls kontrollierten Abschusses eine Verminderung auf andere Weise vonstatten gehen.

Aber man muß die Mentalität der Sarden verstehen: es sind prachtvolle, einfache, unbestechliche (sie nehmen kein Aufgeld an!), auf ihrem aus uralter Zeit entstandenen Recht beharrende Menschen. Zu ihrem Recht gehört auch ihr Muffelwild!

4. Will man die Situation des Muffelwildes auf den „Heimatinseln" genauer erforschen, muß man sehr behutsam vorgehen. Mehrere Monate, besser Jahre, sind notwendig, um mit kompetenten Stellen zusammen die Lebensweise der Tiere zu studieren. Man muß auch die Sprache der dort lebenden Menschen beherrschen, um auch aus beiläufigen Bemerkungen wichtige Hinweise zu erhalten, ohne dabei Mißtrauen zu erwecken. Dann würde man auch erfahren, wie dort das Muffelwild lebend gefangen wird, ob wirklich noch, wie einst, die Lämmer unmittelbar nach der Geburt den Schafen entrissen werden, wie sie aufgezogen und wie und wohin sie verkauft werden.
5. Obwohl in den Prospekten Jagdgelegenheiten auf Sardinien angezeigt werden, war nicht genau zu ermitteln, ob solche Unternehmungen lohnend sind (nicht nur auf Muffelwild, sondern auch auf Niederwild) und mit welchen Gefahren sie verbunden sind.

Über die Jagd auf Muffelwild in den Revieren der Inseln Korsika und Sardinien liegen uns interessante Berichte von Buxton (London, 1899) zit. von Tesdorpf (1910) vor, die nachzulesen sich deshalb lohnt, weil über das Verhalten des Mufflon, insbesondere alter Widder spannende Beobachtungen geschildert werden. Sie erhalten die Prädikate „überlegene Klugheit, Umsicht und Schlauheit".

Auch Professor Lutz Heck (1968) hat in seinem prachtvollen Buch „Waidwerk mit bunter Strecke" Begegnungen mit dem Muffelwild auf Korsika beschrieben. Wir müssen dankbar sein, daß ein erfahrener Waidmann seine eindrucksvollen Beobachtungen über diese Wildart der Nachwelt überliefert hat. Als Direktor des Berliner Zoologischen Gartens hat Lutz Heck sich durch persönlichen Einsatz um die Einbürgerung des Muffelwildes in Deutschland große Verdienste erworben.

Abb. 56. Lebensraum des Muffelwildes auf Sardinien. Berggelände am M. Giovanni (Phot. Türcke)

Jetzige Verbreitung

Zuverlässige Angaben über die Verbreitung des Muffelwildes in Europa und in anderen Ländern zu machen oder gar genaue Zahlen über die Siedlungsdichte zu nennen, ist außerordentlich schwierig. Wir können uns deshalb nur auf grobe Schätzungen beschränken, die sich auf mehr oder minder sorgfältige Erhebungen und auf Ermittlungen verschiedener Autoren stützen. Mottl (1960) hat bei seinen Untersuchungen festgestellt, daß die *Tschechoslowakei* den größten Bestand an Muffelwild in der Welt besitzt. Dies ist auch heute noch zutreffend. In der nachstehenden Tabelle sind die Bestände in Europa für das Jahr 1978 zusammengestellt:

Verbreitung des Muffelwildes in Europa (1978)

Staaten	Bestand in Stück (etwa)	%
Bulgarien	1 300	2,5
ČSSR	14 370	27,1
Bundesrepublik Deutschland	7 200	14,0
DDR	3 000	5,7
Frankreich (Festland)	4 500	8,5
Frankreich (Korsika)	300	0,6
Italien (Festland)	3 350	6,3
Italien (Sardinien)	400	0,7
Jugoslawien	2 730	5,1
Luxemburg	75	0,0
Niederlande	400	0,7
Österreich	6 000	11,4
Polen	200	0,4
Rumänien	600	1,1
Sowjetunion	500	0,9
Spanien	3 000	5,6
Ungarn	5 000	9,4
Div.	175	0,0
Summe	53 100	100,0

Auch in der Bundesrepublik Deutschland ist innerhalb der letzten 16 Jahre ein Anwachsen der Muffelwildbestände zu verzeichnen. Das Ergebnis der durchgeführten Erhebungen ist aus der Übersicht auf den folgenden Seiten zu ersehen.

Außerhalb Europas befinden sich nach Uloth (1976) in Texas (USA) etwa 10000, allerdings mit verschiedenen Hausschafrassen (besonders mit westafrikanischen Barbado-Schafen) gekreuzte Bastarde. Der Bestand an „reinen" Mufflons wird auf maximal 500 Stück geschätzt. Weitere etwa 200 Bastarde (Kreuzungen mit den verwilderten Mauna-Kea und Merino-Schafen) sollen auf der Hauptinsel Hawaii und 300 „reine" Mufflons auf der Insel Lanai leben.

In Südamerika ist nur das von Vogel (1965) in Argentinien gegründete Vorkommen bekannt, das inzwischen auf etwa 400 Stück (Staudt 1981 briefl.) angewachsen ist.

1956 wurde auf der Blakenay-Insel und 1957 auf der Haute-Insel des Kerguelen-Archipels (einer Inselgruppe des Indischen Ozeans) Muffelwild erfolgreich angesiedelt.

Die Verpflanzungen, die nun inzwischen einen beträchtlichen Teil der Welt erfaßt haben, lassen erkennen, daß sich das Muffelwild einer erstaunlichen Beliebtheit erfreut und offenbar auch das Bedürfnis besteht, die Vermehrung – bedauerlicherweise auch in der Kreuzung mit anderen Schafen – nachdrücklich zu fördern.

Überblicken wir die Muffelwildbestände im europäischen Raum und fassen die übrigen Vorkommen in anderen Ländern sowie die Einzelzüchtungen in zoologischen Gärten und Wildgehegen zusammen, so ist anzunehmen, daß der Weltbestand an Muffelwild im Jahre 1981 ungefähr 60000 Stück betragen hat.

Muffelwildbestände in der Bundesrepublik Deutschland

Landschaft	Kreis	Revier	Frühjahrsbestand 1964	1980
		Schleswig-Holstein		
Unterelbe	Herzogtum Lauenburg	Krümmel	32	fast erloschen
Mittelholstein	Segeberg	Forstamt Segeberg	–	25
Ostholstein	Ostholstein	Gut Sierhagen	–	25
		Summe	32	50
		Niedersachsen		
Lüneburger Heide	Harburg	Hegering Garlsdorf	120	160
	Lüneburg, Dannenberg	Göhrde und Umgegend	114	140
	Uelzen	Himbergen	20	
	Lüchow-Dannenberg	Gartow	–	50
Weserbergland am Süntel	Schaumburg Hannover	Bückeberge, Brandshof, Obernkirchen, Wennigsen, Oldendorf, Süntelwaldgenossenschaften	106	193
Kl. Deister	Hannover	Saupark	21	44
Hils und Umgegend	Holzminden u. a.	Grünenplan u. a. Duingerwald, Einbeck, Scharfoldendorf, Alfeld u. a.	225	75
Solling u. Umgegend	Holzminden u. a., Einbeck	Holzminden, Winnefeld, Fürstenberg, Knobben, Neuhaus, Nienover, Dassel	250	361
Einbeck u. Greene	Northeim	Einbeck-Greene	–	80
Harzvorland	Hildesheim, Goslar, Wolfenbüttel	Hildesheimer Wald, Hainberg, Lutter	195	205
Harz	Wolfenbüttel, Claust.-Zellerfeld, Goslar	Harzburg, Goslar, Seesen, Langelsh., Schulenberg, Lautenthal	167	210
Kauffungerwald	Göttingen-Hann. Münden	Reviere im Kauffunger Wald	130	130
		Summe	1380	1648
		Nordrhein-Westfalen		
Lippisches Bergland Eggegebirge, Teutoburger Wald	Detmold, Paderborn, Höxter, Bielefeld, Gütersloh, Lippe, Warburg u. a.	Blankenrode, Marschallshagen, Kleinenberg, Lippspringerwald, Sandbeck, Altenbeken, Kohlstädt, Bielefeld, Blomberg	419	300

Muffelwildbestände in der Bundesrepublik Deutschland

Landschaft	Kreis	Revier	Frühjahrsbestand 1964	1980
Sauerland u. Arnsbergerwald	Hochsauerland u. a., Paderborn	Bödefeld, Siedlinghausen, Brilonerwald, Bruchhausen, Hildfeld, Glindfeld, Padberg, Altenbüren, Alme, Büren, Meschede u. a.	793	350
Siegerland u. Wittgensteiner Land	Siegen und Hochsauerland	Trupbach, Hilchenbach, Elshoff, Paulsgrund, Girkhausen-Hallenberg, Winterberg u. a.	200	400
Ruhrgebiet	Dortmund	Dortmund	16	15
Eifel	Aachen, Düren	Hürtgenwald u. Simmerather Wald, Kermeter u. a.	221	130
Bergisches Land	Oberberg	Engelskirchen	–	20
		Summe	1464	1215
		Hessen		
Meissner	Werra-Meissner	Wendershausen, Witzenhausen, Velmeden, Walburg, Waldkappel, Eltmannshausen, Hitzerode u. a.	70	41
Rothaargebirge u. Hessisches Bergland	Waldeck-Frankenberg, Schwalm-Eder, Gießen	Allendorf, Battenberg, Bromskirchen, Edersee, Jesberg, Schliebach, Hundshausen, Gilsa, Waltersbrück u. a.	318	256
	Gießen	Laubach u. Umgegend	77	104
Gladenbacher Bergland, Westerwald	Marburg, Biedenkopf	Wommelshausen, Endbach, Rodenhausen, Seelbach, Lohra	150	82
Vogelsberg	Vogelsberg	Schlitz, Roßberg, Homberg u. a.	35	129
Spessart	Main-Kinzig	Büdingen, Wächtersbach, Kerbendorf	68	195
Taunus	Hochtaunus	Reichenbach, Reiffenberg	16	12
	Limburg-Weilburg	Wörsdorf, Schloßborn, Oberems	129	83
	Rheingau-Taunus	Rüdesheim u. Umgegend	130	130
Rhön Knüll	Fulda Schwalm-Eder	Hünfeld u. a., Schwarzenborn, Seigertshausen, Neukirchen u. a.	–	90
Odenwald	Erbach	Eulbach	20	40
Maintal	Frankfurt	Stadtwald	40	48
		Summe	1065	1261

Muffelwildbestände in der Bundesrepublik Deutschland

Landschaft	Kreis	Revier	Frühjahrsbestand 1964	1980
		Rheinland-Pfalz		
Rheintal	Koblenz	Stadtwald	26	27
	Simmern (St. Goar)	Oberwesel-Damscheid	112	35
Eifel	Mayen	Virneburg, Dürresheim, Waldesch u. a.	55	25
	Bitburg-Prüm	Merkershausen, Altscheid, Oberweiler u. a.	60	40
	Daun	Birresborn, Salmwald u. a.	22	48
	Ahrweiler	Kesseling, Staffel u. a.	111	529
Moseltal	Cochem-Zell	Altstimmig, Liesenich u. Hunsrück	20	157
	Faid-Alflen	Alflen, Auderath, Klotten u. a.	213	254
	Bernkastel-Wittlich	Moselforsten	46	–
Westerwald	Altenkirchen	Crottorf	66	63
	Westerwaldkreis	Montabaurer Höhe, Heiderbach	50	102
Pfälzer Bergland	Donnersbergkreis, Kusel, Birkenfeld, Kaiserslautern	Donnersberg, Ramsen, Winnweiler, Körbern, Alsenborn u. a.	105	307
Bad Bergzabern		Modenbacherhof	5	2
Hardt	Südl. Weinstraße	Hinterwaldungen	12	48
Osburger Hochwald, Untere Saar	Trier-Saarburg	Heddert, Burg Heid, Schöndorf, Pellingen, Oberemmel, Wiltingen, Ockfen	–	96
		Summe	978	1733
		Baden-Württemberg		
Neckar-Odenwald	Moosbach	Waldbrunn	146	34
	Ludwigsburg	Großbottwar	–	19
Schwäbische Alb	Balingen	Roßwangen, Cotta, Ratshausen, Frommern, Laufen, Weilstetten u. a.	40	29
Donautal	Ulm	Seißen, Blaubeuren, Jerslingen	10	5
		Summe	196	87
		Bayern		
Spessart und Odenwald	Miltenberg	Amorbach u. a.	169	39
Steigerwald	Kitzingen	Friedrichsbach, Abtswind u. a.	39	62
	Bamberg	Geisberg u. a.	26	54

Muffelwildbestände in der Bundesrepublik Deutschland

Landschaft	Kreis	Revier	Frühjahrsbestand 1964	Frühjahrsbestand 1980
Oberpfälzerwald	Amberg-Sulzbach	Hainberg, Sunzendorf, Bachetsfeld, Augsberg u. a.	5	8
		Hühnertal, Ensdorf u. a.	–	8
	Weiden	Weiden	–	4
	Cham	Lixenried	–	15
		Reißeck	–	12
Fränkischer Jura	Weißenburg-Gunzenhsn.	Raitenbuch	–	7
	Attenzell, Eichstätt	Attenzell, Hofstetten u. a., Stammham u. a.	76	119
		Kipfenberg	40	52
Jura	Kelheim	Mitterfecking, Reißing, Saal	–	15
Regental und Bayerischer Wald	Regensburg, Schwandorf, Deggendorf, Regen	Hirschling, Heilinghsn., Fischbach, Neuhaus, Burglengenfeld, Hirschendorf, Alberting, Greising, Bischofsmais, Hochdorf, Zell, Oberneumais u. a., Thiergarten	160	131
Schwäbischer Jura	Donau-Ries	Wolferstadt, Rehaus u. a.	–	40
Lechfeld	Augsburg	Augsburg	–	3
Lechfeld	Krumbach	Krumbach	–	5
Alpenvorland	Unterallgäu	Schlegelsberg, Oberkammlach, Hölsen u. a.	–	42
	Weilheim-Schongau	Bernbeuren	–	8
	Bad Tölz	Sachsenkamm u. a.	5	48
	Miesbach	Hartpenning	–	23
	Landsberg		–	32
	Starnberg,		–	34
	Berchtesgaden		5	–
Münchener Hochebene	Ebersberg	Ebersberger Forst	76	132
		Summe	683	1040
		Muffelwild insgesamt	5766	7034
Zusätzlich geschätzte Anzahl in Zoos, Tiergärten, Kleingehegen und Wildparken				166
		Gesamtbestand		7200

Beurteilung der Muffelwildbestände in Deutschland

Fragen wir nach dem Wert des originalförmigen Muffelwildes in Deutschland, so ist zunächst eine Forschung nach der Herkunft der einzelnen Stämme erforderlich. Diese nun allerdings mit Sicherheit herzuleiten, ist bei den meisten Beständen nicht mehr möglich; nur noch bei einem Teil kann die Herkunft mit einer gewissen Genauigkeit bestimmt werden.

Trotz der eindringlichen Warnungen von Tesdorpf (1910) und Dauster (1938) ist an vielen Stellen Muffelwild ohne Rücksicht auf eine Herkunftskontrolle ausgesetzt worden. Bei dem Bestreben, möglichst rasch und billig in den Besitz von „Muffelwild" zu gelangen, sind durch den Tierhandel, auch aus Zoologischen Gärten und aus Gehegen Mufflons gekauft worden, die vom Lieferanten als „reinblütig" oder auch als „besonders schön und reinblütig" ausgewiesen wurden. Bisweilen werden auch heute noch fremdblütig aussehende Tiere als „korsikanischer", normal aussehende Tiere hingegen als „sardinischer Typ" bezeichnet, was beim Käufer irrtümlich als Herkunftsbezeichnung verstanden wird. Die Handelstoleranz für den „korsikanischen Typ" ist oft äußerst labil. Selbst das beim ersten Eindruck hervorragend erscheinende Stück muß nicht mit Sicherheit „reinblütig" sein, während das zunächst weniger ansprechende Tier vielleicht „einwandfrei" sein kann. Nur die im Kapitel über den Körperbau beschriebenen Merkmale sind als äußere Kennzeichen des Original-Typs zu werten.

Im Sprachgebrauch und im Schrifttum werden über die Erscheinungsformen des Muffelwildes die verschiedensten Ausdrücke verwendet. In der Diskussion ereiferte man sich vorrangig über die Schnecke mit ihren mannigfaltigen Wuchsformen, da sie für Jäger nun einmal Ausdruck des Hegeziels für den Jagdbetrieb ist. Die Wortbildungen „artrein, unterartrein, rasserein, reinblütig, typisch, normalblütig" u. a. m. sowie die Verwendung der Begriffe „Bastarde" und „Hybriden" haben unter den Jägern Verwirrung angerichtet. Deshalb ist es notwendig, die Begriffsbestimmungen eindeutiger zu formulieren.

Wir müssen davon ausgehen, daß bei der Beurteilung des Muffelwildes das Tyrrhenische Wildschaf *Ovis ammon musimon* von den Heimatinseln Korsika und Sardinien[1] durch zahlreiche Neuansiedlungen eine weltweite Verbreitung von etwa 60000 Stück (1981) erlangt hat. Da Wildschafe und Hausschafe sich unter bestimmten Bedingungen kreuzen, sind gewollt oder ungewollt Bastarde entstanden, die in die Populationen eingeflossen sind mit Auswirkungen, die sich unserer Kontrolle entzogen haben.

Der *Entwicklungsstand* der einzelnen Individuen in den Ansiedlungen ist außerordentlich verschieden. Er ist auch hinsichtlich des Verhaltens sowohl genetisch als auch ökologisch von Bedeutung.

Wir Jäger verfallen zu leicht dem Irrtum, aus dem Erscheinungsbild des Widders (dem Phänotyp) allein auf die Abschußnotwendigkeit oder Erhaltungswürdigkeit zu schließen. Das Erbgut dieses Widders (den Genotyp) vermögen wir nicht so ohne weiteres zu erkennen. Es ist auch nicht zu unterscheiden, ob das Stück Muffelwild (auch das weibliche Wild), das wir beobachten, in den Merkmalen seiner Figur und seiner Trophäe von Faktoren der Umwelt oder denen des Erbgutes beeinflußt worden ist. Wir meinen meistens das Erbgut, sehen in Wirklichkeit aber nur das Erscheinungsbild.

[1] Geographisch werden die beiden Inseln ‚tyrrhenische Inseln', das sie umgebende Meer das ‚tyrrhenische Meer' genannt.

Abb. 57a und b. Originaltyp in Winter- und Sommerdecke (Phot. Bink, Ctverak)

Aus diesen Überlegungen und der heute möglichen geschichtlichen Deutung der Evolution dieses Wildschafes müssen wir resümieren, daß sich in seinem Vorkommen unterschiedliche *Entwicklungstypen* gebildet haben. Wir müssen auch hinnehmen, daß unter dem Muffelwild in seiner weltweiten Verbreitung zahlreiche Bastarde leben, ohne hierüber jedoch jeweils einen Beweis erbringen zu können. Gleichwohl unterscheiden wir bei der Beurteilung der Trophäe angesichts der Form der Schnecke den

Original-Typ
Argali-Typ
Zackel-Typ
Heidschnucken-Typ

Abb. 58a und b. Links: Argalityp. Widder 5½jährig. *Rechts:* Junger Argali-Widder

Abb. 59a und b: Links: Zackeltyp. *Rechts:* Zackelwidder (Phot. Mohr)

Beim Vergleich der Typen sollten wir nicht mehr von „artreinem" oder „nicht artreinem" Muffelwild sprechen, wie dies fälschlicherweise vielfach üblich war, sondern erkennen, daß der Schneckentyp nicht allein von der genetischen Basis her gesteuert wird, sondern daß die Umwelt ebenfalls einen wesentlichen Einfluß auf die Wuchsform der Wildschafe ausübt. Inwieweit hier auch die Möglichkeit besteht, Ökotypen (LOCHMAN 1979) zu interpretieren, müßte von Fall zu Fall an Ort und Stelle nachgewiesen werden.

Um nun aber in unseren Vorstellungen über das Muffelwild einen „Standard" (LOCHMAN 1979) zu identifizieren, sind wir genötigt, den *Originaltyp als Leitbild* anzusehen und diesen als *originalförmig* zu bezeichnen.

Welche Richtmaße für das typische, tyrrhenische Muffelwild anzusetzen sind, bleibt weiteren kraniometrischen Ermittlungen (Feststellungen der Schädelmaße) vorbehalten. Vorerst können wir jedenfalls nach unserem heutigen Kenntnisstand den Originaltyp des Muffelwildes nur nach Augenmaß – natürlich mit entsprechenden Toleranzen – einschätzen. In den Abb. 57–60 sind die Schneckentypen in den unterschiedlichen Formen dargestellt.

Abb. 60a und b: Links: Heidschnuckentyp. Widder 4½jährig. Behaarung wollig. *Rechts:* Heidschnucke (Phot. v. Krogh)

Indizes der Form des Schädels und seiner Teile

Index der Schädelgröße
Verhältnis der maximalen Schädelbreite im Gesichtsteil zur Gesamtlänge des Schädels (3 : 1)
Mittelwert 3 = 11,70 cm
1 = 24,00 cm 48,75

Verhältnis der Länge der Maxilla zur kondylobasalen Schädellänge (5 : 2)
Mittelwert 5 = 13,10 cm
2 = 23,20 cm 56,47

Index der oberen Reihe der Backenzähne
Verhältnis der Länge der Reihe der oberen Backenzähne zur kondylobasalen Schädellänge (6 : 2)
Mittelwert 6 = 6,70 cm
2 = 23,20 cm 28,88

Index der Form des Gesichtsteils des Schädels
Verhältnis der Breite des Oberkiefers zur maximalen Schädelbreite im Gesichtsteil (4 : 3)
Mittelwert 4 = 4,80 cm
3 = 11,70 cm 41,04

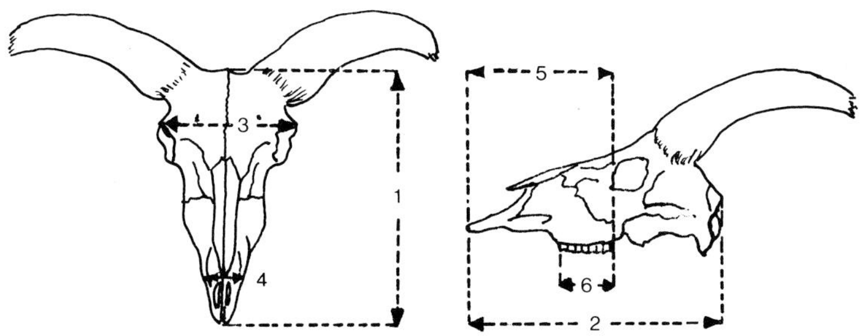

Abb. 61. Kraniometrische Meßstellen (Zeichn. Tomiczek)

Verdienstvollerweise hat Bendova (1979) neben einer großen Anzahl kraniologischer Meßdaten für die CSSR Schädelindizes des Muffelwildes erarbeitet, die als Anhalt für die Vorstellung des Original-Typs herangezogen werden können.

Würdigung der Ansiedlung in Deutschland

Von den Ansiedlungen des Muffelwildes in Deutschland hat die in der *Göhrde* (Lüneburger Heide) eine besondere Bedeutung erlangt. Von 1903 an beginnend, sind auf Veranlassung Tesdorpfs von der Preußischen Forstverwaltung in dem damals gegatterten etwa 5000 ha großen Hofjagdrevier in der Lüneburger Heide 17 Stück Muffelwild ausgesetzt worden. Nach Tesdorpf (1910) war dieses Wild „rein sardinisches Blut, es stammte vom Monte Gennargentu". Die Mehrzahl war durch einen zuverlässigen deutschen Importeur in Sardinien aus Privatbesitz aufgekauft worden. Es setzte sich jedenfalls teilweise aus gezähmten oder halbgezähmten Jungfängen zusammen, die sich nach ihrer Aussetzung unmittelbar im Revier am Gatter vom Publikum aus der Hand füttern ließen.

Die Bestandesentwicklung wurde schon in den Anfangsjahren durch empfindliche Ausfälle gehemmt, so daß man bald Zoo-Tiere und nach dem sehr verlustreichen Winter 1929 weitere Handelstiere hinzusetzen mußte, deren Ursprung und Daten nicht mehr feststellbar sind. Ob nun die Ursache der geringen Vermehrung in der Handfütterung durch das Publikum begründet lag oder in der völlig fehlenden winterlichen Spezialfütterung (das Muffelwild wurde zugleich mit dem zahlenmäßig starken übrigen Hochwild und fast nur mit Heu gefüttert), oder ob der krasse Umwelt-Unterschied zwischen dem Mittelmeerraum und Nordeuropa die Schuld trug, läßt sich heute nicht mehr beurteilen. Wahrscheinlich wirken alle drei Ursachen zusammen, gerade wohl auch die letztgenannte; denn alle übrigen westdeutschen Muffelwildvorkommen stammen aus kontinentalen, sekundären Vorkommen, die bereits dem Klima des Donauraumes angepaßt waren oder aus Handelsherkünften unbekannten Ursprungs, die keinesfalls unmittelbar von einer der beiden Mittelmeerinseln bezogen waren. Große Wildäcker unterhielt die Göhrde nicht, so daß eine Waldtreue des Muffelwildes anfangs nicht nachprüfbar war. Nach Auflösung des Gatters im Jahre 1938 aber wanderte das Wild über die Nachbarwälder hinaus, erreichte einen Aktionsdurchmesser von fast 10 km, verbreitete sich auf mehr als 6000 ha und 9 Reviere und betrat seitdem zeitweilig benachbarte Äcker, ohne jedoch erhebliche Schäden anzurichten. Über einige *Verluste* durch Parasiten wird in der Göhrde und in den benachbarten Revieren geklagt, sie erklären sich durch die im Diluvium häufiger vorhandenen Tümpel mit üppiger Sumpfflora, die vom Muffelwild stärker genommen wird als von den Cerviden. Schalenkrankheiten mit der Bildung von sogenannten „Schnabelschuhen" sind nach übereinstimmenden Erklärungen örtlicher Jäger nur in den beiden ersten Entwicklungsjahrzehnten beobachtet worden. Häufig erblickte man die Rudel auf den groben Kopfsteinpflasterdämmen im Troll und fand auch auf ihnen mehrfach abgebrochene Schnabelschuhstücke. Heute hat sich offenbar das Muffelwild an den steinfreien Boden angepaßt, so daß Schnabelschuhe seltener vorkommen. Auch die gefährliche infektiöse Schalenerkrankung, verbunden mit arthritischen Gelenkschwellungen, sind in den Heiderevieren nicht mehr aufgetreten, da offensichtlich die scharfen trockenen Diluvialsande dem Muffelwild zuträglicher sind als Fichten-Rohhumusböden und selbst die Rohhumusflächen der jüngeren Buchenbestände.

Der Verlauf der Ansiedlung des Muffelwildes im *Ostharz* wird von Tesdorpf (1910) und von Wuttky (1963) ausführlich anhand von Aktenunterlagen beschrieben und das Gelände des Ostharzes als außerordentlich günstig für das Muffelwild bezeichnet. Der Anfangsbestand setzt sich aus Muffelwild zusammen, das über die Zoologischen Gärten Basel, Leipzig und Dresden im *August 1906* in das Forstamt Harzgerode geliefert worden ist. Bei dem Fang des Muffelwildes in *Sardinien* und bei dem Transport hat offenbar die Tierhandelsfirma J. Menges (Limburg/Lahn) ebenso wie für das Göhrde-Muffelwild eine wichtige Rolle gespielt. Ausgesetzt wurden zunächst 2 Widder- und 3 Schaflämmer sowie 1 einjähriger Muffelwidder. Nach anfänglichen Verlusten wurden später Mufflons verschiedener Herkunft – wahrscheinlich aus Korsika – meistens über die Zoologischen Gärten hinzugesetzt. Aus dem Eingewöhnungsgatter wurden von 1906–1910 26 Stück freigelassen, 3 Stück sind unmittelbar in die freie Wildbahn ausgesetzt worden. Das Wild hat sich dann bald an die angrenzenden Reviere, insbesondere nach Ballenstedt ausgebreitet. Wuttky kommt zu dem Schluß, „daß mit genügender Ausdauer und mit relativ wenigen Stücken, aber einer ausreichenden Mischung unterschiedlicher Herkünfte sich in einem dafür geeigneten Biotop ein Bestand an Muffelwild begründen läßt. Die Verwendung älterer Widder ist dabei zu vermeiden. Die Begründung des Bestandes ist

Tafel 1. 2½jähriger Widder im schneebedeckten Buchenwald (Phot. Kronmüller)

mit möglichst jungen Stücken zu beginnen. Lämmer sind anfälliger, daher sind am besten Jährlinge oder beschlagene ältere Schafe und Jährlingswidder auszusetzen."

Aus den Berichten über die ersten Verpflanzungen von Mufflons aus Korsika und Sardinien nach Deutschland ist fast durchweg die bemerkenswerte Tatsache zu entnehmen, daß offenbar infolge der anderen Umwelteinflüsse zunächst Rückschläge in der Entwicklung der Bestände eintraten. Die Vermehrung war gering, die Anfälligkeit groß und es gingen relativ viele Tiere ein. Erst nach Ablauf von mehreren Jahren, möglicherweise nachdem sich das Muffelwild umgewöhnt hatte, konnte eine Besserung in der Bestandsentwicklung beobachtet werden. Andererseits hatten aber die Stämme, bei denen Kreuzungen mit anderen Schafen vorgenommen worden waren, meistens eine rasche Vermehrung aufzuweisen, so daß die Bestrebungen zur Bastardierung aus diesen Gründen begreiflich erscheinen könnten. Für die Ansiedlungsmaßnahmen ist jedenfalls aus diesen Feststellungen die wichtige Erkenntnis zu entnehmen, daß man mit einer längeren Zeit der Eingewöhnung des Muffelwildes in die neue Umwelt rechnen und hierbei die erforderliche Geduld aufbringen muß. Von einer Vermischung mit Mufflons anderer Herkünfte wird jedoch dringend abgeraten.

Nach eingehender Untersuchung der westdeutschen Muffelwildstämme und nach Studium des einschlägigen Schrifttums sind wir hinsichtlich der Würdigung der Ansiedlung zu folgendem Ergebnis gekommen.

An *Vorzügen* des Muffelwildes schlechthin sind zu nennen:

1. Keine europäische Wildart läßt sich derart sicher auf Alter und Gesundheit ansprechen wie der Muffelwidder.
2. Keine europäische Wildart ist so tagaktiv, kann also zu jeder Tageszeit das Auge des Menschen erfreuen; und in der Tat ist der Anblick des Muffelwildes in geeigneter Umgebung eine herrliche Erscheinung für den Naturfreund, auch ist der reife Widder eine schwer zu erlangende wertvolle Jagdbeute, und selbst die Schnecke des Abschußwidders ist eine recht ansehnliche Trophäe.
3. In völlig gesundem Biotop ist die Ansiedlung des Muffelwildes bei Kenntnis der Technik leicht und die Vermehrung des sehr harten Wildes durchaus befriedigend.
4. Muffelwild füllt in unseren Wildbahnen eine „ökologische Nische" aus. Es beeinträchtigt auch nicht den Lebensraum und die Ernährung anderer Wildarten wegen seiner Verträglichkeit, Anspruchslosigkeit und seiner anders gearteten Einstands- sowie Ernährungsrichtung. Es kann also in geeigneten Lebensräumen entweder zusätzlich gehalten werden oder eine andere Wildart ersetzen.

Von den Nachteilen seien die folgenden Gesichtspunkte erwähnt:

1. Nicht alle Standorte sind für das Muffelwild geeignet. Standortmängel hemmen die Vermehrung und veranlassen Krankheiten und Parasitenbefall.
2. Durch Raubwild (Fuchs) und Raubzeug (Hund) ist das Muffelwild gefährdet; es bedarf eines intensiven Jagdschutzes.
3. Gegen Störungen, auch gegen störende Bejagungsweise ist es empfindlich.
4. Mit frei weidenden Hausschafen können gelegentlich Kreuzungen vorkommen.

„Von der Parteien Gunst und Haß verwirrt ..." Dieses Schillerwort mag auch für die Beurteilung des Muffelwildes zutreffen, wenn wir nicht nur die Muffelwildrevierinhaber, speziell die Gründer, zu Worte kommen lassen wollen, die fast alle des Lobes über *ihr* Muffelwild voll sind. Wo dieses nicht zutraf, erfolgte in Westdeutschland der Totalabschuß, wie z. B. in Horn bei Detmold, im Deister, in Olsberg und in anderen Revieren. Es hat sich glücklicherweise herausgestellt, daß die meisten deutschen Muffelstämme über Eigenschaften verfügen, die von großem, letztlich vor allem volkswirtschaftlichen Wert sind: *die unbedingte Waldtreue, die Abneigung gegen Feldäsung, die geringe Neigung zum Schälen der Wirtschaftsholzarten und die relativ geringere Schädigung der Freikulturen durch Verbißschäden.* Im Lichte dieser Vorzüge erscheinen alle übrigen Eigenschaften des Muffelwildes, die gelegentlich auch einmal als Nachteil empfunden werden können, als unerheblich. Tesdorpf (1910) hat in seinem Schlußwort „zur Einbürgerung des Muffelwildes ..." die Vorzüge mit folgenden Thesen gekennzeichnet:

„Es richtet im Forst und in den Kulturen keine Schäden an,
es tritt nicht auf Felder aus,
es ist unglaublich zäh und wetterhart,
es bedarf keiner oder nur sehr geringer Pflege,
es paßt sich den verschiedensten Bodenverhältnissen an,
es hält eisern an seinen alten bewährten Einständen,
es vermehrt sich außerordentlich stark,
es gibt einen schönen Braten,
der Widder ist eine herrliche, schwer zu erlangende Jagdbeute."

Mancher kritische Jäger und Naturschützer wird heute diese Laudatio als übertrieben ansehen. Man muß aber verstehen, daß Tesdorpf, als er sie 1910 schrieb, noch ganz unter dem Eindruck der von ihm veranlaßten, erfolgreichen ersten Ansiedlung stand und damals die Auswirkungen planloser Aussetzungsversuche nicht übersehen konnte. Immerhin hat Tesdorpf aber erkannt, daß das Muffelwild für manche deutsche Jagdreviere eine Bereicherung darstellt.

Fang und Transport lebenden Wildes

Die Möglichkeiten, Muffelwild in der Wildbahn lebend in die Gewalt zu bekommen, ist beschränkt. *Über die Fangmethoden auf Korsika und Sardinien* liegen nur wenige Berichte vor. Aus Erzählungen und Aufsätzen (Heck 1931; Huttel 1936) geht hervor, daß von den Inselbewohnern in den Macchien meistens nur Lämmer gefangen wurden. Nach sorgfältiger Beobachtung der Schafe während der Setzzeit haben die erfahrenen Inseljäger die Lämmer unmittelbar nach dem Setzakt gegriffen. Oder sie schlichen sich an ein führendes Schaf heran, gaben einen Schreckschuß ab, worauf das Schaf die Flucht ergriff, während das Lamm sich ängstlich niedertat und sich greifen ließ. Die Aufzucht wurde mit Ziegenmilch (nicht Schafmilch) vollzogen, meistens gab man eine Ziege als Amme.

Lange bevor der Mensch Waffen zur Erbeutung frei lebender Tiere ersann, hatte er schon verschiedene wirksame Fangsysteme entwickelt, wie zum Beispiel künstliche Zwangswechsel, Fanggruben und -gatter, Fallen, Schlingen, Netze und vieles mehr. In früher Zeit stand nicht immer das Töten im Vordergrund, sondern oft auch die Domestikation oder die Bevorratung. Einige dieser Fangmethoden haben sich über Jahrtausende in verfeinerter Form bis in die heutige Zeit erhalten. Zu diesen zählen die Netze und die stabilen Fangvorrichtungen.

Netze und Garne sind für den Lebendfang von Niederwild auch heute noch durchaus gebräuchlich, bei Schalenwild, also auch bei Muffelwild, ist ihre Verwendung jedoch sehr umstritten und bleibt daher meist auf die frisch gesetzten Lämmer beschränkt. Die

Erfahrung hat gezeigt, daß beim Fang erwachsenen Schalenwildes mit Netzen es vielfach infolge der Angstreaktionen zu Verletzungen kommt und die übermäßige Streßbelastung häufig zum Verenden des gefangenen Stückes führt. Oft konnte beobachtet werden, daß mit Netzen gefangenes Schalenwild nach anfänglich heftigem Widerstand völlig ergeben und ruhig erscheint, um dann nach Stunden plötzlich zu verenden. Auch Lämmer können nur in den ersten Stunden nach ihrer Geburt einigermaßen erfolgreich mit Wurfnetzen oder einem Kescher gefangen werden, da sie bereits wenige Stunden nach dem Setzen sehr behende dem Mutterschaf folgen. BURGER (1973) vertritt aufgrund seiner Untersuchungen in England die Ansicht, daß Netze gegenüber der chemischen Immobilisierung relativ harmlos und auch beim Fang von Tieren bis zur Größe eines Damtieres brauchbar sind. Verwendet wird dabei ein Universalnetz 30 × 2 m aus grünem Perlon mit einer Maschenweite von 5 × 5 cm. Dieses auf zwei Seilen aufgezogene Netz wird zwischen Geländehindernissen aufgespannt und das Wild hineingetrieben. Dem im Netz gefangenen Wild wird sofort eine Blende (z. B. Sack) über das Haupt gestülpt. Sobald dem Tier die Sicht genommen ist, verhält es sich völlig ruhig und kann gut manipuliert werden. Über den Fang starker Widder mittels Netz liegen allerdings keine Erfahrungsberichte vor. Bei chemischen Fangmaßnahmen sind Netze unentbehrlich.

Eine Mittelstellung zwischen den Fangnetzen und dem stabilen Wildfang nimmt das Fanggatter ein. Dieses mit einem Maschengeflecht umschlossene und mit Einsprüngen, Einlaß- und Auslaßtoren versehene Gatter von 0,5–2 ha Größe ist in einen Vorfang, mehrere Zwischengatter und einen sich verjüngenden Fangschlauch unterteilt. Das in den Vorfang eingefütterte Wild wird in die Zwischengatter und weiter in den durch Trennschieber teilbaren Fangschlauch geschleust, in dessen Manipulationsbereich keine Drehbewegungen des Wildes möglich sind. Dort kann es dem Fangzweck entsprechend markiert, vermessen, therapeutisch behandelt oder aber auch in Transportkisten verfrachtet werden. Um Verletzungen des Wildes auszuschließen, empfiehlt HATLAPA (1974), die letzten 5–6 Meter des Schlauches 2–3 m hoch mit Brettern auszukleiden. Die als Schlagtore ausgebildeten Ein- und Auslässe können von einem Beobachtungsstand gesteuert werden.

Von allen Fangmethoden bzw. Einrichtungen genießt der stabile Wildfang eindeutig den Vorzug. Die Größe dieser meist in unmittelbarer Nähe einer Hauptfütterung gelegenen, massiv aus Pfosten oder starken Brettern errichteten Fangvorrichtung ist variabel, wird jedoch in der Regel 100 m^2 Grundfläche nicht überschreiten. Die Höhe der Fangeinfriedung sollte 3 m betragen. Je größer der Fang, desto höher muß die Umplankung sein. Das Wild wird in den Fang eingefüttert und, sobald es sich darin befindet, die mittels Seilzug von einer Beobachtungskanzel zu steuernde Falltür geschlossen. Naturgemäß wird während der Abenddämmerung gefangen, mitunter auch nachts. Über den Auslaß gelangt das Wild in Transport- oder Manipulationskisten. Wo häufig Wild gefangen wird, empfiehlt REUSS (1974), um der akuten Streßgefahr entgegenzuwirken, eine Längswand des Fanges so einzurichten, daß sie auf Schienen zum Fanginneren hin verschiebbar aufgehängt wird. An der gegenüberliegenden Wandseite werden Kammern angebracht mit etwa 80 cm lichter Weite, 150 cm Tiefe und ca. 100 cm Höhe, in die das Wild durch die bewegliche Wand langsam hineingedrückt wird. An diese mit Schiebetüren versehenen Kammern werden die Transportkisten angesetzt.

Die prophylaktische Verabreichung eines Sedativums empfiehlt sich in allen Fällen.

Seit längerem bemüht man sich, die zum Fang bestimmten Tiere zu narkotisieren und macht sich dabei Erfahrungen zunutze, die die Veterinärmedizin bei Anwendung von Beruhigungsmitteln bei Groß- und Kleintieren in den letzten Jahrzehnten gemacht hat.

Tafel 2. Oben: Widder, Schaf und Widderlamm überfallen eine Schneise. *Unten:* 2jähriger Widder (Phot. Meyers)

Chemische Fangmethoden sind uralt. Es wird angenommen, daß die Indios Südamerikas den Gebrauch von Blasrohren und Curare-präparierten Pfeilen schon seit Jahrtausenden kennen. Etwa seit 1950 wird das Grundprinzip dieser Fangmethode in einer Vielfalt von Formen allgemein für den Wildtierfang angewendet. Das Geräteangebot reicht heute vom Blasrohr, Wurfpfeil und Pfeil und Bogen der Indianer über die mittelalterliche Armbrust und Windbüchse bis zum Luft- und Gasdruckgewehr und den modernsten Gewehren mit Pulvertreibladung. Von den Medikamenten werden periphere Muskelrelaxantien, Neuroleptika und Analgetika sowie zahlreiche Kombinationen dieser Wirkstoffe benutzt.

Bei der Anwendung dieser Verfahren ist zu beachten, daß nach dem für die Bundesrepublik Deutschland gültigen Tierschutzgesetz von 1972 die Betäubung eines warmblütigen Wirbeltieres von einem Tierarzt vorgenommen werden muß. Die zuständigen Behörden können Ausnahmen zulassen, die sich in der Regel auf die Ausstellung persönlich gebundener Erlaubnisdokumente beziehen. In jedem Falle ist bei der Immobilisation ein Tierarzt hinzuzuziehen, dem auch die Beschaffung der speziell geeigneten Narkotika obliegt. In anderen Ländern sind die Bestimmungen unterschiedlich. In Österreich z. B. liegt bisher kein gesetzlicher Zwang vor, jedoch wird empfohlen, angesichts der anästhesiologischen Probleme einer pharmakologischen Immobilisation einen erfahrenen Tierarzt zur Aufsicht zu bestellen.

Da Erwerb und Besitz von Narkosegeräten genehmigungspflichtig sind und eine Vielzahl von Spezialkenntnissen bei der Handhabung der nicht ganz ungefährlichen Geräte vorausgesetzt werden muß, wird auf die einschlägige Literatur verwiesen, deren sorgfältiges Studium für die anzuraten ist, die sich aus gegebenem Anlaß mit der

Abb. 62. Muffelwildfang von der Beobachtungskanzel aus gesehen (Phot. Türcke)

Immobilisation von Tieren beschäftigen müssen (Hatlapa und Wiesner 1982 u. a.). Im übrigen werden jährlich sogenannte Narkose-Lehrgänge veranstaltet, die z. B. vom Deutschen Wildgehege Verband e. V. öffentlich angezeigt und durchgeführt werden.

Von den in Frage kommenden Geräten werden für den Wildtierfang in der freien Wildbahn vorwiegend Präzisions-, Luft- oder Gasdruckgewehre unterschiedlicher Herkunft, Ausführung und Leistung verwendet. In Gehegen und Tiergärten hat das Blasrohr sich als sehr vorteilhaft erwiesen. Die an das Gerät gestellte Forderung einer geringen Auftreffwucht zwecks Vermeidung von Verletzungen setzt eine dementsprechend geringe Anfangs- und Endgeschwindigkeit des Injektionsprojektils voraus, die bei den Gewehren zwischen 50 und 100 m/s liegt. Diese Gewehre bestehen aus einem Lauf mit Kammer, Verschluß, Ziel- und Auslösevorrichtung, einem Luft- oder Gas-(CO_2)druckbehälter für 100–150 Schuß im Schaft und einem Luft- oder Gasdruckerzeuger. Das Injektionsgeschoß besteht aus dem Spritzenkörper aus Leichtmetall oder Kunststoff, einer Spezialkanüle und einem Stabilisator aus Kunststoffhaaren. Die Injektionsflüssigkeit wird beim Auftreffen selbsttätig in den Wildkörper injiziert. Die Reichweite liegt je nach Fabrikat zwischen 30 und 100 m, ist jedoch keinesfalls ein primäres Qualitätsmerkmal.

Die vor Jahren noch als Narkose-Gewehre zusammengefaßten Fernapplikationsgeräte werden heute zum Injizieren praktisch aller intramuskulär injizierbaren Medikamente verwendet, d. h. nicht nur zur Immobilisierung, sondern gegebenenfalls auch zur Therapeutik. Es können Antibiotika, Vitamine, Vakzine ebenso wie Sedativa und Immobilisierungsmittel durch die Injektionsprojektile verabreicht werden.

Für die Immobilisation (= unbeweglich machen) von Wildtieren steht eine Reihe von Medikamenten zur Verfügung.

Von den Muskelrelaxantien (Muskellähmer) ist das die Skelettmuskeln lähmende Pfeilgift Curare das bekannteste und wurde früher ebenso wie das ähnlich wirkende Nicotinsalizylat sehr häufig verwendet. Die Tiere werden durch diese Mittel nur gelähmt und erleben den Fang bei vollem Bewußtsein, wodurch es häufig zum psychogenen Schocktod, aber auch zum Ersticken durch eine Unterbrechung der Zwerchfellatmung kam. Diese Mittel gelten heute als überholt.

Um bei der Immobilisation Todesfälle (der Tiere) möglichst zu vermeiden, gelangen heute im wesentlichen zwei Medikamentengruppen zur Anwendung:

1. *Neuroleptika,* stark wirkende psychotrope Seditativa, Tranquillizer, die die Empfindlichkeit gegenüber Umweltreizen herabsetzen und bei motorischer Ruhe bis zum Schlaf führen. Aus dieser Gruppe wäre das Xylazin – als *Rompun®* – zu nennen, das sich insbesondere bei Widerkäuern als hervorragend brauchbar erwiesen hat. Außerdem hat sich die sog. „Hellabrunner Mischung" (500 mg Xylazin [„Rompun®„] + 4 ml Ketamin-Lösung 10% „Vetalar") für ein Muffelschaf in einer Quantität von 0,5–1,5 ml bewährt.
2. *Analgetika,* Schmerzlosigkeit hervorrufende Mittel, zu denen das Morphin zu zählen ist.

Vielfach werden auch Kombinationen von Neuroleptika und Analgetika, sogenannte „Neuroleptanalgesie-Kombinationen" verwendet, unter denen das *Xylazin-Ketamin* eine ausgezeichnete Wirkung bewiesen hat.

Sowohl die Geräte als auch die Medikamente werden ständig verbessert; deshalb empfiehlt es sich, vor dem Erwerb eingehende Informationen von mehreren Herstellerfirmen einzuholen und erst nach reiflicher Erwägung aller Vor- und Nachteile jenes Gerät bzw. Medikament zu wählen, das dem geforderten Zweck entspricht.

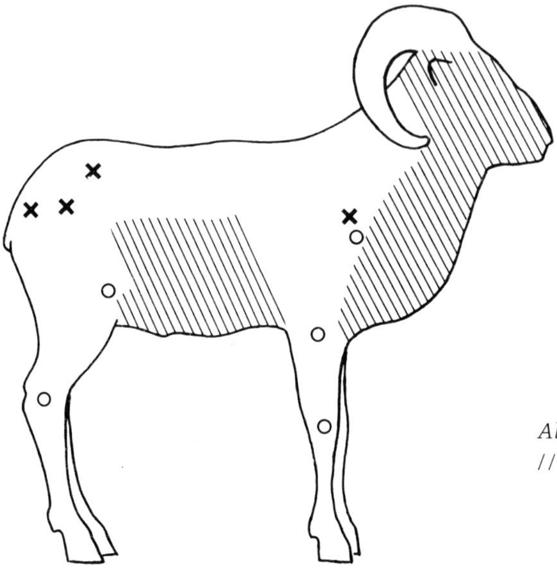

Abb. 63. Beschuß-Zonen nach FRITSCH
//// = Zonen, die nicht beschossen werden sollten
o = Gelenke
x = Knochenvorsprünge

Die Durchführung einer Wildimmobilisation setzt eine gründliche Kenntnis der Geräte und Medikamente ebenso voraus wie eine sorgfältige Planung des Material-, Personal- und Zeitaufwandes. Leitung und Durchführung müssen in sach- und ortskundiger Hand liegen, dies insbesondere in freier Wildbahn. Sachkundig hinsichtlich der Immobilisation, aber auch in bezug auf das zu fangende Wild, seinen Lebensbereich, sein Verhalten, seinen Lebensrhythmus, seine Anatomie etc. betreffend. So sind z. B. die für eine Fernapplikation des Injektionsgeschosses geeigneten, die Gefahr von Verletzungen innerer Organe, von Gelenken, Gefäßen usw. ausschließenden Körperflächen sehr beschränkt.

Um möglichst nahe an das Wild heranzukommen, wird in der Regel in unmittelbarer Nähe der Fütterungen oder aus einem Fahrzeug heraus geschossen. Die Phase der Anflutung, deren Dauer vom Medikament, von der Kondition des Wildes u. a. abhängt, wird abgewartet und erst nach Erreichen der Klimax das Wild von rückwärts vorsichtig

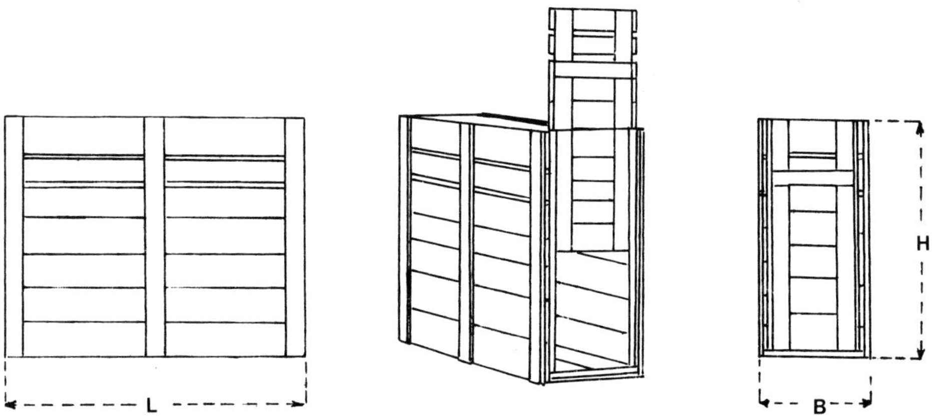

Abb. 64. Transportkiste

angegangen. Nachdem es in rechter Seitenlage gelagert wurde, können die beabsichtigten Untersuchungen vorgenommen werden.

Für einen anschließenden Transport müssen die Kisten in den entsprechenden Abmessungen bereit stehen, in die etwas Heu eingebreitet wird. Für das Muffelwild haben sich die Abmessungen 130 × 60 × 100 cm bewährt.

Vor einer Verfrachtung erscheint die Applikation eines Kreislaufmittels, aber auch eines Anthelminthikums zum Entwurmen angezeigt.

Über kürzere Strecken kann der Transport mittels Lastkraftfahrzeugen erfolgen, wobei insbesondere auf eine ausreichende Abdeckung zu achten ist, um Zugluft auszuschließen. Mangelnde Abdeckung hat speziell in den Wintermonaten häufig Lungenentzündung und das Verenden des Wildes zur Folge. Über weite Strecken ist die Luftfracht immer noch die beste Lösung.

Aussetzen in die Wildbahn

Die große, ständig zunehmende Zahl und Verbreitung des Muffelwildes ist ein Beweis für seine Vitalität und problemlose Einbürgerung in passende Biotope.

Auf Korsika, Sardinien und dem europäischen Festland zwischen 35 und 60 Grad nördlicher Breite besiedelt das Muffelwild Standorte mit einem jährlichen Temperaturmittel von 5–20 °C. Südostexponierte, sonnige und warme Lagen werden bevorzugt, wobei Temperaturextreme weitgehend durch vorübergehende Standortveränderungen (Sonn- bzw. Schattenseiten) ausgeglichen werden.

Die Höhe des jährlichen Niederschlags ist ohne wesentliche Bedeutung, wohl aber seine jahreszeitliche Verteilung und die Niederschlagsform. Langandauernde Schneelagen gefährden die natürliche Äsungsversorgung; sie können sich in den Zeiten eines vermehrten Nährstoffbedarfs zwischen Brunft und Setzzeit kritisch auswirken. Schneehöhen über 40 cm erfordern überdies einen vermehrten Leistungsaufwand bei zugleich mangelnder natürlicher Äsung. Eine entsprechende Fütterung kann dies nur zum Teil ausgleichen. Niedere Temperaturen und hohe Niederschläge, insbesondere Schnee während der Setzzeit erhöhen die Lämmersterblichkeit, wie überhaupt hohe und langandauernde Schneelagen die häufigste Fallwildursache sind. In günstigen Klimaten ist die Zuwachsrate deutlich höher.

Der Siedlungsraum des Muffelwildes ist an keine bestimmte Höhenlage gebunden, er reicht vom Meeresniveau bis in die hochalpine Region. Ausgenommen extreme Felsgebiete findet das Muffelwild sich in allen Geländeformen zurecht. Unterschiedliche Gesteins- und Bodenverhältnisse finden im unterschiedlichen Äsungsangebot ihren Niederschlag.

Ungeeignet sind feuchtkalte Standorte mit weichen, vernäßten Böden, die parasitäre Erkrankungen, vor allem Strongylose der Lunge und der Verdauungsorgane, und Schalenerkrankungen fördern.

Der natürliche Lebensraum unseres Wildes wird durch die fortschreitende Vermehrung der Bevölkerung geschmälert und durch die Störungen infolge des veränderten Freizeitverhaltens der Menschen wesentlich beeinträchtigt. Der Wald als natürliches Landschaftselement und als Zufluchtsstätte des Wildes weist durch die modernen Wirtschaftsmethoden eine zunehmende Verarmung der Kraut- und Strauchflora und damit seines Äsungspotentials auf.

Wildschafe sind typische Grasfresser. Der durchschnittliche Äsungsanteil der Gräser beträgt 40–70% je nach Jahreszeit. Im Sommer beinhaltet die Äsung hauptsächlich Kräuter, im Herbst und Winter Gräser und im Frühjahr Gehölze, Sträucher sowie Früchte, wie Eicheln, Bucheln und Kastanien. Die Äsungszusammensetzung schwankt von Biotop zu Biotop, sie ist vor einer Ansiedlung ebenso zu ergründen wie die Äsungskapazität. Vom Muffelwild bevorzugt werden lichtgestellte Waldbestände mit einer reichen Kraut- und Strauchschicht, stufig aufgebauten Waldrandzonen und eingestreuten Wiesenflächen. Erfahrungen haben gezeigt, daß frühere Wirtschaftsmethoden, wie Nieder- und Mittelwaldbetrieb, mit ihrer arten- und deckungsreichen Strauchschicht ideale Äsungsmöglichkeiten bieten.

Bei der Auswahl der Standorte sollten alle möglichen Störungsfaktoren erfaßt und berücksichtigt werden. So wirkt sich der durch eine übermäßige Wilddichte ausgelöste Äsungsdruck trotz guter Verträglichkeit gegenüber anderen Schalenwildarten auf alle Fälle nachteilig aus. Wo ohnedies autochthones Schalenwild in ausreichendem Maße vorhanden ist, sollte eine zusätzliche Ansiedlung von Muffelwild besser unterbleiben. Ständiger Jagddruck und den Wald durchstreifende Erholungsuchende rufen einen erhöhten Leistungsaufwand und eine Störung der Tagesrhythmen hervor. Sind Äsungs- und Ruheperioden nicht mehr gewährleistet, so reagiert das Wild angesichts eines derartigen Zustandes mit Standortsveränderungen, sehr häufig aber auch mit Wildschäden.

Natürliche Feinde sind Hunde, Luchs, Fuchs, Schwarzwild, Krankheiten und hohe, langandauernde Schneelagen.

Abb. 65. Beispiel einer Futterstelle in einem Eingewöhnungsgatter (Zeichn. Füllgrabe)

Für eine Populationsgründung hat sich eine Gruppe, bestehend aus zwei Widdern und 8 Schafen, am besten bewährt. Von den Widdern sollte einer im 3. und einer im 2. Lebensjahr stehen und die Schafe beschlagen sein. Ältere Widder bereiten nur unnötige Komplikationen und Risiken beim Einfang, Transport und Aussetzen.

Die Anlage eines Eingewöhnungsgatters ist nicht in jedem Fall erforderlich. Bei großen Revieren kann auch unmittelbar in die freie Wildbahn ausgesetzt werden. Eingewöhnungsgatter sollen dem Wild die Anpassung an den neuen Lebensraum erleichtern und darüber hinaus zu einer Standortsbindung führen. Die Größe soll etwa 2 ha betragen. In das Gatter einzubeziehen sind eine auch nach der Entfernung der Umzäunung verbleibende Fütterung, entsprechende Deckungsgehölze und natürliche oder künstliche Äsungsflächen. Die Gatterhöhe soll mindestens 2,5 m betragen, da bei der Überstellung erfahrungsgemäß mit einer verstärkten Fluchtreaktion gerechnet werden muß. Die Umfriedung muß ein Untergraben durch Hund oder Fuchs wirksam verhindern. Die Verluste durch eindringende Hunde sind weit höher, als allgemein angenommen wird. Aus diesem Grund wird vielfach die Errichtung eines Eingewöhnungsgatters als nicht unbedingt empfehlenswert erachtet. Soweit dem Wild nicht schon gelegentlich des Fangens Entwurmungsmittel und Vitamine appliziert wurden, sollte dies vor dem Freilassen erfolgen.

Für die weitere Kontrolle des neuausgesetzten Bestandes, für die Altersbestimmung und die Feststellung, wie weit die Tiere wandern, ist ihre *Kennzeichnung* unumgänglich. Ist das Wild noch nicht beim Einfangen mit Wildmarken versehen, so muß dies vor dem Freilassen nachgeholt werden. Sind Marken nicht vorhanden, so empfiehlt es sich, entweder den linken oder den rechten Lauscher mit sehr scharfem Messer zu kürzen. Diese Maßnahme hat auch den Vorteil, daß die ausgesetzten Stücke bei Beobachtungen wiedererkannt werden können.

Um zu vermeiden, daß sich – nach Anwachsen des Bestandes – zu große Rudel bilden, muß der älteste Widder bald abgeschossen werden, wenn sonst ausreichend Ersatz an Widdern vorhanden ist. Die jüngeren Widder sorgen dann für die Aufspaltung des Rudels. Man kann auch eine bessere Verteilung des Wildes im Revier dadurch erreichen, daß man erneut Muffelwild – es genügt ein kleines Rudel – aussetzt. Dann muß aber gewährleistet sein, daß dieses Muffelwild aus dem gleichen Herkunftsrevier stammt wie bei der ersten Verpflanzung. Eine Vermischung mit anderem Muffelwild hat sich – wie bereits erwähnt – nicht bewährt.

Die Hege

Grundlagen der Hege

Vorbemerkung

Die Grundsätze einer erfolgreichen Hege ergeben sich aus der umfassenden Kenntnis der Bedürfnisse des Wildes in seinem Lebensraum. Sie können aus einer verständnisvollen Beobachtung des Wildes in seiner Umgebung erlangt werden, wenn die Fähigkeit besteht, aus den gesammelten Wahrnehmungen die richtigen Schlüsse zu ziehen.

Im gültigen Jagdgesetz für das deutsche Bundesgebiet ist der *Begriff der Hege* mit dem „Ziel der Erhaltung eines den landschaftlichen Verhältnissen angepaßten artenreinen gesunden Wildbestandes" definiert. Die Hege wird dem Jagdausübungsberechtigten zur Pflicht gemacht, allerdings mit der Auflage, daß Wildschäden in Land- und Forstwirtschaft möglichst vermieden werden. In den letzten Jahrzehnten ist bei den Jägern wohl auch allenthalben die Überzeugung gereift, daß anstelle der Quantität des Wildes die Qualität zu treten hat, da ohnehin der Siedlungsdichte in biologischer und landeskultureller Hinsicht Grenzen gesetzt sind.

Um ein in der Öffentlichkeit häufiges Mißverständnis auszuräumen: Unter Hege verstehen wir heute nicht die beliebige Vermehrung einer Wildart, sondern tätige Anteilnahme am Naturschutz, Gewässerschutz, am Tierschutz, kurz die Verantwortung an der Erhaltung, freilich auch an der Regulierung der großen Lebensgemeinschaft in Wald und Feld. Unser Interesse gilt nicht allein dem Waidwerk, sondern der Bewahrung eines der kostbarsten und unersetzlichsten Schätze der Menschheit.

Auch die *Organisationen der Jäger* haben für die Hege des Wildes eine wichtige Aufgabe zu erfüllen, weil mit der enormen Vermehrung der Bevölkerung auch die Anzahl der Jäger gewachsen ist. Jäger wollen nun aber einmal jagen, und wenn das Wild knapp ist, muß die Jagdausübung rationiert werden. Hier ist ein Punkt erreicht, an dem der um Ordnung bemühte Vorstand mit den Empfindungen der Jäger zu kollidieren beginnt. Viele Probleme entstehen aus dieser Situation. Die als Einschränkung aufgefaßten Erscheinungen resultieren aus einem offenbaren Zielkonflikt zwischen dem neuen Verständnis von Hege mit der bejahenden Verpflichtung zum Naturschutz und dem alten Verständnis einer freien Jagd. Inwieweit die Jagd, die die Hege zur Voraussetzung haben muß, ausweichen oder sich umstellen kann, ist sehr fraglich. Die Jagd mit der Kamera ersetzt manches, aber nicht alles. Daß in einsameren Bezirken – insbesondere im Gebirge – die Jagd freier und befriedigender ist, wissen längst die meisten Jäger. Gerade aber deshalb, weil es eine Vielzahl – um nicht zu sagen Unzahl – von Jägern gibt, hat der Mensch, vielleicht auch gerade der fernsehmüde werdende Zeitgenosse die Verpflichtung, an der Erhaltung der jagdbaren Tiere und an der Verbesserung ihrer Lebensbedingungen mitzuhelfen.

Abb. 66. Hohe und langanhaltende Schneelagen sind die häufigste Fallwildursache (Phot. Tilgner)

Umweltansprüche

Zur Umwelt gehören die Gegebenheiten des Standortes, mithin die des Bodens, der Flora, des Klimas, der Fauna und die Einflüsse durch Krankheiten sowie die Einwirkungen des Menschen im engeren und weiteren Sinne. Die Umwelt des Muffelwildes auf den Inseln Korsika und Sardinien besteht aus trockenen, zerklüfteten Gebirgsketten und mehr oder minder lückigen Baum- oder Strauchbeständen sowie ausgedehnten Macchien. Hierunter werden die dort vorhandenen üppigen Heidekrautflächen verstanden. Als Bergschafe bevorzugen Mufflons übersichtliches Gelände mit Äsungsplätzen auf sonnigen, dem Wind weniger ausgesetzten Hängen mit guter Fernsicht.

Die Anpassungsfähigkeit des Muffelwildes an das sommerfeuchte, atlantische Klima scheint – nach den Erfahrungen, die allerdings kaum mehr als hundert Jahre alt sind – relativ groß zu sein. Immerhin ist das Klima im mitteleuropäischen Raum von dem auf den Mittelmeerinseln recht verschieden. Deshalb wurden bei den ersten Ansiedlungen auf dem Festland auch einige Entwicklungsrückschläge beobachtet (vgl. S. 80). Eine erhebliche Beeinträchtigung erleidet das Muffelwild durch langdauernde, tiefe Schneelage. Aus diesem Grunde vermochte es sich in einigen schneereichen Gebieten des europäischen Festlandes nicht durchzusetzen. Auf den Gebirgszügen von Korsika und Sardinien ist freilich Schnee nicht unbekannt. Es kann dort recht erhebliche Kältegrade geben, die den Schnee auf Nordhängen bis Anfang Mai erhalten. Das Muffelwild hat dort aber immer noch mancherlei Ausweichmöglichkeiten, die in Mitteleuropa nicht mehr vorhanden sind, wo Kanäle, Flüsse, Eisenbahnen, große Verkehrsstraßen und die Feldmarken dem Muffelwild die Fernwechsel abschneiden. Es gibt ganz bestimmte derartige geographische Sperren, die vom Muffelwild niemals überquert werden. Bei Neuschnee stellt das Wild sofort seine gewohnten Wechsel ein und sucht am liebsten kusselige Heidekrautflächen, trockenes Grasgelände, Ödland oder meistens lückige Jungwüchse oder Stangenhölzer auf, die es erst nach Tagen verläßt, um zu den Fütterungen zu ziehen.

Hohe Ansprüche werden auch vom Muffelwild an den Boden gestellt. Während andere Schalenwildarten die Abwechslung von feuchtem Bruchboden und trockenen Lagen lieben, kann das Muffelwild auf weichen, feuchten Untergrund völlig verzichten. *Unabdingbar ist das Vorhandensein festen, möglichst steinigen Untergrundes oder doch wenigstens trockener Sandböden mit ihren scharfen, zum Teil auch steinigen Silikatsanden* (vgl. S. 80 u. 125). Auffällig ist auch die Änderung der Äsungsplätze und Einstände zu bestimmten Jahreszeiten. Abgesehen von der Flucht vor hoher Schneelage ist die Bevorzugung gewisser Geländeteile zu beobachten, wenn auch nicht bekannt ist, ob diese vorwiegend aus klimatischen, äsungsbedingten oder anderen Anlässen aufgesucht werden. Eindeutig steht fest, daß Muffelwild *relativ genügsam* ist. Die Fähigkeit, monatelang – insbesondere im Winter – mit schlechter Gras-, Heide-, Flechten- oder Krautäsung vorlieb nehmen zu können, ist erstaunlich. Die potentiellen Anlagen der Mufflons sind jedenfalls so beschaffen, daß sie imstande sind, in Hungerzeiten verhältnismäßig lange durchzuhalten, ohne sogleich mit Kümmern zu reagieren. Freilich gibt es auch hier Gewöhnungen und Verwöhnungen und auch Unersättlichkeiten, wie u. U. an Fütterungen, wo ein starker Widder das gesamte Futter für sich beansprucht und die anderen Artgenossen abschlägt.

Den Einrichtungen des Menschen gegenüber ist das Muffelwild zwar mißtrauisch abwartend, fügt sich aber bald ein und gewöhnt sich rasch an die Umgebung. Es ist kein ausgesprochener Kultur- oder Zivilisationsflüchter, obwohl es – wie jede andere Wildart auch – zum Menschen mit seinen Errungenschaften einen möglichst weiten Abstand hält.

Angesichts dieser sympathischen Eigenschaften und der gemäßigten Ansprüche an den Lebensraum sind in zahlreichen Waldgebieten die Voraussetzungen für die Ansiedlung und Förderung dieser Wildart vorhanden.

Natürliche Äsung

Äsungsbeschaffung im Wirtschaftswald

Das Muffelwild wird in unseren Waldrevieren während der Vegetationszeit immer ausreichend Nahrung finden. Dennoch sollte jede Möglichkeit ausgenutzt werden, für das Wild die Lebensbedingungen zu verbessern. Darüber hinaus hat der Heger die Pflicht, auch das Muffelwild von wertvollen forstlichen Kulturen und angrenzenden Feldmarken durch Schaffung zusätzlicher Äsung im Walde abzulenken.

Für die Verbesserung der natürlichen Äsung im Wirtschaftswald gibt es beim Vollzug *jährlicher forstlicher Maßnahmen,* insbesondere in waldbaulicher Hinsicht, zahlreiche Möglichkeiten, die vom Waldbesitzer nach Kräften für das Wild ausgenutzt werden sollten. Ohne ins einzelne gehende Beispiele anzuführen, soll der Forstmann bei der *Hiebsplanung* an das Fällen von Proßholz und an eine Dezentralisierung der Hauungen (Nüsslein 1954) denken. Bei den *Kulturmaßnahmen* soll das Ausmähen der Kulturen – wenigstens auf einigen Flächen – so rechtzeitig (im Juni) durchgeführt werden, daß das Nachwachsen der Bodenflora dem Wild frisches Grün bietet. Eine *Kalkung* z. B. von Bestandesrändern und Rohhumusflächen kann allein schon der Flora zu abwechslungsreichem Wachstum verhelfen. Wie jede Wildart ist auch das Muffelwild außerordentlich dankbar für eine Abwechslung in der Äsung. Es steht mitunter zwischen den Pflanzreihen einer Kultur, fühlt sich hier in einer gewissen Halbdeckung sicherer und kann dennoch ungehindert äugen. Wenn man dann beobachtet, was das Muffelwild äst, so ist man erstaunt, daß es nicht nur die saftigen Gräser und Kräuter nimmt, sondern auch die rauhen Halme der Drahtschmiele und des Landschilfs. Bei seinem „Weidegang", oft in „Linie zu einem Gliede", äst es alles, was sich ihm bietet: Binse, Schachtelhalm, Farn, Moos, Bärlapp, auch Bingelkraut, selbst die giftige Tollkirsche und die Wolfsmilch. Die Blüten und Früchte vom Bärlauch und das herbstliche Fallaub von der Esche sind offenbar Delikatessen, aber auch in äsungsarmen Fichtenwäldern der Hochlagen die Flechten an den Stämmen, wobei sich das Muffelwild auf der Hinterhand aufrichtet, um sie abzureißen.

Eine interessante moderne Maßnahme zur Beeinflussung der Flora ist durch die Anwendung chemischer Mittel zur Grasbekämpfung – wie z. B. „Dowpon" – gegeben. Wir haben auf den verschiedensten Flächen, die mit Dowpon begiftet waren, die Auswirkung beobachtet und waren überrascht, daß nach Absterben des Grases (Monokotylen) sich Rehwild, Damwild und Rotwild einstellte, um die frischgewachsenen Kräuter (Dikotylen) zu äsen. Muffelwild konnten wir auf diesen Flächen nicht bestätigen. Es ist aber möglich, daß hierbei andere Gründe maßgebend waren, nicht die Veränderung der Flora. Der übertriebene Einsatz von Giften im Walde dürfte andererseits von allen naturverbundenen Menschen mit Skepsis betrachtet werden. „Chemische Mittel im Walde sind bestenfalls ein Behelf, bringen aber keine echte Lösung!" (Rachel Carson 1963).

Ein anderes wirksames Mittel des Forstmannes, dem Wild auch im Fichten-Buchen-Revier den Tisch zu decken, ist die *Intensivierung der Durchforstungsgrade*, soweit sie aus bodenbiologischen Rücksichten irgend vertretbar sind. Die Bodenoberfläche soll von „oben braun, von weitem aber grün" aussehen. Gerade diese Halbschattenflora aus weichen Gräsern und saftigen Kräutern wird vom Muffelwild sehr geschätzt. Leider geht der Anbau der meist für die Nutzholzproduktion, aber auch für das Wild so wichtigen Baumart – *der Eiche* – im deutschen Raum wegen der hohen Ansprüche an die Rentabilität des Holzbodens immer mehr zurück. Der Forstmann sollte aber nicht nur Hüter von „Baumäckern" sein, die gewiß an manchen Orten zur Holzproduktion unumgänglich sind, sondern er hat auch wichtige Aufgaben als Gestalter des Waldes zu erfüllen. Deshalb dürfen in einem Wirtschaftswald mast- und fruchttragende Bäume wie Eiche, Kastanie, Buche, Vogelbeere für diese Zweckbestimmung nicht fehlen. Bei gutem Willen ist ihr Anbau und ihre Pflege genauso gut möglich, wie die für Wildobst, Aspen, Weidenarten und Robinien. Auch die *Roteiche (Quercus rubra* und *palustris)* steht seit einigen Jahrzehnten – zumeist für ärmere aber tiefgründige Standorte – zur Verfügung. Sie verbindet die Vorteile des raschen Wuchses und der frühen regelmäßigen Mast mit der Darbietung günstiger Triebäsung. Die Läuterung in Roteichendickungen, wenn die Entnahme der jungen Bäume in Brusthöhe erfolgt, kann einen üppigen Reiserausschlag bewirken. Hierdurch entsteht vorzügliche Zweig- und Knospenäsung.

Manche anderen derartigen Maßnahmen können noch in Betracht kommen, die unserem Muffelwild im Walde nützlich sind und keineswegs eine aufwendige Arbeit erfordern. Wesentlich ist nur, daß Waldbesitzer und Jäger sie nicht vergessen oder ihnen auch nicht gleichgültig gegenüberstehen. Es lohnt sich durchaus, dem Muffelwild im Wald die natürlichen Lebensbedingungen, wo irgend möglich, zu verbessern, um damit vor allen Dingen auch seine wertvolle Waldtreue zu erhalten.

Wildräumden

Für die Verwirklichung dieses Zieles kommt auch der Gestaltung von sogenannten *Wildräumden* eine wichtige Bedeutung zu. Wir besitzen auf dem europäischen Festland einen nicht geringen Anteil ertragsloser Standorte, die sich weder für eine forstliche Bewirtschaftung noch für eine ökonomische Ausnutzung in anderer Weise lohnen. Diese als „Nichtwirtschaftswald, Ausschlußflächen" – oder auch als „Ödland oder Unland" bezeichneten oder geltenden Flächen können dem Wild eine Heimstätte besonderer Art bieten, wenn sie hierfür sinnvoll eingerichtet sind. Die Anlage braucht nicht aufwendig zu sein: eine lockere, plenterartige Bestockung – forstlich gelegentlich als Windbrecher von Nutzen – aus Eichen, Roteichen, Roßkastanien, Wildobst, einigen Buchentrupps, Vogelbeeren und Kirschen sämtlich auf tiefe Beastung erzogen, durchstellt mit Aspen, Weiden, Birken, Robinien und nicht zuletzt bewachsen mit Ginster, Heide- und Beerkraut – kann das ganze Jahr über Wildäsung liefern und Schutz gewähren. Verwaiste Steinbrüche und verlassene Kiesgruben können auf diese Weise landschaftsverbessernd gestaltet werden und dem Naturschutz dienen. Nicht unterschätzt werden darf auch die Tatsache, daß diese Wildräumden mithelfen, das Wild von wertvollen Forstkulturen abzulenken. Sie sind deshalb sehr geeignet, Wildschäden zu verhindern (vgl. S. 129). Es dürfte wohl zu den schönsten Aufgaben eines Hegers gehören, ein solches „Wildparadies" einzurichten und zu pflegen. Ein derartiges Gelände ist auch ideal für die Anlage eines Gewöhnungsgatters beim Aussetzen von Muffelwild (vgl. S. 89). Hier kann auch ein Futterplatz ausgebaut, können Salzlecken und vielleicht auch Beobachtungsstände angebracht werden; nur darf hier niemals die Büchse sprechen – es sei denn, es gelte Raubzeug zu vernichten.

Schneepflügen

Im Winter, wenn hoher Schnee liegt, soll man dem Muffelwild möglichst viel *Naturäsung* bieten. *Schneepflüge* müssen für das Freilegen von Gras- und Krautflora eingesetzt werden. Bei Harschschnee ist ein schweres Gerät erforderlich, in anderen Fällen genügt der altbewährte hölzerne Schneepflug mit Eisenkante, der einspännig gezogen und vom Fuhrmann besetzt und gelenkt wird. Neuerdings – in jedem Jahr kann man mit Neuerungen rechnen – ist auch für den Unimog (Schlepper) ein vorzüglicher Frontschneepflug konstruiert worden, mit dem man quer durch Waldbestände fahren und dabei die Bodenflora freilegen kann. Für heide- oder grasbewachsene Böschungen, an Bestandesrändern oder an Geländeeinschnitten, die beim Muffelwild sehr beliebt sind, kann man ganz auf den Schneepflug verzichten. Man kettet statt dessen mehrere Grubenholzstangen ans Geschirr und schleppt entlang dieser Böschungen. Das geht sehr rasch und ist billig.

Nicht zu vergessen ist das Schneepflügen der Fernwechsel und der Hauptwechsel zu den Futterstellen sowie des Geländes um die Fütterungen, denn das Muffelwild steht den Gefahren und der Not der Schneeperiode hilfloser gegenüber als die Hirscharten. Hat man nicht sogleich einen Schneepflug zur Verfügung, so soll man sternförmig zu den Fütterungen Wechsel in den Schnee trampeln, um auf diese Weise dem Wild eine Erleichterung zu verschaffen.

Äsungsflächen

Die Gestaltung und Pflege eines Muffelwildreviers wäre nicht vollständig, wenn man, den Bedürfnissen dieser Wildart entsprechen, die Einrichtung von *Äsungsflächen* für die Vegetationszeit vernachlässigen würde. Wildschafe sind Grastiere; deshalb haben gesunde Grünflächen im Wald für das Muffelwild trotz seiner geringen Ansprüche im Vergleich zu anderen Wildarten einen besonderen Wert. Hinsichtlich der Behandlung und Ausnutzung dieser Flächen bestehen Unterschiede, so daß zur Begriffsbestimmung eine Erläuterung erforderlich erscheint: Die meisten Jäger nennen die Äsungsflächen *Wildwiesen* und verstehen darunter „Wildweiden, Wildäcker" und „Wiesen", die auch zur Heugewinnung geeignet sind. Dies ist nicht richtig, zudem können sich hieraus Irrtümer ergeben. Wir möchten unter *Äsungsflächen solche Wildweiden im Wald verstanden wissen,* die mit ausdauernden Gräsern und Kleearten hohen Futterwertes bewachsen sind, langfristigen Bestand haben und in erster Linie dem Wild zur freien Äsung zur Verfügung stehen sollen. Ein Mähen bzw. Nachmähen hat auf Äsungsflächen nur den Sinn einer Pflegemaßnahme, um überständige Gräser und Kräuter zu beseitigen, nicht aber planmäßig Winterfutter zu gewinnen. Artenzusammensetzung, Düngung, Größe und Lage sind also so zu wählen, daß möglichst wenig gemäht werden muß, der Aufwuchs vielmehr weitgehend unmittelbar abgeäst wird. Unter *Wiesen schlechthin* sind hingegen solche Dauergrünlandflächen (nach v. BLEICHERT 1963) zu verstehen, die ausschließlich der Mähnutzung zur Gewinnung von Winterfutter, insbesondere Heu dienen. Hierfür kommen also größere, ungeschütztere und an guten Straßen liegende Flächen in Frage, die günstige Voraussetzungen für mechanisierte, rationelle Ernte bieten. Außer Größe und Lage sind auch hier Artenzusammensetzung und Düngung dem Ziel der Mähnutzung anzupassen. Äsungsflächen entsprechen der Weide, Wiesen der Mähwiese im landwirtschaftlichen Sinne. Im Gegensatz zu den genannten zwei Arten von Dauergrünlandflächen werden *Wildäcker* in kurzfristigem Wechsel mit Ackerfrüchten bebaut und erfordern in der Regel jährlich neue Bodenbearbeitung und Ansaat.

Gut gehaltene, regelmäßig gedüngte und nachgemähte Äsungsflächen gewährleisten auch auf die Dauer für die meisten Wildarten eine ausgeglichene nähr-, mineral- und wirkstoffreiche Äsung von April bis November. Sie sind gegenüber der Unterhaltung von Wildäckern nachhaltiger, arbeitssparender und billiger. Im Grundsatz sollten in einem *Revier von 1000 ha geschlossener Waldfläche mindestens 10 ha Äsungsflächen* in sinnvoller Verteilung vorhanden sein, das ist einen Anteil von 1% des Waldreviers.

Vorsicht ist jedoch geboten gegenüber übermäßig feuchten und schattigen Lagen, in denen keine vollwertige Äsung wachsen kann und die wegen der Übertragung von Parasiten – insbesondere des Leberegels – dem Muffelwild besonders gefährlich werden können. Sind derartige Flächen im Revier, so ist ihre Melioration dringend geboten.

Für die Neuanlage von Äsungsflächen wird es in vielen Fällen genügen, 0,5 bis 1 ha große, vom Altholz geräumte Schläge in Einstandsnähe herzurichten. Stößt die mechanische Stubbenrodung aus Gelände-, Kosten- und anderen Gründen auf Schwierigkeiten, so kann man hierauf verzichten. Der Boden wird zwischen den Stubben z. B. mit einer Telleregge oder einem Grubber – je nach Bodenbeschaffenheit – möglichst stark verwundet, gekalkt, gedüngt und mit einem guten ausdauernden Gras-Klee-Gemisch angesät. Dieses Verfahren kann nach eigenen Beobachtungen mit gutem Erfolg durchgeführt werden, wenn auch das Mähen zwischen den Stubben gewisse Schwierigkeiten bereitet. Will man, um die laufenden Düngungs- und Mäharbeiten maschinell besser durchführen zu können, sofort stubbenfreie, ebene Flächen schaffen, so ist der Einsatz einer stärkeren Planierraupe (eventuell nach Ansprengen größerer Stubben und Steine) gewöhnlich am praktischsten. Es ist jedoch darauf zu achten, daß nicht mehr Mutterboden abgeschoben wird, als zur Entfernung der Stubben und zum Planieren unbedingt nötig ist. Auf „totem" Boden ist die Entwicklung der Ansaat anfangs gehemmt.

Hat man an anderen Stellen im Revier kleine Blößen oder verschwiegene Grasflächen von beispielsweise 100 bis 1000 m^2 Größe, so genügt es oft schon, sie zu düngen und nach Bedarf im Frühjahr bei der Schneeschmelze oder nach Abmähen im Juli etwas Weiß- oder Schwedenkleesamen auszustreuen. Besser wird auch in solchen Fällen vor der Nachsaat der Boden etwas verwundet (Egge, Hacke, eiserner Rechen usw.), um die Umwandlung in eine Äsungsfläche zu beschleunigen. Jeder Revierinhaber wird sich mit Interesse diesen Aufgaben widmen. Es kann aber nicht erwartet werden, daß er alle für die Anlage und Unterhaltung von Äsungsflächen notwendigen Kniffe beherrscht, die aus Gründen der Anpassung an Boden und Klima, Wasserverhältnisse und Wildarten beachtet werden müssen. Aus der immer wieder gemachten Erfahrung möchten wir deshalb empfehlen, hierbei Äsungsflächen- oder wenigstens Grünlandspezialisten als Berater zuzuziehen. Sie können über Vorbereitung, Bodenbearbeitung, Ansaat und Düngung im einzelnen am besten Auskunft geben.

Die für die örtlichen Verhältnisse richtige *Zusammensetzung des Saatgemisches* ist die neben Kalkung und Düngung wichtigste Voraussetzung für eine gute Äsungsfläche

(v. BLEICHERT u. a. 1963). Auch die Beschaffung einwandfreien Saatgutes von einer zuverlässigen Firma ist von entscheidender Bedeutung. Schon mit Rücksicht auf andere Wildarten, die hier ebenfalls ihren Anteil haben möchten, sind qualitativ gute Äsungsflächen anzustreben; denn Muffelwild allein wird es in einem Revier kaum geben. Bei richtiger Düngung und Pflege bedürfen solche Flächen viele Jahre keiner Neuanlage, so daß es sich schon lohnt, erstklassiges Saatgut zu verwenden. Als Anhalt für Ansaatmischungen möchten wir nachstehend zwei Beispiele anführen, die allerdings entsprechend der Bodenart und der Äsungsanforderung durchaus abgeändert werden können.

Ansaatmischung für Wildäsungsfläche, bezogen auf 1 ha (nach v. BLEICHERT)

für leichte, schwachsaure Böden in etwas trockener Lage		für mittelschwere bis schwere, nicht saure Böden mit ausreichender Wasserversorgung	
Weißklee	10 kg	Weißklee	10 kg
Schwedenklee	4 kg	Schwedenklee	4 kg
Hornschotenklee	3 kg	Hornschotenklee	1 kg
Wiesenschwingel	2 kg	Sumpfschotenklee	1 kg
Lieschgras	2 kg	Wiesenschwingel	8 kg
Knaulgras	6 kg	Lieschgras	5 kg
Weißes Straußgras	1 kg	Weißes Straußgras	2 kg
Deutsches Weidelgras	10 kg	Knaulgras	2 kg
Wiesenrispe	6 kg	Deutsches Weidelgras	1 kg
Rotschwingel	4 kg	Wiesenrispe	1 kg
Spitzwegerich	2 kg	Fruchtbare Rispe	1 kg
Schafgarbe	1 kg	Spitzwegerich	1 kg
		Goldhafer	10 kg
		Schafgarbe	2 kg
		Wiesenkümmel	2 kg

Die praktische Erfahrung lehrt, daß komplizierte Einzelmischungen der Saatmenge gar nicht nötig sind. Wir haben zum Beispiel mit einer groben Einteilung – *70% Weißklee und 30% Süßgräser* – hervorragende Erfolge gehabt. Es genügt also vollständig, wenn man auf den Hektar gut vorbereiteten Boden 20 kg Weißklee, 5 kg Deutsches Weidelgras und 5 kg Knaulgras sät. Der Weißklee wächst bekanntlich auch auf rohem, humuslosem Boden.

Ähnlich, aber in anderer Weise empfehlen JAHN-DEESBACH (1966) u. a. eine „Universalmischung" von 3 kg Weißklee, 2 kg Hornklee, 3 kg Wiesenrispe, 1,5 kg Straußgras, 7 kg Lieschgras und 7,5 kg Knaulgras – zusammen 24 kg je Hektar.

In jedem Revier wechseln die Bedürfnisse des Wildes. Es kann durchaus vorkommen, daß das Muffelwild den Weißklee vernachlässigt. Deshalb beobachte man sein Wild sorgfältig und richte sich danach!

Die Düngung soll vorweg aus etwa 2000 kg Hüttenkalk oder Kalkmergel je ha bestehen. Bei Verwendung von Ätzkalk (CaO) sind nur 1000 kg/ha zu geben. Die Kalkdüngung richtet sich natürlich hinsichtlich der Menge und der Wiederholung nach der Bodenbeschaffenheit (pH-Werte von 5,5–6,5, auf Moorböden 4,5 erstrebenswert!).

Bei manchen Böden wird eine Wiederholung der angegebenen Kalkung alle 5 Jahre genügen, bei anderen wiederum muß sie öfter erfolgen. *Jährlich* benötigen Äsungsflächen jedoch eine Grunddüngung mit Phosphat und Kali mit einem Gehalt von wenigstens 100 kg/ha Rein-Phosphorsäure (P_2O_5) und 160 kg/ha Rein-Kali (K_2O). Dem entsprechen z. B. etwa 700 kg Thomasmehl und 400 kg Kali (je ha) oder entsprechend 1000 kg Thomaskali (10 : 20) oder 700 kg Rhe-Ka-Phos (15/25) auf den Hektar. Bei Neuanlagen sind die doppelten Mengen an Phosphat und Kali nötig. Die Düngergabe soll vom Herbst bis spätestens zum Vorfrühjahr auf schnee- und frostfreien Boden vollzogen sein. Im Frühjahr oder nach dem ersten Nachmähen können bei Bedarf ca. 200 kg/ha Kalkammonsalpeter gestreut werden. Mit der Gabe von Stickstoff muß allerdings zurückhaltend umgegangen werden, da auf Stickstoff einseitig die Gräser im Wachstum sehr rasch reagieren, den Klee totwachsen und unnütze Nachmäharbeiten verursachen können. Es kommt aber darauf an, daß ein ausreichender Anteil des eiweiß- und mineralstoffreichen Klees erhalten bleibt, Stickstoffdünger gibt man deshalb zu Äsungsflächen nur dann, wenn diese durch starke Beäsung sehr beansprucht und dauernd kurz gehalten werden. Graswüchsige Flächen oder Flächenteile, die ohnehin vieler Nachmahd bedürfen, sind bei der Stickstoffdüngung auszusparen.

Das regelmäßige Mähen der Äsungsflächen ist sehr wichtig! Ist die Grasnarbe ganz oder stellenweise durch Abäsen nicht ausreichend kurz gehalten worden, so muß gemäht werden, um ein Nachwachsen junger Äsung zu ermöglichen und um den flachwüchsigen Kleearten ausreichend Luft und Licht zu verschaffen. Heute pflegt man zum Mähen, wenn irgend möglich, einen Schlepper mit Mähbalken (Unimog, Trecker oder Einachser) oder durch Pferde gezogene Mähmaschinen einzusetzen. Viel häufiger werden jetzt sogenannte Schlägelhäcksler verwendet, mit denen das Gras und der Bodenbewuchs „gemulscht" wird. Je frühzeitiger und häufiger man nachmäht oder häckselt, um so weniger ist man genötigt, den Grasschnitt abzuharken. Wo jedoch nach dem Schnitt eine kompakte Grasmenge dicht aufliegt, muß das Gras entfernt werden. Heuwerbung lohnt auf den Äsungsflächen im allgemeinen nicht. In manchen Fällen läßt sich der Grasschnitt aber für Silierungszwecke verwenden. Diese Möglichkeit sollte natürlich ausgenutzt werden.

Für Heu- und Silierungszwecke sind nun größere und weniger beäste eigentliche *Wiesen*, die oft sogar gegattert werden müssen, auszuweisen. Solche im Gegensatz zu Äsungsflächen vorwiegend der Mähnutzung dienenden Wiesen sind vor Beginn der Vegetation zur Beseitigung von Maulwurfshaufen usw. abzuschleppen und wie die Äsungsflächen zu düngen. Eine Gabe von 200 kg Kalkammonsalpeter je ha im zeitigen Frühjahr ist hier bei rechtzeitigem ersten Schnitt unbedenklich. Bei lockeren, aufgefrorenen Böden sind diese Wiesen auch zu walzen. Kalkarme Grasnarben können nach Aufeggen mit einer Kleenachsaat versehen werden. Früher erster Schnitt (zwischen Schossen und Blühbeginn der Gräser) und rasche Bergung sind entscheidend für gute Futterqualität.

Wildäcker

Der *Wildacker* erfordert eine feldmäßige Bearbeitung, Düngung und zumeist eine langfristige Gatterung. Für Muffelwild erübrigen sich Wildäcker im Revier, es sei denn, daß sie für die Erzeugung von Winterfutter, z. B. Markstamm- und Kuhkohlarten (Furchenkohl) Verwendung finden sollen. Wenn Wildäcker mit Süßlupinen, Seradella, Peluschken, Wicken, Saubohnen, Futterrüben, Kartoffeln oder Topinambur bestellt und nach vorübergehender Einzäunung dem Muffelwild freigegeben werden, so handelt es sich hierbei nicht um die Zurverfügungstellung natürlicher Äsung, sondern um eine Ankirrung, die womöglich der bequemeren Erlegung dienen soll. Abgesehen von gewissen Folgerungen im Hinblick auf eine zweifelhafte waidmännische Gesinnung, sind solche Futteräcker dem Muffelwild wegen einer falschen Geschmacksbeeinflussung auf jeden Fall abträglich. Die einzige, auch lohnende Form des Wildackers ist die der Ansaat von *Waldstaudenroggen oder Winterroggen* auf Feuerschutzstreifen oder anderen geeigneten Waldflächen. Bei einer Saat im September hat das Wild gute *Äsung vor allem in den Monaten Januar bis April,* in einer Zeit, die ohnehin zur äsungsarmen Periode im Wald gehört.

Fütterung

Die künstliche Fütterung des Wildes ist ohne Vorbehalte waidmännische Pflicht in der Zeit, wenn hohe Schneelage oder starker Harsch das Wild hindern, an den natürlichen Bewuchs des Bodens zur Äsungsaufnahme heranzukommen. Für die Notzeit ist ohnehin die Fütterung gesetzlich geboten, sie bleibt jedoch ein Behelf. Sie wird in manchen Revieren und in milden Wintern überflüssig, wenn das Wild die Annahme der Futterstellen vernachlässigt. Im übrigen soll die Winterfütterung das Wild auch an das Revier und seine Umgebung gewöhnen, die Vertrautheit fördern und dem Heger den verläßlichen Überblick über seinen Wildstand vermitteln. Nicht zuletzt bringt auch die Fütterung die Möglichkeit der Beigabe von gesundheitsfördernden Mitteln.

Nährstoffbedarf

Voraussetzung für die Bemessung der Futterrationen ist die Kenntnis des durchschnittlichen Nährstoffbedarfs, der in Beziehung zum Alter, zum Geschlecht, zum physiologischen Zustand des Tieres und zur Jahreszeit gesetzt werden muß. Der wirkliche Bedarf an Nährstoffen ist freilich sehr schwer zu identifizieren. Er ergibt sich aus einer ungehinderten Äsungsaufnahme in der natürlichen Umwelt. Er läßt sich qualitativ und auch quantitativ nicht so ohne weiteres beziffern. Eine große Anzahl von Pansenanalysen könnte einen guten Hinweis vermitteln, obwohl individuelle Unterschiede niemals vollkommen erfaßt werden können. Der Nährstoffbedarf ist auch nicht gleichbedeutend mit dem Futterbedarf, der sich wiederum aus dem Vorhandensein von Futter (Äsung) ergibt, das in einer bestimmten Situation zur Verfügung steht. Deshalb wird man in der Regel vom *Futterverbrauch* ausgehen müssen, der bei Fütterungsversuchen festgestellt und aus dem dann auch der *Nährstoffverbrauch* errechnet werden kann. Für die praktische Fütterung des Muffelwildes ist jedoch sehr wichtig, daß die Tiere nicht überfüttert werden. Die Menge einer prallen Pansenfüllung ist deshalb nicht dem Futterbedarf, erst recht nicht dem Nährstoffbedarf gleichzusetzen. Erfahrungsgemäß darf Muffelwild im Winter künstliches Futter etwa nur bis zur Zweidrittel-Sättigung erhalten. Den übrigen Futterbedarf soll es sich aus Naturfutter beschaffen. Damit wird gleichzeitig erreicht, daß die Tiere ausreichend in Bewegung bleiben, eine Notwendigkeit, die zu ihrer Gesunderhaltung unerläßlich ist.

Um nun aber eine Grundlage und einen gewissen Anhalt für den *Nährstoffverbrauch* des Muffelwildes zu haben, sind wir auf Untersuchungen, Beobachtungen und Erfahrungen angewiesen. Wichtige Ergebnisse verdanken wir den Arbeiten von Bubenik (1959), die nach umfangreichen Tierversuchen ermittelt worden sind. Aus den wichtigsten Feststellungen sollen nachstehend einige Daten – zum Teil auch nur auszugsweise – angeführt werden.

Die nachstehende Tabelle gibt eine Übersicht über den *Nährstoffverbrauch* des Muffelwildes verschiedener Geschlechter im Alter von 3–60 Monaten. Lämmer bzw.

Nährstoffverbrauch des Muffelwildes (Bubenik-Semizorová)

Alter in Monaten	3 bis 7		7 bis 11		11 bis 13		44 bis 48		48 bis 50		50 bis 52		52 bis 56		57 bis 60	
Geschlecht	Lämmer		Lämmer		Widder		Schafe (trächtig)		Schafe (säugend)		Widder		Widder		Widder (brunftig)	
Gewicht kg Durchschnitt	11,75–20,0 15,75		19,5–22,0 20,7		21,0–30,0 25,5		25,0–25,0 25,0		25,0–25,0 25,0		43,0–57,0 51,2		55,5–56,5 56,0		49,5–51,5 50,5	
Nährstoffverbrauch	∅	min	∅	min	∅	min	∅	min	∅	min	∅	min	∅	min	∅	min
Trockensubstanz	775	620	620	570	717	640	825	510	1046	710	1790	1620	1040	800	940	560
Roheiweiß	104	70	71	53	72	49	62	36	113	59	149	138	93	73	72	44
P_2O_5	11,5	9,3	8,3	(60) 5,6	8,1	4,7	6,0	(36) 3,0	8,4	(56) 6,0	13,8	(135) 12,8	(100) 16,9	6,1	6,7	4,6
CaO	7,2	4,9	5,0	2,9	2,9	2,3	3,1	(2,0) 1,9	2,6	(2,7) 1,1	6,5	3,7	7,9	3,7	3,0	1,3
Fett			62,5	40,0			34,4	(3,5) 25,0	60,8	(5,0) 35,0	81,0	77,0	46,0	38,0	37,3	25,0
für 100 kg Lebendgewicht																
Trockensubstanz	4900	3940	3130	2880	2810	2500	3200	2000	4200	2840	3240	3180	1890	1450	1870	1120
Roheiweiß	665	580	356	267	279	192	250	140	453	236	290	269	170	133	143	88
P_2O_5	73	66	42	28	32	18	24	12	34	24	27	(240) 25	(180) 13	9	13	9
CaO	46	31	26	14	11	9	15	7	10	5	13	7	14	7	6	3
Fett			315	202			137	100	234	140	159	151	83	40	75	50

Zahlen in Klammern stellen den bei Hausschafen festgestellten Nährstoffbedarf dar.

Jährlinge verbrauchen im ersten Winter und zu Frühjahrsbeginn täglich etwa 600–650 g Trockensubstanz mit 8 bis 9 Prozent Eiweiß, 0,75 bis 1,00 Prozent P_2O_5 und 0,36 bis 0,5 Prozent CaO, um sich ungestört entwickeln zu können.

Trächtige Schafe weisen nach Bubenik erst 6 Wochen vor dem Setzen einen geringfügigen Gewichtszuwachs auf, obwohl ihr Nährstoffverbrauch zu dieser Zeit zunimmt und den der doppelt so schweren Muffelwidder erreicht. Nach dem Setzen ist der Nährstoffverbrauch noch größer, weil die Mutterschafe täglich etwa 550 ml Milch abgeben müssen, wobei sie die entsprechende Milchproduktion für 30 g Eiweiß zu leisten haben.

Da die Schafe gewöhnlich im April setzen, kommt es vor, daß zu dieser Zeit, insbesondere bei anhaltendem Winter, keine ausreichende Äsung im Revier zu finden ist und daß ein Abbau der Körperreserven stattfindet, um den Nährstoffgehalt der Milch und die Milchleistung aufrechterhalten zu können. Deshalb sollte in Muffelwildrevieren in diesem Zeitabschnitt für entsprechende Futterdarreichung gesorgt werden, damit ausreichende Nährstoffe für die Mutterschafe zur Verfügung stehen.

Milchleistung der Mutterschafe, ermittelt aus Eiweiß- und Trockensubstanzgehalt bei künstlicher Fütterung

Säugeperiode Tag	Tägliche Gewichts-zunahme g	Gewichts-unterschied g	Eiweiß-verbrauch g	Trocken-substanz-verbrauch g	Milch-verbrauch ml
10. bis 20.	120	3 600 – 4 800	24,4	104,0	400
21. bis 30.	115	4 900 – 6 050	28,2	121,0	500
31. bis 40.	125	6 050 – 7 300	43,8	178,0	700
Durchschnitt	120		32,1	134,0	533

Ausgangszahlen: Durchschn. Eiweißgehalt 6,5%, Trockensubstanz 25,0% der Muffelmilch (Bubenik)

Nach den Untersuchungen von Bubenik (1959) konnte bei *erwachsenen Widdern* kein direkter Einfluß der Brunftzeit (November–Dezember) auf die Futteraufnahme bzw. Futterverwertung beobachtet werden. Gleichwohl werden bei Widdern in freier Wildbahn die Feistvorräte während der Brunft fast vollständig abgebaut. Diese Tatsache kann in Verbindung mit erschwerter Futtersuche in den Folgemonaten Januar–Februar für die stark abgebrunfteten Widder verheerende Folgen haben. Bubenik kommt zu dem Ergebnis, daß für einen erwachsenen Muffelwidder bei gemäßigtem Winter als Erhaltungsbedarf mindestens

1000 g Trockensubstanz mit 75 g Eiweiß täglich

notwendig sind. Es wird auch vermutet, daß ein gewisser *Kobaltbedarf*, ähnlich wie bei Hausschafen, vorhanden ist, um womöglich einen Vitamin-B_{12}-Mangel auszugleichen.

Für die *tägliche Fütterung von 10 Stück Muffelwild* schlägt Bubenik durchschnittlich 8000–10000 g Trockensubstanz mit 9 Prozent Eiweiß vor. Dieser Anspruch würde für die Fütterungsperiode von November bis April von folgender Futterzusammensetzung etwa erfüllt:

Kraftfutter	1000 – 2000 g
Heu-Laubheu-Mischung	8000 – 10000 g
bzw. Waldsilage	13000 – 16000 g

Nach eigenen Erfahrungen über eine praktische Fütterung im Revier hat sich bewährt:

1. Im Grundsatz soll das Wild künstlich nur dann gefüttert werden, wenn es Not leidet. Vorbereitungen und Bevorratung mit Futter für den Winter sind jedoch stets rechtzeitig zu vollziehen.
2. Der *tägliche Bedarf an Erhaltungsfutter* je Stück beträgt im Vergleich zu anderen Wildarten:

Wildart	Stärke-einheiten	verdaul. Eiweiß g	Grünfutter kg	Heu kg	Rüben kg	Kraftfutter kg
Rotwild	1 000	200	12	3,0	5,0	1,0
Damwild	450	80	7	1,5	2,5	0,7
Muffelwild	400	70	5	1,2	2,0	0,5
Rehwild	280	50	3	0,7	1,7	0,3
Hase	120	20	1,2	0,3	0,8	0,1

Statt Rüben können auch Möhren, Silage oder Kuhkohl, als Kraftfutter Hafer, Weizenkleie und Mais(schrot) gegeben werden.

3. Als *Zusatzfutter* eignen sich: Kastanien, Eicheln, Obst, Vogelbeeren, die auch Anlockwirkung besitzen – aber auch Troblako (getrocknetes Zuckerrübenblatt) und Rübenschnitzel (im Handel heute in Preßlingen).
4. Heu ist, soviel vom Wild genommen wird, zu geben, es muß jedoch von vorzüglicher Qualität sein.

Welche Futterarten und welche Futtermenge man für die Winterfütterung von 10 Stück Muffelwild in freier Wildbahn im Durchschnitt zur Verfügung haben muß, ist aus der nachstehenden Übersicht zu entnehmen.

Futterbedarf für 10 Stück Muffelwild im Winter

Futterarten		Für 1 Stück Muffelwild: je Tag kg	Für 1 Stück Muffelwild: Dezember–März 120 Tage kg	Für 10 Stück Muffelwild: auf 120 Tage kg	Für 10 Stück Muffelwild: Beschaffungskosten (1981) DM
Rauhfutter	Heu	1,2	144	1 440	ca. 430,–
Saftfutter	Runkeln, Möhren, Silage	2,0	240	2 400	ca. 180,–
Kraftfutter	Preßlinge, Haferschrot, Weizenkleie, Mais	0,3	27 (90 Tage)	270	ca. 150,–
Zusatzfutter	Kastanien	0,2	24	240	ca. 28,–
	Eicheln	0,2	24	240	ca. 48,–
Für 10 Stück Muffelwild ca. 880,– DM; für 1 Stück Muffelwild ca. 88,– DM					

Genauer gerechnet, müßte die Heuration vom 1. November an, also 30 Tage mehr und das Saftfutter für etwa 15 Tage mehr (15. November) angesetzt werden. Da meistens mit Kraftfuttergaben erst Anfang Januar begonnen zu werden braucht, diese sich aber mit Unterbrechungen bis Mitte April hinziehen, in einer Zeit, in der das Wild normalerweise natürliches Rauhfutter im Revier findet, sind wegen des Ausgleiches in der Übersicht keine Abstufungen vorgesehen.

Das Zusatzfutter kann in gewissen Zeitabständen als Ergänzung zum Kraftfutter gegeben werden. Das Verabreichen aller Futterarten – auch gerade des Saftfutters – soll sich in den täglichen Dosierungen der Wetterlage anpassen, um stets dem Bedürfnis der Tiere Rechnung zu tragen.

Die beste *gesundheitsfördernde Maßnahme* bei der Fütterung des Muffelwildes ist die Darreichung *abwechslungsreicher Futtermittel.* Einseitige Fütterung z. B. von Bohnen, leicht verderblichen ölhaltigen Früchten oder Schroten können Störungen des Organismus, ja sogar Lähmungen hervorrufen; auch zu hohe Dosierungen konzentrierter Kraftfutterarten sind schädlich. Eine sinnvolle Saftfuttergabe zur Wasserversorgung, gutes Heu und einem Pfund (0,5 kg) Kraftfutter je Tag und Stück Wild in der Notzeit sowie gelegentlich etwas Zusatzfutter reichen normalerweise für das Muffelwild aus. Es sei noch einmal hervorgehoben, daß – selbst wenn man es sich finanziell leisten könnte – nicht bis zur vollen Sättigung gefüttert werden soll. Ebenso muß davor gewarnt werden, z. B. Hafergarben darzureichen, da hierdurch eine Gewöhnung an die Feldäsung und womöglich ihre Bevorzugung entstehen könnte. Die Naturäsung muß stets den Grundstock der Wildäsung bilden. Auch soll das Wild gerade bei hohen Frostgraden möglichst viel auf den Läufen bleiben und zur Fütterung einen längeren Anmarschweg zurücklegen. *Medikamente* können stoßweise auch mit den Futtermitteln verabreicht werden. Hierüber wird in dem Abschnitt „Wildkrankheiten" (s. S. 123) berichtet.

Futtermittel

Bei den Futtermitteln unterscheiden wir: *Anlockfutter und Ernährungsfutter.* Hierzu gehören Rauhfutter, Saftfutter, Kraftfutter, Zusatzfutter und *Salze.*

Anlockfutter soll den Zweck haben, das Wild rechtzeitig an die Futterstelle zu gewöhnen. Außer Roßkastanien, Eicheln, Vogelbeeren, Obst und Trester sind auch Rosinenabfälle, Mistelzweige und Malzkeime sehr beliebt. Malzkeime sollen von heller, gelblicher Farbe sein, dunkle sind meistens zu stark erhitzt und dann im Geschmack geringwertig. Anis und Fenchel werden zur Geschmacksverbesserung von Mischfutter, zum „Anwittern" von Salzlecken und zur Förderung der Aufnahme von Medikamenten verwendet.

Das wichtigste *Ernährungsfutter* ist das *Heu.* Als *Rauhfutter* gibt es gerade für Wildschafe die Ernährungsgrundlage für die Winterfütterung überhaupt. Entscheidend ist allerdings die Qualität. Schlechtes Heu wird gar nicht oder nur teilweise angerührt. Nach der Blüte geworbenes, verregnetes Heu oder Grummet von schattigen Waldwiesen mit minderwertiger, saurer Flora ist ziemlich wertlos, gewöhnlich auch zu hart. Feucht eingebrachtes Heu schimmelt, seine Ernährungsstoffe verderben und es kann sogar gesundheitsschädigend wirken. Bei einer Eigenbereitung von Heu soll man sich deshalb von vornherein darüber im klaren sein, ob die Trocknung, die Einbringung oder das Reutern normalerweise auch gelingt. Viele Revierinhaber sind deshalb heute wegen des Risikos dazu übergegangen, *gutes Luzerne-, Klee- oder Bergheu auf rechtzeitige Bestellung hin zu kaufen.* Die richtige Beurteilung der Heuqualität ist nicht leicht. Es empfiehlt sich, von erfahrenen Landwirten Rat einzuholen. Die Bevorratung mit Heu – wenn es wirklich gut ist, wird es vom Wild auch relativ mehr genommen – muß im Frühherbst für einen Durchschnittswinter vollzogen und in die Stadel eingebracht sein.

Laubheu – d. h. vor Abschluß der Vegetation getrocknete Laubzweige von Weiden, Aspen, Himbeeren, Eschen, Birken, Ulmen und anderen Laubbäumen – besitzt hervorragende Nährstoffe. Leider ist seine Werbung sehr arbeitsintensiv, so daß es meistens nur als zusätzliches Rauhfutter Verwendung finden wird. Mit besonderer Vorliebe werden auch Beerkraut, Beifuß und getrocknete Disteln genommen. Wenn man derartiges Rauhfutter beschaffen kann, mischt man es am besten unter das Wiesen- oder Luzerneheu.

Als *Saftfutter* kommen in erster Linie die Rübenarten in Betracht, von denen die Möhren, Runkeln (Futterrüben) und die sogenannte Gehaltsrübe bevorzugt werden. Für diese Futterart lohnt sich die Herrichtung von Mieten – oder noch besser von Rübenkellern. Die *Markstamm- und Kuhkohlarten* – z. B. der Westfälische Furchenkohl – eignen sich weniger zur Einkellerung, da sie einen zu großen Raum beanspruchen. Dafür wird aber der Markstammkohl auf gegatterten Wildäckern angebaut, solange der Vorrat reicht, abgeerntet und in der Nähe des Wildackers nach Bedarf ausgelegt. Der Kohl hat einen hohen Nährwert, er ist frostunempfindlich und läßt sich beispielsweise bis Januar/Februar verfüttern.

Eine schädigende Wirkung von gefrorenen Rüben und von Kohl konnte bisher nicht festgestellt werden. Allerdings soll man das Saftfutter nur grob zerstückeln, da kleine zu Eisklumpen gefrorene Brocken hinuntergewürgt und gefährlich werden können.

Frisches *Zuckerrübenblatt,* das in den Monaten Oktober/November zur Verfügung steht, sollte – auch für andere Schalenwildarten – nur einige Male verabreicht werden. Das zuckerartige Blatt wirkt laxierend, sollte als Futterstoß und nur zur Verdauungsförderung gegeben werden.

Zum Saftfutter gehört auch die *Silage.* Sie kann einen vorzüglichen Nährwert haben, wenn die Silierung fachgerecht durchgeführt wird und man die hierfür notwendigen Kniffe beherrscht. Wer keine Erfahrung damit hat, muß sich beraten lassen. Als Hinweise sollen die nachstehenden Stichworte dienen:

Behälter	*Bestückung*	*Zusätze*	*Luftdichter Abschluß*
Betonsilo	Obsttrester	Amasil-flüssig	durch Spreu,
Erdgrubensilo	Rübenblätter	Amasil-Streusalz	darüber 4 cm
Knotengittersilo	Markstammkohl	Spurosil	Lehmschicht
Hartfaserplattensilo	Kleegras	Kofusil	Preßdeckel
Vakuumsilo	Topinamburblatt	Torfmelasse	Plastiksäcke mit
	Biertreber	2% Futterzucker	Wasser gefüllt
	Kartoffeln gedämpft	4% reine Melasse	

Zu beachten ist außerdem:

Möglichst nicht nasses Grünfutter einsilieren, abends mähen, am nächsten Morgen nach Abtrocknen silieren, grobes Futter häckseln, von Anfang an Grünmaterial im Silo festtreten, stets Silo auf einmal vollfüllen, hierfür Siloaufsatz zum Füllen und Nachpressen benutzen, Luft muß aus Grünmaterial schnell und radikal ausgetrieben werden, nicht zu kleine Mengen entnehmen, Inhalt des Silos in einer Fläche stechen und verbrauchen, um die dem Luftzutritt ausgesetzte Fläche möglichst klein zu halten, Silage darf an Muffelwild wegen der Gefahr der Übersäuerung täglich nur in kleinen Mengen verfüttert werden!

Kraftfutter braucht an Muffelwildfütterungen nur in der Hauptfütterungsperiode dargereicht zu werden, also nach Eintritt anhaltenden Frost- und Schneewetters. Die Periode setzt im westdeutschen Klima selten vor Dezember/Januar ein, in einer Zeit, in der die Widder nach beendeter Brunft in ihrem Ernährungszustand wieder aufholen sollen und die beschlagenen Schafe von Monat zu Monat bis in den April hinein nährstoffbedürftiger werden.

Von den *Kraftfuttermitteln* wird heute eine große Anzahl maschinell gemischter und gepreßter „Fertigfutter" angeboten. Die Idee, das Futter in Preßlingsform den Tieren anzubieten, ist ausgezeichnet, die Verwirklichung jedoch nicht ganz einfach. Nach unseren Erfahrungen werden die Preßlinge, wenn sie für die betreffende Wildart eine gefällige Form – etwa in Größe einer Eichel – haben, vom Muffelwild (auch von anderem Schalenwild) durchaus bevorzugt. Die äußere Form des Futters kann, wie wir aus den Ergebnissen geschmacksphysiologischer Untersuchungen bei Tieren wissen, für die Aufnahme eine entscheidende Rolle spielen. Die gefällige Größe wird zunächst sogar dem Geschmack, auf jeden Fall aber dem Brei oder dem Mehl vorgezogen. Es kommt bei der üblichen Krippenfütterung auch darauf an, daß das Tier jeweils einen Äser voll gleichartigen Futters aufzunehmen in der Lage ist, da das wiederholte Abdrängen vom Futter eine ungestörte Versorgung ausschließt. Für das Wild werden verschiedene Spezialpreßlingfutter hergestellt. Wenn man auch voraussetzen muß, daß die Zusammensetzung mit der Analyse – die natürlich auch nachprüfbar ist – übereinstimmt, so weiß der Revierinhaber aber noch nicht, ob die vielen Einzelstoffe idealer Mischung, womöglich noch mit „Spurenelementen", im Tiermagen wirklich so aufgeschlossen und für den Stoffwechsel im Körper so ausgenutzt werden können, wie dies der ursprünglichen Vorstellung des „Futterkonstrukteurs" entspricht. Klima, insbesondere Sonnenbestrahlung im Lebensraum des Wildes und viele andere Wirkungen haben hierbei Einflüsse, die noch nicht alle erforscht sind. Hinzu kommt, daß durch den Preßvorgang bei der maschinellen Herstellung des Futters, durch Erhitzung, Glasur u. a. m. die Stoffwerte ebenfalls beeinflußt werden können. Außerdem besteht für das ideale Futter eine begrenzte Lagerfähigkeit – eine ganze Reihe von Unsicherheitsfaktoren, die sich aber durch weitere Versuche vermindern, wenn nicht beseitigen lassen müßten. Einige Beispiele verschiedener Futterzusammensetzungen von Handelsmitteln als Spezial-Wildfuttersorten:

A. 7-mm-Preßlinge (20% Rohprotein, 4% Fett)

22%	Sesamexpeller	8%	Trockenschnitzel
12%	Mais, geschrotet	5%	Weizenkeime
13%	Weizenkleie mit Wirkstoffpräparat	5%	Zuckerrübenmelasse
12%	Kokosexpeller	3%	Mineralstoffmischung mit Spurenelementen
12%	Leinkuchenexpeller		
8%	Luzernegrünmehl		

B. 12-mm-Würfel (29% Rohprotein, 7% Fett)

35% Kokoskuchenexpeller, zerkleinert
30% Erdnußkuchenexpeller, zerkleinert
25% Leinkuchenexpeller, zerkleinert
10% Mineralstoffmischung, bestehend aus

57 %	phosphorsaurem Futterkalk	1,5%	Spurenelemente (Fe, Cu, Mn, Co, Zn, J im Verhältnis 5:3,4:2:0,17:0,2:0,2
22 %	Viehsalz	1,2%	Vitamin A, D_3, E-Konzentrat, gebunden an Weizenbollmehl
7,5%	Weißer Ton (Bolus alba)		
5 %	Magnesiumoxyd		
1,8%	Würzstoffe (Anis, Fenchel, Bockshornsamen)		

C. 12-mm-Würfel (18% Rohprotein, 1% Fett)

15% Haferschrot	10 % Weizenkleie
15% Sonnenblumenschrot, extrahiert	9,8% Haferschälkleie
15% Trockenschnitzel, zerkleinert	5 % Melasse
15% Kokosschrot, extrahiert	5 % Mineralstoffmischung III a
10% Sesamkuchen, zerkleinert	0,2% Vitamine A + D_3 Konzentrat

D. 12-mm-Würfel (26% Rohprotein, 7% Fett)

70% Sesamkuchen, zerkleinert	5 % Mineralstoffmischung III a
10% Trockenschnitzel, zerkleinert	4,8% Weizenkleie, palmölgetränkt
5% Haferschälkleie	0,2% Vitamine A + D_3 Konzentrat
5% Melasse	

Aus den vorstehenden Analysenbeispielen geht das Bemühen hervor, eine optimale Kraftfutterzusammensetzung zu konstruieren. Nach unseren Beobachtungen ist jedoch der Phosphor- und Kalkanteil für die Wildfertigfutter nicht ausreichend bemessen, während der Fettanteil relativ hoch liegt. Ein Kraftfutter würde dem Ernährungsbedarf des Wildes im Winter dann etwa entsprechen, wenn es eine ausgewogene Zusammensetzung auch hinsichtlich des Kalk-, Phosphor- und Mineralstoff-Spurenelementanteils besitzt, wie er in dem nachstehenden Beispiel E entworfen worden ist:

E. 10-mm-Preßlinge (20% Rohprotein, 3% Fett)

15% Sesamexpeller (oder Ersatzfutter)	5% Luzernegrünmehl
15% Sojaschrot	10% Brühschnitzel
25% Weizenkleie mit Melasse	5% Mineralstoffmischung mit Spurenelementen
25% Haferschrot	

Erstaunlich ist jedoch die Tatsache, daß das Futter aus dem Beispiel A eine außerordentlich glückliche Zusammensetzung aufgewiesen haben muß. Es wurde nicht nur auffällig gern vom Rehwild genommen – und dies ist meistens ein Weiser – sondern es hatte auch auf die Entwicklung eines Widderlammes und Jungwidders nachweislich eine ungewöhnlich fördernde Wirkung auf Habitus und Schneckenwachstum in einem Gehegeversuch.

Die meisten Mineralstoffmischungen haben wahrscheinlich nur eine Resorbierbarkeit von etwa 60 Prozent. Wenn also ein Stück Wild 50 g dieser Mischung als Futterzusatz erhält, werden von ihm tatsächlich nur 30 g ausgenutzt. Eine bessere Resorbierbarkeit (bis 80 Prozent) vermutet man aus den Mineralstoffen, die als Doppelverbindungen (Dicalciumphosphat, Dinatriumphosphat usw.) hergestellt werden, wie dies bei neuen Präparaten bereits der Fall ist.

Die Notwendigkeit der Darreichung eines Mineralstoff-Spurenelement-Gemisches für unser Wild haben Bubenik (1959) und Lindner (1963) u. a. empfohlen und auf die lebenswichtigen Funktionen der Elemente Kobalt, Kupfer, Mangan, Zink und Jod bei der Tierernährung hingewiesen. Gleichwohl ist eine gesonderte Gabe derartiger Mangelstoffe an das Wild in Pulver- oder Tablettenform nicht sinnvoll, da diese nicht einer natürlichen Äsung entsprechen. Es wäre deshalb besser, wenn die erfahrungsgemäß fehlenden Stoffe in dem Kraftfuttergemisch bereits enthalten sind. Aus diesen Gründen kommt für eine praktische Fütterung im Revier dem einwandfrei gefertigten Preßling- oder Würfelfutter tatsächlich eine große Bedeutung zu.

Hat man kein Preßlingfutter zur Verfügung, so erfüllen *Haferschrot, Weizenkleie und*

Mais zu gleichen Teilen gemischt – oder auch im Wechsel dargereicht – als Kraftfutter durchaus ihren Zweck: ..., und hier weiß man, was man hat! Mais besitzt überdies den großen Vorteil, daß er lange Zeit lagerfähig bleibt und gelegentlich auch breitwürfig ausgestreut werden kann, um größere Rudel besser zu versorgen.

Als *Zusatzfutter* kommen außer Eicheln, Kastanien und den verschiedensten Anlockfutterarten auch Produkte, die bei der Zuckerfabrikation anfallen, in Betracht. Da es stets darauf ankommt, dem Wild, auch dem anspruchslosen Muffelwild, *abwechslungsreiches Futter* darzubieten, soll man, je nach Wetterlage und Gesundheitszustand der Tiere, Troblako und gelegentlich auch Rübenschnitzel dem Kraftfutter beimischen.

Derjenige, der die Fütterungen beschickt, muß ohnehin durch regelmäßige Beobachtung und Zählung des Wildes – auch der „Nachkömmlinge" – die Futterversorgung sinnvoll einteilen, den Bedarf schätzen und mit der Durchschnittsration vergleichen, mit Anpassungsvermögen und Verständnis, ja, mit etwas Liebe den „Tisch decken".

Das *Salzbedürfnis der Tiere* ist aus der Viehfütterung bekannt. Jeder Jäger weiß, wie gern Salzlecken vom Wilde – insbesondere in der Verfärbezeit im Frühjahr – angenommen werden, um daraus eine die Verdauung fördernde Würze zu entnehmen. In Wirklichkeit entsteht das Salzbedürfnis durch mannigfaltige Vorgänge des Stoffwechsels im Körper des Wildes und der Tiere, die nicht nur durch die Nahrungsaufnahme, sondern auch durch Umweltfaktoren, insbesondere das Klima, beeinflußt werden.

Die verschiedensten traditionellen und selbstentwickelten Methoden der Salzgabe sind in den Revieren üblich. Die einen Jäger bevorzugen Pflocksulzen oder nageln die Salzsteine an Bäume, Stubben oder Pfähle in der Nähe von Wechseln an, die anderen stellen sich Lehmsulzen selbst her aus einem Teil kohlensaurem Futterkalk, einem Teil zweibasisch-phosphorsaurem Kalk, zwei Teilen Kochsalz, fünf Teilen Kochsalz, fünf

Abb. 67. Muffelwildlamm auf einem Kasten mit Salzleckstein (Phot. Tilgner)

Teilen Lehm und einem Teil Mineralstoffmischung und praktizieren die Mischung in hohle Stubben oder in Kisten. Im Handel werden Salzlecksteine in großer Anzahl angeboten als Naturkupfersalzlecksteine, Pfannensteine u.a.m. Wesentlich ist vor allem, daß dem Wild Salz – das heißt NaCl – zur Verfügung gestellt wird. Es ist ein weitverbreiteter Irrtum, wenn man glaubt, mit einer Salzlecke auf die Dauer gleichzeitig Medikamente verabreichen zu können. Medikamente müssen stoßweise gegeben werden (vgl. S. 124), sonst verfehlen sie ihre Wirkung. Aus einem Salzleckstein werden Zusatzstoffe infolge der Witterungseinflüsse alsbald ausgewaschen. Nach unseren Erfahrungen haben sich die „Pfannensteine", Meersalzlecksteine und auch die sogenannten „Kupfersalzlecksteine", die auf Pfählen angebracht worden sind, auf lange Sicht hin am besten bewährt. Pfannensteine fallen als Abfallprodukte der Salinen an. Sie bestehen aus schwerlöslichen Mineralsalzen, Kochsalz und Gips. Den Reichenhaller Pfannensteinen wird ein besonders hoher Anteil an Spurenelementen nachgesagt. Für die Auslage der Salzsteine im Revier werden weißgeschnitzte derbe Pfähle eingelassen, die 1,80 m aus dem Erdboden ragen und am oberen Ende durch festgefügte Hölzer korbartig für die Aufnahme des Lecksteins hergerichtet sind. Sie machen dem Wilde ein direktes Erreichen, Fortschleppen oder Zerstören der Brocken durch Sauen unmöglich. Statt dessen leckt das Wild lediglich das vom Regen aufgelöste und am Holz auskristallisierte Salz und ist mithin auch nicht durch übertriebene Salzaufnahme gefährdet. Zu warnen ist vor dem Einklemmen von Salzbrocken in die aufgespaltenen Enden von Pfählen. Das Wild klettert gern am Pfahl empor und gerät dabei mit dem Lauf in den Spalt. In Stubben- oder Kistensulzen soll man in der Mitte einen Pfahl einschlagen, um den Fuchs daran zu hindern, hier seine Losung abzusetzen. Richtigerweise soll man bei dem Salzleckstein bleiben, an den sich das Wild im Revier gewöhnt und der sich auch bewährt hat. Im übrigen braucht das Muffelwild – wie auch andere Schalenwildarten – beim Annehmen der Salzlecken Zeit und Ruhe, denn es ist ja nicht so, daß sich das Wild auf das Salz stürzt wie auf eine Kraftfutterkrippe.

Für den Jäger gehört zu den schönsten Wildbeobachtungen, auch in tierpsychologischer Hinsicht, wenn z. B. ein Schaf mit Lamm am Wiesenrande äst, mehr oder minder gesättigt, gelangweilt erscheinend, die am Dickungsrande aufgestellte Salzlecke aufsucht, das Salz am Pfahl leckt, sich den Träger reibt, das Lecken wiederholt, sichert, mit einem Stolzbewußtsein zum Lamm herüberäugt, das dann auch neugierig der Mutter folgt, Unterricht im Salzlecken nimmt, dann aber doch die Muttermilch – und zwar energisch – vorzieht. Idyllbilder natürlicher Gelassenheit, bei deren Anblick man die Gedanken der Tiere zu erraten versucht... An Salzlecken soll es kein Gedränge oder Schlangestehen geben,deshalb müssen sie, unter Berücksichtigung dieser Voraussetzungen, sinnvoll verteilt im Revier ausgelegt werden. Selbstverständlich sollen auch in der Nähe von Fütterungen Salzlecken nicht fehlen. Hierbei ist aber zu beachten, daß während der Frostperiode, in der die Wasseraufnahme erschwert ist, Salzlecken nicht beschickt werden dürfen, die Steine sogar entfernt werden müssen. Erst mit Beginn der Vegetation sind die Salzlecken wieder zu erneuern.

Wichtige Voraussetzung bei dem Vorhandensein von Salzlecken ist die *Möglichkeit der Wasseraufnahme.* Wir wissen, daß Wild normalerweise den Wasserbedarf aus der Äsung und der Tau- oder Regennässe deckt. Bei einer Salzaufnahme benötigt Wild aber zusätzlich Wasser, wo es schöpfen kann. Ideal sind natürlich fließende Gewässer im Revier, die selten einfrieren. Durch Stauanlagen, die auch provisorisch sein können, läßt sich der Wasservorrat erweitern, durch Überlaufrohre regulieren und vor dem Einfrieren schützen. In extremen Fällen, z. B. auch in Gehegen, müssen Petroleum- oder Propangas-

Öfen in den Boden eingelassen werden, die entsprechende Wasserbehälter wenigstens 12 Stunden heizen, wenn auf andere Weise Wasser nicht zu beschaffen ist.

Fütterung in Gehegen

Wenn Muffelwild in kleineren Gehegen gehalten wird, ist eine ganzjährige, künstliche Fütterung erforderlich. Nach unseren Erfahrungen hat sich die Verabreichung eines abwechslungsreichen Futters bewährt, wie sie in der nachfolgenden Tabelle – mit dem Vergleich zu anderen Wildarten – festgehalten ist.

Plan für die jährliche Fütterung von Wild in Gehegen (Kostensätze 1981)

			Durchschnittlicher Futterbedarf für 1 Stück									
			Muffelwild		Rotwild		Damwild		Rehwild		Schwarzwild	
Futter	DM/ 100 kg		pro Tag	pro Jahr	pro Tag	pro Jahr	pro Tag	pro Jahr	pro Tag	pro Jahr	pro Tag	pro Jahr
Kraft-futter Type I (leicht)	50,–	an...Tagen		220		220		220		220	Startfutter	100
		Bedarf kg	0,5	110	1,0	220	0,7	150	0,3	70	0,3	30
		DM	0,25	55,–	0,50	110,–	0,35	75,–	0,15	35,–	0,15	15,–
Kraft-futter Type II (stark)	58,–	an...Tagen		140		140		140		140	Mastfutter	100
		Bedarf kg	0,5	70	1,0	140	0,7	100	0,3	40	0,5	50
		DM	0,29	41,–	0,58	81,–	0,41	58,–	0,17	23,–	0,30	30,–
Mais	54,–	Bedarf kg		10		30		20	geschrotet	10		200
		DM		5,–		16,–		11,–		5,–		108,–
Runkeln	7,–	an...Tagen		180		180		180		180		180
		kg	2,0	360	5,0	900	2,5	450	0,5	90	5,0	900
		DM	0,14	25,–	0,35	63,–	0,17	32,–	0,4	7,–	0,35	63,–
Rüben-schnitzel	34,–	an...Tagen		100		100		100		—		100
		kg	0,2	20	0,5	50	0,3	30	—	—	0,2	20
		DM	0,07	7,–	0,17	17,–	0,10	10,–	—	—	0,07	7,–
Heu	30,–	an...Tagen		360		360		360		140	Grünfutter	
		kg	1,0	360	2,0	720	1,0	360	0,5	70		100
		DM	0,30	108,–	0,60	216,–	0,30	108,0	0,15	21,–		30,0
Mineralstoffe und Medikamente		DM		12,–		20,–		12,–		5,–		5,–
Sonstiges (Eicheln, Kastanien, Salzlecken usw.)		DM		20,–		30,–		25,–		12,–		50,–
		Kosten rd. DM		270,–		550,–		330,–		110,–		300,–

Inwieweit die Fütterung mit dem sogenannten *Sesamkuchen* die Konstitution des Muffelwildes sowie das Wachstum der Schnecke bei den Widdern vorteilhaft zu beeinflussen vermag, ist noch nicht eindeutig geklärt. Wahrscheinlich ist dieses hochkonzentrierte Kraftfutter ein Zuviel für das normalerweise genügsame, an Grasfutter gewöhnte Muffelwild. Sesam wird im allgemeinen heute als sog. *Expeller* (Extraktions- und Trichter-Preßverfahren) mit der Herkunft zumeist aus Pakistan und Indien geliefert. Der indische Sesamexpeller mit einem Eiweiß-Fett-Gehalt von etwa 43 Prozent ist besonders hochwertig. Der Preis von 110,– DM/100 kg dürfte natürlich recht aufwendig sein, deshalb kommt eine Fütterung mit Sesam an Muffelwild nur in Ausnahmefällen – z. B. zur Kräftigung kranker Stücke in Gehegen – in Frage.

Futterplatz

In den meisten Revieren wird es sich nicht vermeiden lassen, daß verschiedene Wildarten, die dort ihre Fährte ziehen, zu gleicher Zeit auch die Fütterung annehmen. Dieser Tatsache muß einerseits hinsichtlich der Anlage und Beschickung, andererseits auch in bezug auf die Verteilung der Futterstellen im Revier Rechnung getragen werden. Um eine zu große Massierung von Wild an einer Fütterung zu vermeiden, sind möglichst mehrere Futterplätze einzurichten. Hierdurch entstehen allerdings höhere Kosten; die Vorteile für die Versorgung des Wildes sind jedoch sehr groß. Ideal ist natürlich die Einrichtung einer *Spezialfütterung für Muffelwild*. Wenigstens sollte man eine solche in einem Muffelwildrevier anlegen, ganz gleich, ob andere Wildarten auch daran teilhaben. Allerdings ist die Toleranz unter den Tieren nicht überall einheitlich; in manchen Revieren werden die Muffelwildfütterungen z. B. vom Rehwild und Rotwild gemieden. An anderen Stellen wiederum drängen sich alle Wildarten des Reviers zum Futterplatz. Um eine Zahl zu nennen, sollte auf einem Gebiet von 500 ha mindestens eine Futterstelle vorhanden sein.

Die *Auswahl des Futterplatzes* bedarf besonderer Sorgfalt. Es ist eine alte Erfahrung, daß Muffelwild sich im Winter gern da wieder einstellt, wo es einmal ausgesetzt worden ist – also in der Nähe des Eingewöhnungsgatters. Dort, beispielsweise in einem Altholzbestande, einige hundert Meter von einer Dickung entfernt, an einer Stelle, wo fließendes Wasser vorhanden ist, im Sichtschutz gegenüber Straßen, wird sich ein Gelände auswählen lassen, das für eine Futterstelle geeignet ist. Auf die Möglichkeit, diesen Platz mit Fahrzeugen zu erreichen, sollte aus Kostenersparnisgründen Rücksicht genommen werden.

Mittelpunkt der Futterstelle ist das *Heustadel* oder die einfache *Heuraufe*. Es lohnt sich, hier einen dauerhaften Bau in einer Größe zu schaffen, der den Heuvorrat für den Winterbedarf aufzunehmen vermag, ohne das Heu zu fest zu bansen. Für die Bauten verwendet man am besten entrindete waldbehauene Rundhölzer, die schon zeitig im Frühjahr mit einem der bewährten ungiftigen und nicht riechenden Konservierungsmittel imprägniert worden sind. Rahmen und Dachstuhl benötigen möglichst gradwüchsige Derbstangen aus Lärche, Kiefer oder Fichte. Das einfach tragende Satteldach wird – in der Regel auch aus Billigkeitsgründen – als Pappdach hergestellt oder es werden hierfür Eternit- bzw. Wellasbestplatten verwendet. Dauerhafter freilich ist ein Dach aus Falzziegel – ansprechender wirkt ein Strohdach. Das „Erdgeschoß" wird gewissermaßen durch die Raufe gebildet. Die Holme und Sprossen können aus glattgeschnittenen Nadelrundhölzern gefertigt werden. Die Sprossen sind in etwa 12 cm lichtem Abstand möglichst in die unteren Holme einzulassen, die oberen Holme jedoch nur von außen anzunageln, damit Widder, die sich mit den Schnecken verfangen sollten, bald wieder freikommen. Die unteren Holme stoßen in etwa 60 cm Bodenhöhe bis auf 30 cm Zwischenraum zusammen, der durch eine entsprechend breite Bohle abgeschlossen wird. Von der Mitte dieser Bohle bis zum Erdboden wird als Windschutz und zur räumlichen Abtrennung der beiden Raufenseiten eine Trennwand aus Schwarten angelegt. Die Raufenleitern selbst sollen nicht zu steil stehen, sondern miteinander

Abb. 68a und b. Links: Futterkrippe mit Stützleisten. *Rechts:* Futtertisch unter Krippe (Phot. Türcke; Tomiczek)

einen Winkel von etwa 70–100 Grad bilden, damit das Heu selbsttätig von oben nachrutschen kann. An den unteren Holmen werden beiderseits längs je 2 bis 3 Tröge von je ½ bis ⅓ der Raufenlänge dicht nebeneinander fest aufgehängt, damit herabfallendes Heu sich darin sammeln kann und nicht zu viel zu Boden gezerrt wird. Außerdem dienen diese unter Dachschutz stehenden Tröge zur Aufnahme feuchtigkeitsempfindlicher Trockenfuttermittel. Sie müssen aber so hoch angebracht sein, daß sie für Sauen nicht erreichbar sind. Der weit nach beiden Seiten herabgezogene untere Dachrand erhält in Muffelwildfütterungen eine Bodenhöhe von etwa 1,3 m, in Gemeinschaftsfütterungen eine solche von mindestens 2 m.

Statt der Heustadel, die zweifellos den Vorteil der praktischen und billigen Beschikkung haben, oder überdachter Raufen können auch sogenannte „Magazinfütterungen" gebaut werden, wie sie WAGENKNECHT und NEUMANN (1964) empfehlen. Bei dieser Futteranlage mit einer lichten Höhe von etwa 1 m dient der Boden als Raufe. Hier äst das Muffelwild das Rauhfutter nicht von der Seite, sondern von unten. In dem Bestreben, eine aufgeschlossene Verteilung der Futterstellen zu erreichen, sind viele der verschiedensten Futtervorrichtungen erprobt worden, die auch für die Fütterung der Mufflons Verwendung finden können. Es genügen oft kleine Raufen mit Trögen in einfacher Kastenform, die an Bäumen oder Pfählen befestigt werden. Man soll nur stets darauf bedacht sein, auch den schwachen Stücken im Rudel ausreichend Winterfutter zugute kommen zu lassen.

Ob man den *Kraftfutterspeicher,* der gegen Feuchtigkeit und Mäuse mit Asphaltpappe auszukleben ist, im Heustadel auf einer der Raufenseiten oder im Heuboden unterbringt, oder ob man hierfür ein besonderes Gebäude errichtet, ist eine Geld- und Zweckmäßigkeitsfrage.

Nicht fehlen darf ein *frostsicherer Keller* für Saftfuttermittel. Er sollte möglichst am Hang, günstig zur Anfuhr in der Weise angelegt werden, daß z. B. Rüben durch einen Trichter, der zugleich als regulierbarer Lüftungsschacht dient, eingebracht werden können. Eine solide Bohlen-Doppeltür nach außen am Hangfuß gestattet bequemes Austragen ohne Treppe. Um das Dach auch mit beladenem Fuhrwerk befahren zu können, muß der ganze Bau genügend stabil angelegt sein. Im Sommer ist er offenzuhalten, damit er gut austrocknet.

Je nach Lage ist für Hochwildreviere auch der Bau von *Gärfutterbehältern (Silo)* zu empfehlen. Für Pachtreviere eignen sich am besten die leicht aufstellbaren Hartfaserplatten-Draht-Silos oder das sogenannte *Vakuumsilo* für Kleegrasgemisch, wenn nicht der in vielen bäuerlichen Betrieben noch übliche Erd- oder Strohsilo (z. B. für Rübenblatt) der Billigkeit wegen vorgezogen werden soll. Für größere Jagdbezirke rentiert sich auf die Dauer die Anlage eines Holz- oder Betonsilos – wenn möglich – mit mehreren getrennten Kammern. Für alle diese Einrichtungen ist jedoch eine eingehende Beratung über Anlage und Unterhaltung durch Fachleute unerläßlich. Das Saft- und Kraftfutter soll in der Nähe der Futterstelle nie auf dem Erdboden ausgelegt werden, um zusätzliche Infektionsgefahren auszuschließen. Zu ihrer Aufnahme sind deshalb eine Anzahl von *Trögen, Futterkästen oder Krippen* in einem Abstand von etwa 5 bis 10 m voneinander aufzustellen. Damit das Wild weniger Futter hinauswerfen kann, werden die inneren Oberkanten mit Leisten versehen. Die Tiefe der Krippen soll etwa 15 cm, die Breite unten 15 cm, oben 25 cm, die Länge etwa 1 m betragen. Die Bodenbretter sind an der am meisten geneigten Stelle in einer Ecke zu durchbohren, damit Regenwasser ablaufen kann.

An Futterplätzen, auf denen sich auch Schwarzwild einfindet, das sich hier bekanntlich ziemlich rücksichtslos – mit allen vieren im Trog – aufführt, haben sich 1 m hohe Krippen bewährt, an denen *Stützleisten für das Aufsetzen der Vorderläufe* für das Muffelwild angebracht sind.

Die Anlagen zur Anbringung von *Salzlecksteinen*, wie auf S. 110 erläutert, gehören ebenfalls zur Futterstelle, die Wegnahme während der Frostperiode, wenn fließendes Wasser nicht ständig zur Verfügung steht, darf nicht vergessen werden.

Lämmerställe haben sich für Muffelwild – obwohl hierüber die Meinungen geteilt sind – *nicht bewährt*, weil sie sehr häufig von den Widdern zerschlagen werden und die Gefahr besteht, daß die Schneckenträger sich zwischen den Pfählen verfangen. Die Lämmer sind normalerweise im Dezember bereits so kräftig, daß sie sich – wie auch die anderen Schafe – bei der Futteraufnahme an den Raufen und Krippen durchzusetzen vermögen.

Im übrigen kann man, wenn sich das Bedürfnis ergibt, *transportable Schlittenraufen* bauen und diese an die Stelle bringen, wo man dem Muffelwild die Futteraufnahme auch zur Vermeidung von Konkurrenzkämpfen erleichtert. Das *Anbringen von Heubündel* entlang der Hauptwechsel an Bäumen und Pfählen kann in harter Notzeit ebenfalls sehr zweckmäßig sein, weil schwächere Stücke dann eher zu ihrem Recht kommen. Wenn das Wild dabei gelegentlich Heu herunterreißt und sich darauf niedertut, so muß das hingenommen werden. Es kommt immer nur darauf an, eine sinnvolle Verteilung der Raufen, Krippen usw. vorzunehmen, deren Anzahl nach Bedarf vermehrt werden muß.

Das *Sauberhalten des Futterplatzes*, die wiederholte Beseitigung von Losung und von Futterresten und das *Desinfizieren* des Futterplatzes nach der Futterperiode mit Ätzkalk, Chlorkalk oder zweiprozentiger Natronlauge (diese Mittel dürfen aber wegen Ätzgefahr niemals mit dem Futter in Berührung kommen!) sind ein wichtiges Erfordernis der Gesunderhaltung des Wildes. Die Futterstelle soll für das Wild – aber auch für den Anblick des Menschen – eine gepflegte Einrichtung sein!

Um die Möglichkeit zu haben, das Wild an der Fütterung zu beobachten und insbesondere auch zu zählen, ist in einer entsprechenden Entfernung – etwa 50 bis 100 m – ein *gut gedeckt angelegter Sitz oder Hochsitz* aufzustellen, aus dem man auf einem Pürschsteig sich wieder wegschleichen kann, ohne das Wild zu stören. Will sich ein Revierinhaber auf den Fang von Muffelwild einrichten, so muß in der Nähe der

Futterstelle ebenfalls ein *Wildfang* gebaut werden. Einzelheiten hierüber sind auf Seite 85 erläutert worden.

Haltung in Gehegen

Muffelwild ist schon seit Jahrhunderten in Gefangenschaft gehalten worden. Man hat damit aber trotz der Leichtigkeit der Zähmung von Jungfängen wie von hilflosen und bewegungsunfähigen Stücken seit jeher denkbar schlechte Erfahrungen gemacht, ganz besonders mit Widdern – ebenso wie mit Hirschen und Rehböcken. Durch Hunger, Pflege und Fütterung verliert der Zögling als erstes seine angeborene Scheu vor Mensch und Haustieren einschließlich Hund, sowie sein Artzugehörigkeitsbewußtsein und seine Anspruchslosigkeit. Mit dem häufigen Anbieten von Leckerbissen wird das Tier naschhaft und – läßt man es ins Haus – durchsucht es jeden Raum, jeden Topf unerbittlich nach weiteren Schleckereien. Mit dem Rückgang seines Wildcharakters, der Zunahme seiner „Zahmheit" wird der Mufflon nur um so ungestümer und unberechenbarer. Schon im Alter von 5–6 Monaten, dem verfrühten Eintritt seiner Geschlechtsreife, wirkt sich der Verlust der Scheu vor Mensch und Tier, Zivilisation und Natur von Tag zu Tag bedenklicher und kostspieliger für seinen Tierhalter aus. Spielleidenschaft, Neugier, Unbekümmertheit, Härte, Überlegenheitsgefühl, Naschsucht und Angriffslust des Jungwidders kommen schließlich seinem Besitzer so teuer zu stehen, daß er den Unhold hinter Schloß und Riegel und unter Dach bringen muß. Vor seiner nicht zu bändigenden Kraft und Zerstörungswut kann dieses Verlies nicht stabil genug sein. Mit dem Verlust seiner Bewegungsfreiheit gehen Gesundheit, Schneckenwachstum und Körperzustand zusehends zurück; Schalenerkrankungen, Parasiten und sonstige „Gehegekrankheiten" stellen sich ein, und wenn ein Zeitungsinserat nicht mal einen Tierhändler oder unerfahrenen Revierinhaber auf den Plan ruft, läßt sich das vorzeitige Verenden des Gefangenen meist nicht lange hinausschieben. Die Einbürgerungsgeschichte gibt genügend beschämende Beispiele für das mißlungene Aussetzen gezähmter Stücke, die entweder schon im ersten Winter mangels eines schützenden Daches über ihrem Haupte eingingen oder sofort nach ihrer Freilassung verschwanden.

Nicht selten wurden auch tief eingeschneite, dem Verhungern nahe oder gefährlich verletzte Stücke vom Menschen mit allzu offen bekundeter Liebe, Tierarzt und Kosten aufgepäppelt und gesund gepflegt unter der Freude der Kinder und Hausgenossen. Sobald der Pflegling aber genesen ist, zeigt sich in ihm die Bestie. Wäre das todgeweihte Stück unter naturgemäßer, sparsamer Pflege – vielleicht auch in einem größeren Gehege – und ohne Aufhebens notdürftig wiederhergestellt worden, um es selbständig so schnell wie möglich seinen Weg in die Freiheit zurückfinden zu lassen, so hätte man dem Tiere selbst mehr genützt.

Tatsächlich eignet sich Muffelwild ebenso wenig für eine längere Stall- oder enge Gehegehaltung wie Rehwild. Nur für zoologische Gärten und Wildgehege sind inzwischen ausreichende Erfahrungen in der Mufflonhaltung gesammelt worden, und man weiß die Gefahren von Krankheiten dort zu mindern.

Für die Bundesrepublik Deutschland ist über die tierschutzgerechte Haltung von Wild in Gehegen vom zuständigen Ministerium ein *Fachgutachten* (1974) veröffentlicht, in dem die Grundsätze der Behandlung von Wildtieren nach ökologisch-ethologischen Erfahrungen mit den erforderlichen Begriffsbestimmungen niedergelegt sind. Auch das Muffelwild findet darin Berücksichtigung: für Schaugehege (bis zu einer Größe von 10 ha) z. B. wird je Stück eine Mindestgröße von 0,1 ha gefordert.

Es besteht kein Zweifel, daß Wildgehege in den verschiedenen Größenordnungen an Bedeutung zugenommen haben. In dem Maße, in dem die Funktionsgesellschaft den Erholungssuchenden an ihre technisierten Kriterien bindet, wächst in den Menschen das Bedürfnis, sich in der Begegnung mit Natur, Wald und Wildtier zu entspannen. Wildgehege können tatsächlich dazu beitragen, neue Möglichkeiten für die Gestaltung der Lebensverhältnisse zu bieten und das Wesen des Wildtieres in seiner natürlichen Umgebung zu verstehen.

Jagdschutz

Nach dem Deutschen Bundesjagdgesetz umfaßt der Jagdschutz den Schutz des Wildes vor Wilderern, Raubwild, Futternot, Wildseuchen und Raubzeug. Der Mensch, insbesondere der Revierinhaber, ist also aufgerufen, sich dieses Schutzes anzunehmen. Der Jäger, als Heger des Wildes, muß die Gefahren, die dem Wilde drohen, kennen und hat nicht nur die Aufgabe, sondern die Verpflichtung, die Feinde des Wildes zu bekämpfen.

Das *Unwesen der Wilderer,* die teils aus Leidenschaft, teils aus Gewinnsucht und aus anderen Motiven sich unberechtigt Wild aneignen, hat im Laufe der letzten Jahrzehnte erhebliche Schwankungen durchgemacht. In einem engbesiedelten Lande, wo die Menschen im Überfluß der täglichen Bedürfnisse leben, haben sich die Schwerpunkte der Wilderei verlagert. Der *Autowilderer,* mit großem Kofferraum, ist häufiger und natürlich auch gefährlicher geworden, und was auf der Straße überfahren wird, verschwindet zum großen Teil durch unbefugte Hände. Wir haben bei einigen Muffelwildbeständen mit minimaler Vermehrung keine andere Erklärung geben können als den heimlichen Abschuß. Zum heimlichen Abschuß gehört aber auch der unberechtigte, über den Abschußplan hinaus vollzogene Abschuß im eigenen Revier. Solche Delikte können nicht als Wilderei bestraft werden. Sie sind schwer zu erfassen und nachzuweisen, vermutlich aber sehr verbreitet. Wenn ein Ertappen der Schuldigen nicht gerade durch Zufall möglich ist, wobei auch Zeugen zugegen sein müssen, ist eine Überführung und Bestrafung nur durch die Arbeit von erfahrenen Jagdkriminalisten möglich. Glücklicherweise werden auch heute noch Spezialisten in der Wildererbekämpfung ausgebildet.

Die Störung des Wildes in seinen Einständen, an Äsungsplätzen und Fütterungen durch Touristen ist ein Problem besonderer Art. Es ist erfreulich, mit welchem Verständnis zur Vorsicht und Achtung vor dem Wild sich manche, gerade auch jüngere Menschen verhalten. Andererseits ist es erschütternd, mit welcher Rücksichtslosigkeit, falsch verstandenen Freiheitsvorstellungen, aber auch mit welcher Unwissenheit Menschen das Wild beunruhigen. Die Stadtbewohner drängen mit Auto und Fotoapparat in die „Waldeinsamkeit" und richten Schaden an, wenn nicht durch Aufklärung und Unterricht mit allen zu Gebote stehenden Mitteln erzieherisch auf die Öffentlichkeit eingewirkt und gesagt wird, wie sich der Mensch im Wald, im Revier zu verhalten hat. Die Schulen, Verbände und die Presse hätten hier auch unter Inanspruchnahme von Fernsehsendungen eine wichtige Aufgabe zu erfüllen.

Unter den tierischen Feinden steht an erster Stelle der *Hund.* Die Mehrzahl der uns bekannt gewordenen Verluste an Muffelwild stammt vom Schäferhund und seinen Bastarden, den gefürchteten Würgern der Wildbahn. Um deren Gefährlichkeit gerade für das Muffelwild zu begreifen, muß man schon einmal ein solches Tier durch den Wald geführt haben. Selbstverständlich reagiert er mit tiefer Nase auf jede warme Wildfährte und Spur; sobald er aber auf eine Muffelwildfährte stößt, läßt er sich nur unter Aufbietung aller Kraft zurückhalten. Aber wehe, wenn er losgelassen! Mittelgroße Hunde – zu zweit hetzend – mögen ein Muffelschaf, vor allem ein schalenkrankes Stück, schließlich reißen, einen Widder allerdings nicht. Wo ausreichend alte Widder ganzjährig auch beim Kahlwildrudel stehen, tritt bei Gefahren, z. B. auch bei einem nahenden Gewitter mit grollendem Donner, das Jungwild wie bei einer Schafherde zusammen, wird von den Schafen umringt, während die Widder an der Peripherie eine Phalanx bilden, bereit, jeden Angreifer zu Boden zu rammen. Bedauerlicherweise dringen Hunde auch mit Vorliebe in Eingewöhnungsgatter ein und richten hier unter dem frisch ausgesetzten Muffelwild durch Hetzen und Reißen Schaden an. Deshalb bedürfen diese Gatter mit ihren Einrichtungen besonderer Aufsicht gegen die Feinde des Wildes.

Wildkatze, Steinadler, Fuchs und Schwarzwild können gelegentlich einmal ein Lamm, ein schwaches oder krankes Stück Muffelwild reißen oder schlagen. Die Fälle sind aber selten. Ein gesundes Lamm wird normalerweise vom Fuchs auf der Flucht nicht eingeholt. In der Göhrde sollen allerdings die Sauen das Muffelwild zuweilen arg bedrängt haben. Einzelne Altwidder hätten dann den Feind auf sich gezogen, bis sich das Rudel in Sicherheit bringen konnte. Im letzten Augenblick hätten sie sich dann selbst noch retten können. Im Saupark bei Springe, wo Muffelwild und Schwarzwild sehr kompakt zusammenstehen, sind derartige Feindseligkeiten niemals vorgekommen. Die beiden Wildarten begegnen sich hier durchaus verträglich im gleichen Lebensraum.

Ein anderer Feind der Lebewesen ist das *Gift,* wenn es leichtfertig und übertrieben im Revier zu bestimmten Zwecken angewendet wird. „Unsere Zivilisation droht zum Opfer ihrer eigenen Errungenschaften zu werden. Wir verpesten unsere Atemluft mit Abgasen, Rauch und Industriestaub, wir vergiften die Gewässer, wir verseuchen die Erde mit radioaktiven Strahlen. Und mit all dem benehmen wir uns unvernünftiger als jeder Vogel, dem es schwerlich einfiele, sein eigenes Nest zu beschmutzen ..." schreibt RACHEL CARSON (1963) und warnt vor Übertreibungen, die das „ökologische Stabilitätsideal" zu beeinflussen vermögen. Freilich ist uns bisher noch nicht bekanntgeworden, daß ein Stück Muffelwild durch Pflanzenschutzgifte verendet ist. Es gehört aber zur Hege dieser wertvollen Wildart, Auswüchse in der Anwendung von Giften im Revier zu verhindern.

Krankheiten und ihre Bekämpfung

Bei aller Anpassungsfähigkeit des Muffelwildes an eine veränderte Umwelt treten infolge naßkalten Klimas, saurer Talwiesen und weicher oder untätiger Böden im mitteleuropäischen Raume Krankheiten des Mufflons auf, von denen es auf den Heimatinseln des Mittelmeeres nicht oder doch nur selten befallen wird. Glücklicherweise sind bisher Seuchen in den uns bekannten Muffelwildbeständen nicht vorgekommen. Wohl aber bereiten in einigen Revieren die geringen Vermehrungsziffern eine ernste Sorge, die letztlich wohl auf Einzelerkrankungen der Schafe zurückzuführen sind. Hinzu kommt, daß bei einer Fernbeobachtung die Erkrankungen am lebenden Tier selten mit Sicherheit diagnostiziert werden können. Erst beim Sezieren des verendeten Stückes ist eine Feststellung der Krankheitsursache möglich. Sollten dennoch die Einzelkrankheiten überhandnehmen, *Seuchen* festgestellt oder vermutet werden, so ist der verantwortliche *Revierinhaber gesetzlich verpflichtet, diese Krankheiten der Jagdbehörde anzuzeigen.* Diese Anzeigepflicht hat vor allem den Sinn, Bekämpfungsaktionen fachlich gelenkt über die Grenzen eines Reviers hinaus durchzuführen.

Muffelwild kann von Infektionskrankheiten, von Parasiten, Vergiftungen, Ernährungsstörungen, Witterungsschäden, Geschwulsten, Verletzungen und Mißbildungen befallen oder beeinflußt werden. Gegen die große Anzahl der Infektionskrankheiten, den Viruskrankheiten, bakteriellen oder durch Pilze verursachten Krankheiten ist es nach den bisherigen Feststellungen jedoch sehr widerstandsfähig. Hingegen ist es für *parasitäre Erkrankungen* empfänglicher und leidet hierunter erheblich. Offenbar wird auch die Vermehrung des Mufflons durch diese Krankheiten in einigen Gebieten empfindlich beeinträchtigt. Die Ursache liegt zumeist in vernäßter Flora, schattigen, feuchten Wiesen, weichen Böden, Rohhumusauflage, mangelhafter Hygiene an Futterstellen – oder in einer Überhege.

Da man dem Grundsatz folgen soll, daß Vorbeugen leichter ist als Heilen, bedarf es der Kenntnis der Entwicklungsbedingungen wenigstens der beiden gefährlichsten Parasiten, des Großen Leberegels *(Fasciola hepatica)* und des Gedrehten Magenwurms *(Haemonchus contortus).*

Der *Große Leberegel* – nachstehend „Egel" genannt – befällt alle Pflanzenfresser und bringt alljährlich, vor allem in nassen Jahren, bei heftigem Befall bekanntlich auch Verluste unter Milchvieh und Schafen, gelegentlich auch bei den Cerviden und kann gerade dem Muffelwild gefährlich werden. Die Entwicklung des Egels vollzieht sich folgendermaßen:

In den Gallengängen der Wirtstiere vermehren sich die Egel geschlechtlich. Sie legen Eier ab, die mit der Losung ausgeschieden werden. Aus diesen Eiern kriechen winzige „Flimmerlarven", die in erbsengroße grauschwarze Leberegelschnecken *(Galba truncatula)* wandern. In diesen Schnecken, die als Zwischenwirt in der Egelvermehrung dienen und die massenweise in stagnierendem oder träge fließendem Wasser vorkommen, vollzieht sich nun eine ungeschlechtliche Vermehrung, an derem Abschluß eine winzige Schwanzlarve, die Egelcercarie, ausgeschieden wird. Sie verkapselt sich an der Flora zu sandkorngroßen Cysten, die mit der Nahrung zusammen vom Muffelwild aufgenommen werden.

Im Magensaft löst sich die Hülle der Cyste und es gelangt aus ihr eine winzige Larve auf dem Wege über den Dünndarm und die Bauchhöhle in die Lebergänge. Hier wächst der Egel nun bis zu 4 cm Länge in einer weidenblattähnlichen Form heran. Dabei saugt er bedeutende Mengen Blut und zerstört die Gallengänge der Leber. Der Befall ist mit bloßem Auge erkennbar an den knotigen Verhärtungen der vornehmlich zwischen den Leberlappen verlaufenden Gänge. Die Leber wird unförmig und verliert ihre homogene Weichheit. Sie wird ungenießbar und – wenn aus Unkenntnis vom Jäger nicht beachtet, auch gelegentlich verspeist, was zwar ungefährlich, aber natürlich unappetitlich ist.

Wie aus der Wirtwechsel-Biologie dieser Schmarotzer hervorgeht, ist ohne Anwesenheit jener Leberegelschnecken im Revier eine Egelvermehrung ausgeschlossen und es gibt ohne Pflanzenwuchs an Wasser und Sumpf keine Übertragung auf ein Wirtstier. Die unbewachsene Suhle im dunklen Bestandesschatten ist demnach selten ein Übertragungsort.

Bei gut ernährtem Muffelwild ist ein geringgradiger Leberegelbefall äußerlich nicht erkennbar. Erst bei starkem Befall, insbesondere im Winter, sind die Krankheitserscheinungen im verzögerten Haarwechsel, fortschreitender Abmagerung, Mattigkeit und Kümmern der Jungtiere erkennbar. Oftmals klingen die Erscheinungen mit einsetzender

Frühjahrsäsung wieder ab (Wetzel, Rieck 1972). Diese Merkmale sind aber nicht allein für Leberegelbefall kennzeichnend, sie können auch bei anderen Erkrankungen – z. B. Magenwurmbefall – auftreten.

Welche Bekämpfungsmöglichkeiten des Leberegels stehen uns nun zu Gebote? Auf dem Wege über die biologische Schädlingsbekämpfung, z. B. eine Förderung der Schneckenfresser: Enten und andere Wasservögel, Trutwild, Hühnervögel, Stare und schließlich die Forelle, besteht eine gewisse Aussicht, diesen gefährlichen Zwischenwirt kurz zu halten. Bei Massenvermehrungen reicht allerdings auch diese sinnvolle, indirekte Bekämpfung nicht aus. Abwehrmaßnahmen können nur gemeinsam unter Zusammenarbeit von Wald- und Wiesenbesitzern allmählich vollzogen werden. Um den Schnecken

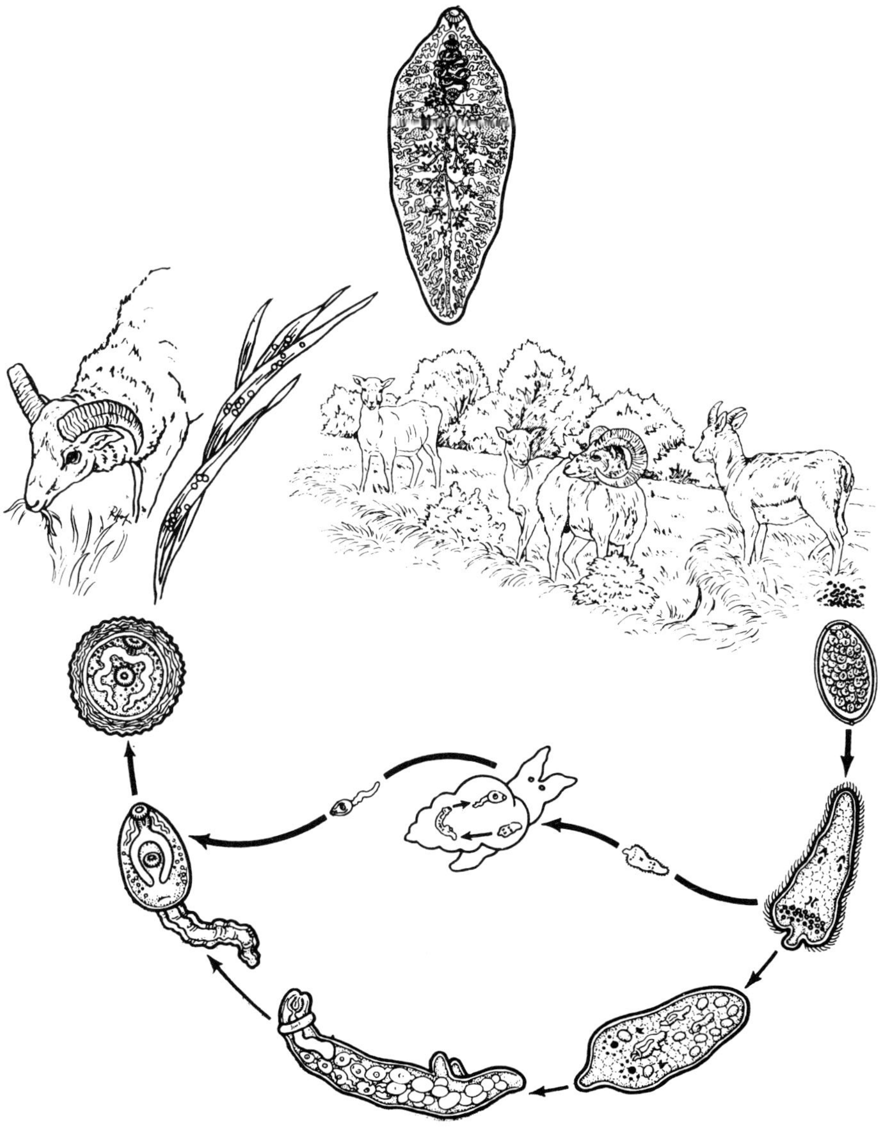

Abb. 69. Entwicklungskreislauf des großen Leberegels (nach Wetzel, Rieck)

die Lebensbedingungen der stagnierenden Nässe zu entziehen, müssen vernäßte Tallagen entwässert, sumpfige Stellen trockengelegt und der Grundwasserspiegel gesenkt werden.

Derartige Meliorationsarbeiten können noch erweitert werden durch Aufforstung der vernäßten Stellen im Revier mit Schattholz, insbesondere Fichte, um Pestwurz, Schachtelhalm, Hahnenfuß, Dotterblumen, Schaumkraut sowie die verschiedensten Sauergräser zu vernichten und durch die Saugwurzeln der Fichte einen gewissen Teil der Feuchtigkeit herauszupumpen.

Eine Vernichtung des Zwischenwirts durch Anwendung schneckenabtötender Mittel kann nur auf kleinem Raum wegen der Kostspieligkeit und der kurzfristigen Wirksamkeit in Betracht kommen. Das Ausstreuen von Ätzkalk und anderer Chemikalien wie Kupfersulfat, Hederich-Kainit, Pentachlorphenol würde die Schnecken einschließlich ihrer Brut zwar zunächst radikal abtöten, anschließend setzt jedoch die Neubesiedlung des Wassers mit Schnecken wieder schnell ein. Wo die Gefahr der Übertragung besonders groß ist, soll man das Ausstreuen von Ätzkalk im Frühjahr mehrere Male wiederholen. Man verbindet mit dieser Maßnahme gleichzeitig eine Düngung und erreicht nach unseren Erfahrungen durchaus einen Erfolg, obwohl man sich darüber im klaren sein muß, daß Ätzkalk allein Parasiten nicht abzutöten vermag.

Inzwischen ist ein wirksames Präparat – *Raniden* – in 2,5% Suspension, gegen Leberegel entwickelt worden (aus den Erfahrungen bei den Schafzuchten in Australien). Eine Behandlung sollte nur unter Aufsicht des Tierarztes vorgenommen werden, sie kommt meistens nur in Gehegen in Frage.

Nicht minder gefährlich für unser Muffelwild ist der *Gedrehte Magenwurm (Haemonchus contortus)* im Labmagen der Wiederkäuer. Dieser Parasit kennt keinen Wirtswechsel, er ist aber gleichermaßen wie der vorgenannte Parasit an das Vorhandensein feuchter oder nasser Grünlandflächen gebunden, ganz besonders an enge schattige Talwiesen. Offenbar ist er der am meisten verbreitete Parasit mit einer rapiden Vermehrung. Bei Reh-, Rot-, Dam- und Muffelwild wird er oft im Fallwild gefunden, so daß der Eindruck entstehen mag, alle anderen Parasiten seien vorwiegend sekundärer Natur.

Bei den Haustieren geht bei starkem Contortusbefall die Milch- und Fleischleistung erheblich zurück. Rot- und Damwild scheinen relativ unempfindlich zu sein, Reh- und Muffelwild dagegen leiden außerordentlich unter dem Magenwurm und gehen häufig ein. Um eine Kontrolle über die Verbreitung des Magenwurms zu haben, ist für den Jäger die gründliche Untersuchung des Labmagens eines frisch erlegten Stückes Schalenwild empfehlenswert. Wir haben uns angewöhnt, regelmäßig nach dem Aufbrechen den Labmagen aufzuschärfen, da man ohnehin mit einigen Magenteilen den Hund genossen machen möchte. Wenn man dann sorgfältig den Mageninhalt beobachtet, kann man häufig genug sehen, wie es sich darin bewegt. Denn bald nach dem Schuß sind die Nematoden (Magenwürmer) noch am Leben. Sie ähneln einem 3–5 cm langen dünnen Zwirnsfaden, der aus einem hellroten und weißen Fädchen zusammengedreht ist. In den Rinnsalen des Labmageninhaltes schlängeln sie sich oft zu Tausenden. Die sonst fettigweiße, pralle Labmagenschleimhaut verändert sich bei starkem Befall zu einer entzündlichen Röte. Jeder Wurm entzieht der Labmagenschleimhaut täglich 1 Tropfen Blut und scheidet dafür giftige Stoffwechselprodukte ab, die in entsprechenden Mengen schwerste Schädigungen der Wirtstiere hervorrufen. Es wurde festgestellt, daß 4000 gedrehte Magenwürmer einem Hausschaf täglich bis zu 60 cm^3 Blut entziehen (Wetzel, Rieck 1972). Widder reagieren auf diese Krankheit häufig mit regelwidrigem, runzeligem oder sehr geringem Schneckenzuwachs (vgl. Abb. 20). Struppig-stumpfe Behaarung, träges

Umherstehen unter Absonderung vom Rudel, Aufnahme von Sand (zur Linderung der erheblichen Schmerzen) sind typische Kennzeichen starken Befalls. Der Rehbock reagiert mit einer abnormen Gehörnbildung und geringer Perlung. Der Rückgang von Wildbret und Trophäe sowie die gelblich-fahle und stumpf-struppige Behaarung sind typische Anzeichen dieser Krankheit. Durchfälle treten erst im Endstadium auf.

Der Entwicklungsgang ist einfacher als beim Leberegel: die zahllosen Wurmeier (nur im Mikroskop erkennbar) wandern aus dem Labmagen durch den Darm mit der Losung ab. In der Bodenflora – in diesem Falle vorwiegend im Rasen – schlüpft die Larve bei mehr als 16 °C und Dauerfeuchtigkeit und klettert nachts auf die tau- oder regennassen Grasspitzen, wo sie vom Wilde aufgeäst wird, sich alsbald im Labmagen einnistet und zur Geschlechtsreife heranwächst. Die Lebensdauer der Larven wird durch feuchten Boden, nasse und kühle Witterung begünstigt.

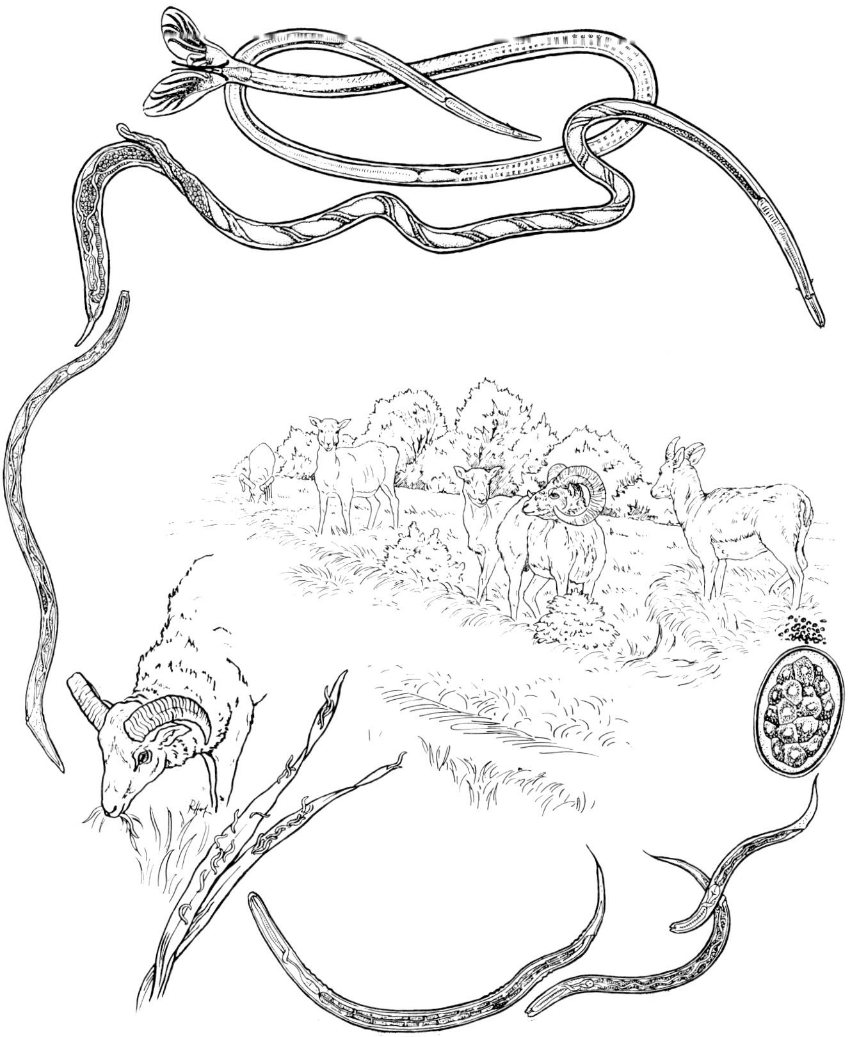

Abb. 70. Entwicklungskreislauf des gedrehten Magenwurms (nach WETZEL, RIECK)

Eine *Bekämpfung der Magenwürmer* richtet sich auf die Ausschaltung der Gefahrenquellen und auf eine Einzel- bzw. Gesamtbehandlung befallener Tiere.

Ein Bestreuen schattiger, schmaler Talwiesen, die als Ansteckungsorte gelten können, mit Chemikalien und künstlichen Düngemitteln hat keinen Erfolg. Eine Aufforstung dieser Wiesen mit Schatthölzern – z. B. Fichte – ist nur gelegentlich möglich und oftmals gerade aus anderen Gründen unerwünscht. Lohnender sind Maßnahmen an den Futterplätzen, die infolge der Losungsanreicherung eine erhebliche Vermehrung der Wurmlarven aufzuweisen pflegen und deshalb eine große Gefahrenquelle darstellen. Wetzel und Rieck (1972) empfehlen eine regelmäßige Reinigung des Futterplatzes im Abstand von etwa 8 Tagen während der Fütterungsperiode, Sammeln und Beseitigung der Losung und Begießen der Losungsablagestellen mit konzentrierter Kochsalzlösung oder Kalkmilch bzw. dichtes Bestreuen mit Hederichkainit oder Thomasmehl. Salzlecken sollen so angelegt werden, daß eine Verunreinigung mit Losung auch durch die Schalen der Tiere ausgeschlossen ist. Es muß möglichst auch vermieden werden, Futtermittel auf den Boden zu streuen, um ihre Berührung mit der Losung auszuschalten. Das gleiche gilt auch für Rauhfutter, das aus der Raufe gezerrt wird und dabei zu Boden fällt. Die

Abb. 71. Von links nach recht: 6jähriges Muffelschaf, etwa 10jähriges Muffelschaf, sehr geringes Widderlamm und besser veranlagtes Widderlamm auf einer Waldwiese Anfang Oktober. Alle vier Tiere machen keinen gesunden Eindruck. Es besteht der Verdacht, daß sie an Parasiten erkrankt sind. Besonders das Altschaf ist abgemagert (Phot. Tilgner)

Abb. 72. Gesundes, kräftiges Muffelschaf im 3. Lebensjahr (Phot. Tilgner)

Anbringung eines Kastens entlang der Raufe zum Auffangen von Heuteilen (vgl. S. 113) hat sich deshalb bewährt. *Kranke und schwache Stücke,* bei denen vermutet wird, daß sie Ausscheider von Wurmeiern sein können und zur Verseuchung von Äsungsflächen und Futterplätzen beitragen, müssen rücksichtslos abgeschossen werden.

Interessant sind die Feststellungen von Wetzel und Rieck (1972), daß wiederholte, leichte Infektionen unter natürlichen Verhältnissen allmählich eine gewisse Immunität auslösen. Nach Erreichen eines Schwellenwertes wird trotz fortgesetzter Aufnahme von Larven eine weitere Ansiedlung von Würmern gleicher Art verhindert. Dieser erworbene Schutz vor tödlich speichernden Infektionen bewirkt, daß in der Regel bei der Mehrzahl der Tiere nur ein mäßiger Befall mit Magenwürmern vorliegt, der zwar den Organismus belastet, aber zu keiner sichtbaren Erkrankung führt. Derartige Parasitenträger scheiden jedoch weiterhin Wurmeier aus und fördern z. B. die Infektion bei noch nicht immunen Jungtieren. Die beste Abwehr gegen Parasiten – aber natürlich auch gegen andere Krankheiten – ist der gute Ernährungszustand der Tiere. Ihn zu fördern und durch eine sinnvolle Winterfütterung zu erhalten, ist eine wichtige Aufgabe für den Heger.

Eine *Verabreichung von Medikamenten* an einzelne befallene Tiere ist meistens nur in Gehegen möglich. Aus den veterinärmedizinischen Untersuchungsergebnissen der Parasitologie sind uns in den letzten Jahren ausgezeichnete Präparate beschert worden, die allerdings nur unter Beratung eines erfahrenen Tierarztes verabreicht werden sollten.

Der Vorteil der modernen Wurmmittel (Anthelmintika) besteht darin, daß es sich um sogenannte Breitband-Präparate handelt, die eine relativ große Verträglichkeit besitzen, also bei einer Überdosierung nicht schädlich sind. Im Gehege des Forstamtes Saupark wurde das Schalenwild unter anderem mit den folgenden Mitteln mit gutem Erfolg behandelt:

Thibenzole, Mebenvet, Panacur, Rintal

Diese Präparate werden in Preßlingen, Pulverform und Pellets geliefert. Bei der Verabreichung müssen die Gebrauchsanweisungen natürlich sorgsam eingehalten werden. In der Regel sind Meßbecher beigefügt. Als Beispiel aus den Erfahrungen: von dem Mittel

„Panacur", das gegen Magen-Darm-Nematoden und Lungenwürmer wirksam ist, wurden zweimal im Jahr zwei Meßbecher voll Pellets je Tier (dem Kraftfutter beigegeben) verabreicht. Es war auffällig, wie schnell sich kranke Tiere – z. B. bei Durchfall – erholten. Bei einer derartigen therapeutischen Maßnahme ist zu beachten, daß das Mittel stoßweise, also nicht ständig verabreicht wird. Es hat sich deshalb auch nicht bewährt, Therapeutika in Salzlecksteine einzumischen.

Eine Kontrolle der Wirkung sollte dann durch regelmäßige Untersuchung von Losungsproben vollzogen werden, die von Fachinstituten vorgenommen werden.

Im allgemeinen treten Magen-, Darm- und Lungenwürmer beim Muffelwild nur bei Standortmängeln und zu hoher Wilddichte auf. Gleichwohl muß damit gerechnet werden, daß nicht eindeutig erkennbare Krankheiten auftreten, die einzelne oder mehrere Stücke befallen. Im Forstamt Baumholder (Rheinland-Pfalz, Graf von Plettenberg, briefl.) werden z. B. seit einigen Jahren Schafe und Widder beobachtet, die am Widerrist 10–20 cm große haarlose Flecken haben. Hier bildeten sich Entzündungen, die mit anderen Erkrankungen zusammen zum Verenden der Tiere führten. Ob hierbei Hautdasseln beteiligt sind, konnte noch nicht geklärt werden.

Auf die Beschreibung und Bekämpfung weiterer Krankheiten des Muffelwildes, wie z. B. die „Klauenseuche" oder auch die „Paradentose", die auch bei anderen Schalenwildarten vorkommen, soll hier verzichtet werden. Es wird auf die einschlägige Literatur, insbesondere die „Krankheiten des Wildes" von Wetzel und Rieck verwiesen.

Die besondere Form einer Regelwidrigkeit, die beim Mufflon bedauerlicherweise häufiger vorkommt, ist das *Auswachsen der Schalen,* das allerdings auch bei anderen Schalenwildarten gelegentlich beobachtet wird.

Das auf Veranlassung von Tesdorpf in der Göhrde (Lüneburger Heide) ausgesetzte Muffelwild hat nach dem Bericht des langjährigen Revierverwalters eine Zeitlang erhebliche Schalendeformierungen – sogenannte Schnabelschuhe – besessen. Es wurde beobachtet, daß die Mufflons mit Vorliebe auf den dort vorhandenen Pflasterdämmen entlanggeflüchtet seien. Tatsächlich sind auch zahlreiche abgebrochene Schalenteile auf

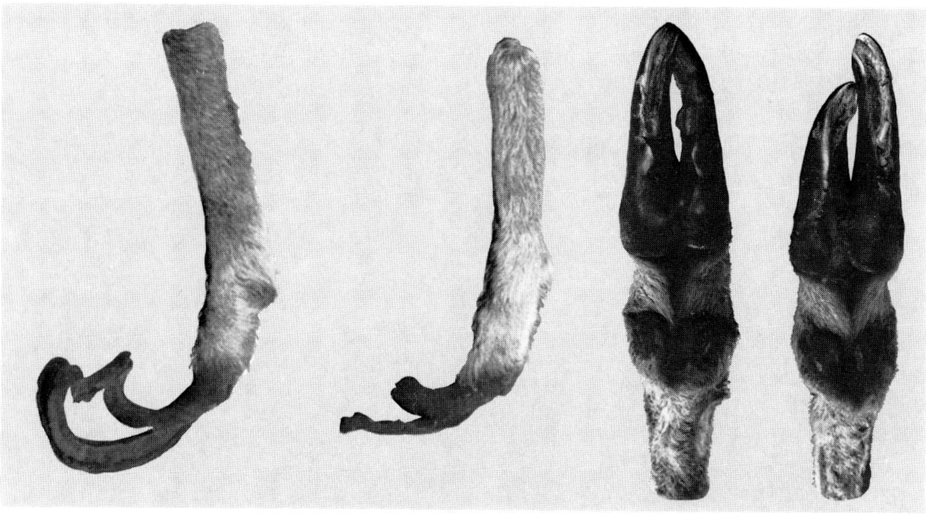

Abb. 73. Links und Mitte: „Schnabelschuhe", Beispiel ausgewachsener Schalen eines Muffellammes. *Rechts:* Schalen der Hinterläufe eines Altschafes. Die Veränderungen der Schalen infolge unzulänglicher Abnutzung sind zu erkennen

den Straßen gefunden worden, so daß die Annahme berechtigt erschien, das Muffelwild benötige festen, steinigen Boden, um sich die Schalen abzunutzen. Auffällig ist nur, daß in der darauffolgenden Zeit bei den Nachkömmlingen dieser Mufflons auch in dem Nachbarrevier Salzhausen keine Schalenauswachsungen mehr festgestellt wurden. Es wird vermutet, daß das Wild sich in dieser Zeit – fast ein halbes Jahrhundert – an den Diluvialsand angepaßt hat. Auch in der Schorfheide mit dem dort zahlenmäßig sehr hohen Muffelwildbestand ist jedenfalls kein häufiges Auswachsen der Schalen bekannt geworden im Gegensatz zu älteren Vorkommen in regenreichen, vorwiegend mit Fichte und Tanne bestockten Mittelgebirgswäldern. In der Tat sind offenbar die trockenen *Diluvialsandböden* mit ihren scharfen Silikatsandteilen einer Abnutzung und Trockenhaltung der Schalen wesentlich förderlicher als die weichen, fast das ganze Jahr über feuchten Rohhumusdeckböden anderer Formation. v. Braunschweig (1962) bestätigt, daß die Ursache für das Auswachsen der Schalen beim Muffelwild ein ungeeigneter Boden ist. Er hat außerdem nachgewiesen, daß beim Schalenauswachsen keine entzündlichen Veränderungen vor sich gehen, sondern daß es sich um Umbauprozesse am Knochen des Schalenbeines handelt. Hewicker (1970) hat festgestellt, daß bis 1970 in 50% der Reviere in der Bundesrepublik Deutschland Schalenmißbildungen aufgetreten sind. Als Ursache werden weniger ein ungünstiger Untergrund im Biotop, sondern erbliche Anlagen und Fütterungsvoraussetzungen angesehen. Außerdem wird vermutet, daß die sogenannte „Moderhinke" mit der „Schalenfäule" identisch ist. An Klauenmaterial von 12 Stück Muffelwild hat Bechmann (1980) Moderhinke *(Fusiformis nodosus)* als primären Infektionserreger nachgewiesen.

Gelegentlich können infolge anderer chronischer Erkrankungen auch Gelenkentzündungen entstehen, die eine mangelhafte Abnutzung der Schalen bewirken. Nach eigenen Beobachtungen hat das Muffelwild zweifellos das Bestreben, harten, steinigen Boden aufzusuchen, obwohl es kein Felsenwild ist. Es hat auch das Bedürfnis, sich viel zu bewegen, nicht nur langsam zu ziehen, sondern auch einmal eine gewisse Strecke zu flüchten. Für die Gesunderhaltung des Wildes ist ohnehin eine ausreichende Bewegung – auch einmal in schneller Flucht – unerläßlich. Bedauerlicherweise wirkt sich die Einschränkung des Lebensraumes auf die natürliche Bewegungsfreiheit und auf die Gesundheit des Wildes nachteiliger aus, als wir gemeinhin vermuten.

Wildschadenverhütung

Durch die Erhöhung der Ansprüche an die Erzeugnisse der Land- und Forstwirtschaft wird jeder Schaden, der hier entsteht, besonders schmerzlich empfunden. Wenn wir uns aber zu der Überzeugung bekennen, daß das Wild zur Lebensgemeinschaft des Waldes gehört, so haben wir die Verpflichtung, alle nur möglichen Maßnahmen zu treffen, um die Interessen der Landeskultur mit denen der Erhaltung eines mäßigen Wildstandes in Einklang zu bringen.

Vom Muffelwild des Originaltypus erwarten wir normalerweise, daß es nur gelegentlich Verbißschäden im Walde verübt, nicht zu Felde zieht und wenig Neigung zum Schälen besitzt. Es gibt aber auch Muffelwildstämme, die unberechenbar hinsichtlich der Wildschäden sind. Wir haben derartiges Wild oft genug beobachtet, wie es Buchen, Eschen, Ahorn, Erlen, Fichten und Kiefern schälte. In einem besonderen Falle zeigten

Mufflons merkwürdigerweise wenig Vorliebe für die Fichte. Dieses Wild, in ein Fichtenrevier ausgesetzt, wurde dort als Muffelwild ohne Schälneigung bezeichnet. Zum Schälen der Buchen hatten sich die Widder eine besondere Methode ausgedacht: Sie rammten die jüngeren Stämme mit den Schnecken so lange, bis die Rinde weich und bröckelig geworden war. Diese so „vorbereitete Speise" wurde dann von den Widdern regelrecht „aufgemuffelt" und die Buchen hatten in Tischhöhe plätzeweise empfindliche Schäden, die nur langsam durch Kallusbildung überwuchsen.

Mit *Verbißschäden* muß bei jedem Muffelwild gerechnet werden. Eine Bevorzugung oder Ablehnung bestimmter Holzgewächse war bisher nicht eindeutig festzustellen. Der Verbiß kann jedoch nicht nur im Winter, sondern zu allen Jahreszeiten auftreten, obwohl das genügsame Muffelwild im allgemeinen mit der Gras- und Krautäsung vorliebnimmt und nur gelegentlich an den Zweigen junger Bäume herumknabbert. *Fege- oder Schlagschäden* kommen nicht in Frage, *Rammschäden* sind unbedeutend.

Angesichts der Unsicherheit, mit welchen Gewohnheiten des Muffelwildes der Jäger es zu tun bekommt, muß er wenigstens die wichtigsten Maßnahmen zur Wildschadenverhütung kennen und ihre Anwendung auch deshalb verstehen, da sich aus den jagdgesetzlichen Bestimmungen über die Wildschadenverhütung bestimmte Konsequenzen ergeben.

Bei der Beurteilung der Möglichkeiten für die Wildschadenverhütung müssen stets zwei grundlegende Maßnahmen auseinandergehalten werden: *die Einwirkung auf das Wild* und der *unmittelbare Schutz der gefährdeten Pflanzen.*

Für die letztere Maßnahme unterscheiden wir Zäune, Verwittrungsmittel, Verbißschutzmittel und Schälschutzmittel. Für die Anwendung dieser Mittel ist folgendes zu beachten:

- Die rechtzeitige Anwendung vor Schadensgefahr,
- die sorgfältige zeitliche und örtliche Planung,
- die Berücksichtigung der Gebrauchsanweisungen und
- die gute Organisation der Arbeiten an Ort und Stelle, um auch Laufzeiten zu sparen.
- *Für die chemischen Mittel:* Nicht erhitzen oder mit Lösungen vermischen, Wasser nur beimengen, wenn es die Gebrauchsanweisung vorschreibt, Arbeitspausen zum Reinigen der Geräte benutzen, Präparate ausreichend stark auftragen, Restbestände frostfrei lagern!
- Die anerkannten Mittel sind in der geprüften Zusammensetzung unschädlich; sie sind im Forstschutzmittelverzeichnis veröffentlicht und über den Pflanzenschutzmittelhandel zu beziehen.

Es besteht kein Zweifel, daß der *Zaun* den sichersten Flächenschutz zu geben vermag. Er wird in den verschiedensten Bauweisen seine Bedeutung behalten. Da aber die Anlage stets kostspielig ist und der Lebensraum des Wildes eingeschränkt wird, sollte ein Gatter nur auf wertvolle Kleinflächen beschränkt bleiben. Sehr oft ist das Wild auf die zwischen den jüngeren Forstpflanzen stehende Äsung angewiesen, deren Aufnahme durch Zäune versagt würde. Deshalb sollten großflächige Absperrungen vermieden und, wo irgend möglich, versetzbare Gatter verwendet werden. *Elektrozäune* können in der Regel nur auf landwirtschaftlich genutzten Flächen Anwendung finden, da im Walde die Betriebssicherheit der Geräte infolge Ableitung durch Zweige und Gräser in Frage gestellt ist.

Eine eigentümliche Gruppe von Flächenschutzmitteln sind die *Verwittrungsmittel.* Sie sollen durch ihren Gestank das Wild verscheuchen. Es liegt in der Natur dieser Präparate, daß ihrer Wirkungsdauer Grenzen gesetzt sind und daß die Gewöhnung das Verhalten des Wildes beträchtlich zu beeinflussen vermag. Interessant ist die Tatsache,

Abb. 74. Notzeit (Phot. Koller)

daß Mittel, die den menschlichen Geruch oder den großer Raubtiere nachahmen, bei den meisten Wildarten instinktiv eine Abneigung hervorrufen. Am zweckmäßigsten werden die Verwittrungsmittel für den Schutz von Feldern – insbesondere in der Nähe von Waldrändern – eingesetzt. Die Wirkung kann zwar nicht absolut sicher sein, aber vorübergehend einen durchaus befriedigenden Schutz gewährleisten. Für die Anwendung im Walde kommen diese Mittel nicht in Frage, weil sie hier bisher versagt haben, eine Gewöhnung des Wildes erzwingen und unerwünschte Verlagerungen der Einstände bewirken.

Bei der Anwendung *chemischer Verbißschutzmittel* sind verschiedene Streich-, Tauch- und Spritzverfahren üblich. Gegen Winterverbiß müssen die Arbeiten in den Monaten September bis November durchgeführt werden, bei Frühjahrsverbiß im März und April und gegen Sommerverbiß müssen die Pflanzen jeweils bei auftretenden Schäden geschützt werden. Die Wirkungsdauer der anerkannten Mittel beträgt mindestens 6 Monate, wenn nach den Gebrauchsanweisungen richtig verfahren wird.

Die *mechanischen Verbißschutzmittel* bestehen aus Faser- oder Metall- und Drahtmaterial. Sie werden mit der Hand an die Spitze des Endtriebes oder um die Pflanze herum angebracht. Die Arbeit ist zwar sauber, aber der Zeitaufwand groß.

Von den *Schälschutzmitteln* unterscheiden wir den *Grüneinband* – auch Eigeneinband genannt –, das Aufbringen *chemischer Mittel* und das Verwunden der Rinde durch *Kratzen, Hobeln oder Punktieren.* Wie bei allen Wildschadenverhütungsmitteln müssen die Schälschutzmaßnahmen so rechtzeitig durchgeführt werden, daß sie bereits vollzogen sind, wenn die betreffende Baumart in das schälgefährdete Alter hineinwächst.

Für den Schutz von Kleinpflanzen und Bäumen gegen Verbiß und Schälen des Wildes sind in den letzten Jahrzehnten spezielle Mittel und Verfahren erprobt und amtlich geprüft worden. Auf eine Beschreibung von Einzelheiten der technischen Verfahren kann im Rahmen dieser Arbeit verzichtet werden. Es wird deshalb auf die einschlägige Literatur (TÜRCKE 1953; UECKERMANN 1981) verwiesen.

Von besonderem Interesse kann allerdings gerade in bezug auf das Muffelwild die Frage sein, worauf die *Abwehrwirkung* eines Wildschadenverhütungsmittels beruht. Einerseits wird eine Wirkung auf die Sinne des Wildes ausgelöst, andererseits ergeben sich psychische Reaktionen, die wiederum von ökologischen Faktoren beeinflußt werden. Damit wird ein sehr schwieriges Problem aufgeworfen, dessen Lösung das Verständnis für komplizierte Vorgänge des Verhaltens dieser Wildart voraussetzt. Wir wissen, daß nicht nur eine Wirkung auf den Geschmacksinn, Geruchsinn, Tastsinn und das Sehvermögen eine Bedeutung hat, sondern daß die mechanische Umhüllung eines Schutzbelages, besonders wenn er grobes und hartes Material enthält, für den Abwehrerfolg ausschlaggebend ist. Es ist bisher noch nicht gelungen, einen Stoff zu finden, der in geringer Dosis mit Sicherheit die schutzbedürftigen Pflanzenteile zu vergällen imstande ist. Merkwürdigerweise werden manche Stoffe, denen wir Menschen einen üblen Geschmack abzugewinnen vermögen, von Tieren mit Gleichgültigkeit oder sogar Vorliebe genommen, während sie sich Erzeugnissen gegenüber vorsichtiger verhalten, die der Mensch als wohlschmeckend oder wohlriechend kennt. Einen gewissen Anhalt über Ablehnung gewinnen wir aus der Beobachtung des Verschontbleibens bestimmter Pflanzen und der Rinden einzelner Holzgewächse. Wir haben durchaus Kenntnis von sogenannten Repellentstoffen, die von einzelnen Wildarten respektiert werden. Diese versagen jedoch zuweilen, wenn das Wild unter dem Einfluß des Hungers und der Gewöhnung steht. Hinzu kommt, daß das Wild durch die ökologischen Faktoren außerordentlich stark beeinflußt wird. Sein Verhalten wird nicht nur durch einfache, stets gleichgerichtete Reaktionen auf Reize bestimmt, sondern es ergibt sich aus der jeweiligen, durch die Umwelt geschaffenen Situation. Nicht zuletzt ist die wechselvolle Berührung, in die das Wild mit den Menschen und seinen Einrichtungen kommt, von ausschlaggebender Bedeutung für die Zuverlässigkeit der Abwehrwirkung dieser Wildschadenverhütungsmittel. Aus diesen Überlegungen erklärt sich auch die außerordentlich unterschiedliche Beurteilung der Abwehrwirkung der im Handel befindlichen Wildverbiß- und Schälschutzmittel. Da die Wildarten an verschiedenen Orten nicht gleichmäßig auf die Schutzmittel reagieren, wird dringend empfohlen, in einem Revier zunächst zwei oder drei (nicht mehr) Mittel einzusetzen. Dann besteht die Möglichkeit festzustellen, welche Präparate an der Stelle auf eine Wildart eine besonders günstige Abwehrwirkung ausüben. Die Auswahl der Mittel hängt von den örtlichen Erfahrungen ab, man soll auch mit den Mitteln wechseln, um der Gewöhnung des Wildes entgegenzuwirken.

Dennoch bestehen über die Wirkung der anerkannten Verbiß- und Schälschutzmittel allenthalben sehr unterschiedliche Meinungen. Es gibt alterfahrene Praktiker, die auf ihr Hausmittel schwören und wiederum andere, die Schmier- und Spritzmittel ablehnen, dafür aber ein mechanisches Mittel, z. B. Faserstoffe, bevorzugen. Manche Forstwirte resignieren gegenüber den Einzelschutzmitteln ohnehin und halten den Zaun letztlich für die wirtschaftlichste Maßnahme. So schwanken die Auffassungen ohne die Tatsache zu würdigen, daß einmal mit der Ablösung der pflanzenschädigenden Teer- und Abfallstoffe durch die neuen anerkannten Präparate ein gewaltiger Fortschritt erreicht worden ist, zum anderen Verallgemeinerungen von Erfahrungen auch in diesem Falle nicht nützlich sein können. Es besteht kein Zweifel, daß die einzelnen anerkannten Mittel infolge ihrer doch weitgehend homogenen, wirkungsvollen, pflanzenunschädlichen Zusammensetzung an der richtigen Stelle richtig angewandt einen ausreichenden Abwehrerfolg zu erzielen vermögen. Örtliche Besonderheiten müssen natürlich berücksichtigt werden: Eine einjährige Kiefernsaat kann ebensowenig durch ein dickflüssiges Präparat im Tauchverfahren geschützt werden, wie eine gleichalte Buchenverjüngung. Andererseits können pastenartige Mittel für den Schutz von Spitzentrieben der Fichten, Tannen und Douglasien ebenso geeignet sein wie ein flüssiges Präparat – aber nur die letzteren können im Tauchverfahren ausgebracht werden. Entscheidend für die Wirkung der Verbiß- und Schälschutzmittel wird immer bleiben, daß sie planvoll und im ganzen richtig angewendet werden.

Nicht vergessen werden soll aber in der Gesamtschau des Problems ein Gesichtspunkt, der nicht oft genug hervorgehoben werden kann: alle technischen Schutzmaßnahmen sind letztlich erst dann sinnvoll, wenn die *Wilddichte im Revier angemessen ist und die ökologischen Voraussetzungen* für die betreffende Wildart ihren Anforderungen gerecht wird. Je mehr es gelingt, die den natürlichen Erfordernissen angepaßte Äsung (insbesondere durch gute Wildwiesen) reichhaltiger zu gestalten, um so weniger wird das Wild die für den Menschen wirtschaftlich wichtigen Holzpflanzen oder Erzeugnisse verbeißen, schälen oder zerstören und um so erfolgreicher werden die technischen Maßnahmen sein.

Die Jagd

Vorbemerkung

Jeder erfahrene Jäger weiß, daß er sich erst mit dem Wesen einer Wildart vertraut machen muß, bevor er auf sie jagen will. Bei der Jagd auf den Mufflon besteht hierfür um so mehr das Bedürfnis, als es sich um ein Wild handelt, das noch nicht allenthalben bekannt ist, und – man kann wohl sagen – gewisse geheimnisvolle, stolze und deshalb besonders interessante Wesenszüge besitzt. Viele Pürschgänge und mancher Ansitz werden nötig sein, um aus den Beobachtungen des Muffelwildes die nun einmal notwendigen persönlichen Erfahrungen für die Jagdausübung zu gewinnen. Wir haben über die Herkunft, die Lebensweise und die Hege des Muffelwildes die wichtigsten Erkenntnisse dargelegt und damit dem Jäger die Grundlage für die Bejagung gegeben.

Was nun die Jagd im modernen Sinne anlangt, so gibt es hierüber die verschiedensten Ansichten, die man würdigen kann, ohne das persönliche Geheimnis, das jeder Jäger mit seiner subjektiven Einstellung zur Jagd bewahren möchte, einschränken zu lassen. Fassen wir die Jagd nach Müller-Using (1949) „als zweckbewußtes, auf das Erlegen von Wild gerichtetes Handeln, das triebhaft begründet ist..." auf, so erkennen wir diese Formulierung als eine rationelle Definition an. Lassen wir Gagern aus „Birschen und Böcke" sprechen, so freuen wir uns über die poesievolle Wirkung seiner Worte: „Jagd ist Schauen, Jagd ist Singen, Jagd ist Ausruhen, Jagd ist Erfüllung, Jagd ist Dankbarsein, Jagd ist Advent, Jagd ist Vorabend, Jagd ist Bereitung und Hoffnung." Anders meditiert Ortega y Gasset (1953) mit der geistvollen Erkenntnis „Jagd sei der Wettstreit oder das Aufeinandertreffen zweier Systeme von Instinkten...", oder „... wer die Jagd als ein menschliches Faktum auffaßt und nicht als ein zoologisches Faktum, das der Mensch wieder zum Vorschein bringen will, versteht nicht, was die Jagd will". Diese Darlegung wird auch gern von Journalisten zitiert, wenn das Bedürfnis besteht, über die Jagd und die Jäger etwas zu schreiben. Eine vollkommene, allgemeingültige und für alle Jäger überzeugende Definition über die Jagd zu geben, ist deshalb so schwierig, weil eine Wechselbeziehung zwischen Mensch und Tier in der Jagd besteht, die wegen ihrer Unterschiedlichkeit schwer zu erfassen ist. Der Durchschnittsjäger findet sich jedenfalls mit dieser Erkenntnis ab.

Gleichwohl hat uns Lindner (1977) eine überzeugende Definition beschert, nachdem er sich mit dem Phänomen als Pragmatiker im geisteswissenschaftlichen Bereich gründlich auseinandergesetzt hat. Er sagt: „Jagd ist etwas spezifisch Menschliches. Sie ist zweckbewußte, in der Regel auf Tötung gerichtete Verfolgung einer Gruppe von als Wild bezeichneter Säugetiere und Vögel unter Verwendung zusätzlicher Mittel und unter Wahrung der Entkommenschancen des verfolgen Objektes."

Die realistische Denkweise unserer Zeit führt nun allerdings manche nüchterne Erwägung ins Feld, die den Abschuß des Wildes vorzugsweise als Nutzung des Zuwachses oder als Regelung der Siedlungsdichte im Hinblick auf die Erfordernisse der Landeskultur ansehen. Die Materialisten unter den Jägern wiederum möchten die Jagd sogar mit Vorteilen der klingenden Münze ausnutzen. Mancher zu Wohlstand gekommene Mann betreibt die Jagd als „Hobby", aus Gründen gesellschaftlicher Erfolgsaussichten und zur Befriedigung seines Geltungsbedürfnisses. Viele Auswüchse dieser Art wuchern als ernste Gefahr für die Wahrung jagdlicher Grundsätze und Tugenden.

Das Triebhafte bei der Jagd ist indessen manchem Wandel unterworfen. Viele gute Jäger sind in der Jugend von einer unbändigen Passion des Beutemachens ergriffen, später dann aber abgeklärter und dem Zweckbewußtsein nähergerückt. Wesentlich dürfte wohl vor allem sein, daß sich die Jagdleidenschaft dem Wohle der menschlichen Gemeinschaft unterordnet. Wesentlich ist aber auch, daß der Wille zum Erlegen des Wildes getragen bleibt von der Bereitschaft, Unbequemlichkeiten zu ertragen und Risiken auf sich zu nehmen; weiter auch von einer niemals resignierenden Ausdauer, von einem Sich-Hingeben dem Geheimnis des Ungewissen, des Unabsehbaren und dem Zauber einer echten natürlichen Stimmung in der freien Natur – ohne Neigung zu Sentimentalitäten.

Unter diesen für die Jagd gemeinhin geltenden Aspekten werden wir nun in bezug auf das Muffelwild unsere Erfahrungen über die Jagdarten, über die Planungen für die Durchführung des Abschusses, über die Erfordernisse vor sowie die Gebräuche nach dem Schuß darlegen und sonst noch einige praktische Ratschläge geben.

Die Jagd auf Muffelwild wird in der Regel auf der Pürsch und beim Ansitz ausgeübt. Treib- und Drückjagden kommen wegen mancherlei Schwierigkeiten für diese Wildart nicht in Frage – es sei denn, daß gelegentlich einer „Wildjagd" aus besonderen Gründen das eine oder andere Stück Muffelwild geschossen werden muß, oder durch eine Art „Riegeln" ein Rudel einem Schützen zugedrückt werden soll.

Pürsch

Fragen wir einen erfahrenen Jäger, ob er lieber die Pürsch oder die Ansitzjagd ausübt, so wird man wohl zumeist die Antwort hören: Die Pürsch – und als Begründung, weil diese Jagdart für den Erfolg Routine voraussetzt, dem Wild eine größere Chance läßt und dem Jagenden mehr Befriedigung bringt. Wir glauben wohl, daß man hier keine Alternative stellen kann und soll. Die alte Regel: Am Abend der Ansitz, am Morgen die Pürsch ... hat sich durchaus bewährt.

Wollen wir an die Einstände des Muffelwildes heranpürschen, so ist eine gehörige Revierkenntnis erforderlich; denn wir wissen, daß das Muffelwild hervorragend äugt, sehr gut windet und sich außerordentlich vorsichtig verhält. Jedes gut eingerichtete Revier sollte deshalb durch *Pürschwege* aufgeschlossen sein. Es ist erstaunlich, mit welcher Beständigkeit Muffelwild zu bestimmten Jahreszeiten ganz bestimmte Forstorte bevorzugt. Diese Beobachtung muß man ausnutzen und Pürschwege unter Berücksichtigung des Geländes, des Bodenbewuchses und insbesondere der Hauptwindrichtung so anlegen, daß man lautlos an diese Einstände herankommt. Desgleichen sollen Äsungsplätze, Ansitze und Kanzeln durch Pürschwege erreichbar sein, nicht nur, um das Pürschen zu erleichtern, sondern auch um Beunruhigungen des Wildes zu vermeiden. Gelegentlich wird es auch notwendig sein, einen Pürschweg durch eine Dickung zu führen. Das Freischneiden ist oft mühsam und kostspielig. Heute kann man sich für solch einen Zweck eines Motorschneidegerätes bedienen. Wir haben mit dem sogenannten „Wiesel" für das Freischneiden von Pürschwegen gute Erfahrungen gemacht. Wenn man von dem unvermeidlichen Motorlärm, der ja keine Bereicherung unserer Wälder ist, absieht, ist ein derartiges Verfahren sehr praktisch. Selbst für das Freifegen der Steige werden „Motorpuster" oder sogenannte „Pürschwegbläser" verwendet. Fortschritt und Geschäft wollen auch hier Einzug halten ...

„Geharkt bleibt aber geharkt", insbesondere wenn man Bodenunebenheiten ausgleichen muß. An einem Juliabend pürschte ich mit meiner Dachsbracke durch ein Buchenstangenholz an einem steinigen Hang in Richtung auf eine Kanzel, um einen alten Rehbock abzupassen. Der Pürschweg war gut geharkt, ich hatte halben Wind und kam gerade über eine Bodenwelle hinweg. Plötzlich sah ich vierzig Schritt vor mir einen starken Widder, der auf dem gleichen Pürschweg auf mich zuzog. Mein Hund und ich machten „nieder". Wir waren glücklicherweise durch eine krumme Buche teilweise gedeckt. Der wirklich kapitale Widder wechselte langsam auf uns zu, vorsichtig nach allen Seiten sichernd, ab und an einen Grashalm aufnehmend. Bis auf dreißig Schritt war der Widder an uns herangekommen, äugte minutenlang unbeweglich zu uns herüber, wo wir zitternd vor Aufregung, im Zweifel gerade noch als merkwürdiger Felsen für den Starken erscheinen mochten. Dann wendete der Widder sein weißgraues Haupt und wechselte hangabwärts, immer wieder zu uns heraufsichernd, mit dem fragenden Ausdruck, ob der vermeintliche Felsen nicht doch eine bewegliche Gefahr sein könnte. Ein unvergeßlicher Anblick!

Unvergeßlich aber auch der geisterhafte Auftritt der Begegnung: Bald Standbild, bald Erhabenheit in den Bewegungen, ausgeglichen – ohne besondere Neugier, kein Scheinäsen, wie es den Cerviden eigen ist, und dann mit dem Eindruck eines stolzen Freiheitsbewußtseins, ausgesprochen abgeklärt und würdevoll, als wollte der Mufflon mit seiner Haltung zum Ausdruck bringen: Hier bin ich ein unabhängiger Herr!

Dieser Anblick war im wesentlichen dem Pürschweg zu verdanken; denn als ich 200 m weiter pürschte und den Hang – jetzt ohne Pürschpfad – nach oben kletterte, um über die Höhe zu schauen, erspähte ich ein Schaf mit einem Lamm, das aber bereits auf uns aufmerksam geworden war, da ein trockener Ast unter meinem Fuße knackte. Die beiden Stück Muffelwild sprangen natürlich ab und waren meinen Blicken schnell entschwunden.

Das Anpürschen eines Rudels Muffelwild im Bestande gelingt selten. Mit besserem Erfolg habe ich das sogenannte „Stehend-Pürschen" angewandt; das ist ein sehr langsames Schleichen mit häufigem Stehenbleiben. Es empfiehlt sich auf bestimmten Strecken, bei denen es auf Vorsicht besonders ankommt, etwa nur fünf Minuten zu pürschen, dann aber fünfzehn Minuten auf einem Standplatz zu verharren.

Wenn Muffelwild auf einer Wiese vertraut äst, so ist das Anpürschen in guter Deckung gegen Wind oder mit halbem Wind etwas einfacher. Man muß nur die nötige Vorsicht walten lassen. Im Morgennebel des letzten Jagdtages, eines 31. Januars, gelang es mir ohne besondere Schwierigkeiten, an einen Widder, der mit zwei Schafen auf einer Waldwiese äste, auf sechzig Schritt heranzukommen. Ich mußte aber, wie stets in solchen Fällen, schnell handeln, um dem Widder die Kugel anzutragen, da das Rudel bereits dem schützenden Waldbestand zustrebte. Wie so oft in derartigen Situationen weiß man beim Pürschen nicht immer, ob das Wild, das man gerade zu Gesicht bekommen hat, an der betreffenden Stelle schon längere Zeit verweilte.

Sehr reizvoll kann natürlich auch das *Pürschenfahren* sein, besonders wenn man noch über ein Pferdefahrzeug verfügt. Leider werden diese Fuhrwerke immer seltener. In der Tat hält aber Muffelwild auch ein Kraftfahrzeug gut aus, da es an den Anblick eines Autos heutzutage längst gewöhnt ist. Man wird natürlich – auch aus Bequemlichkeits-

Abb. 75. 3jähriger Muffelwidder im Bett sitzend (Phot. Tilgner)

gründen – verleitet, mit dem Auto pürschen zu fahren, da man Aussicht hat, an vielen Einständen, Äsungsplätzen oder Wechseln Wild zu Gesicht zu bekommen. Zur Information über Wildstände, bei Wildzählungen und zum Bestätigen bestimmter Stücke ist das Pürschenfahren zweifellos sehr praktisch – und heute, bei dem notorischen Zeitmangel, dort unerläßlich, wo man ein mit Fahrwegen gut aufgeschlossenes Revier hat. Hinzu kommt, daß beim Pürschenfahren das Wild am allerwenigsten beunruhigt wird. Solche Unternehmungen sind dann doch mehr Beobachtungsfahrten, da ja im Grundsatz nicht aus dem Auto geschossen werden darf. Wild hat ein sehr feines Gefühl dafür, von woher Gefahr droht. Ein Rudel, das aus einem Auto bereits einmal beschossen worden ist, verhält sich im Wiederholungsfalle mißtrauisch, weiß sogar bald die Autofarben und -typen zu unterscheiden und wird meistens flüchtig, wenn der Wagen anhält. Die einzige Möglichkeit, einen Jäger beim Pürschenfahren zu Schuß zu bringen, besteht darin, den Schützen aus dem langsam fahrenden Wagen aussteigen und in Deckung gehen zu lassen. Der Wagen muß dann in dem gleichen, langsamen Tempo weiterfahren. Hat man einen Volkswagen zur Verfügung, ist es zeckmäßig, den rechten Vordersitz herauszunehmen, um das Aussteigen des Begleiters zu erleichtern.

Das *Pürschen zu Pferde* kann auch sehr günstig sein. Es ist geradezu ideal, beim Reiten Wild zu beobachten. Man gelangt bequemer in unwegsame Revierteile, sieht „von hoher Warte" besser und hat auf diese Weise die Möglichkeit, an heimliche, alte Widder heranzukommen und deren Einstand zu bestätigen. Wild ist im allgemeinen einem Reiter gegenüber sehr vertraut.

Ansitz

Trotz der Unstetigkeit und der Unberechenbarkeit des Muffelwildes pflegt es in gewissen Zeiten und bei bestimmten Wetterlagen und Windrichtungen – zumeist auch ohne erklärbaren Grund – ganz bestimmte Geländeteile aufzusuchen. Wir Menschen wissen nicht, warum gerade in einer Mulde eines bodenfloraarmen Buchenaltholzes, in einem Fichtenstangenholz am Südhang, oder auf einer vergrasten Nordhangfläche sich immer wieder Muffelwild einstellt. Es ist merkwürdig, daß solche Flächen die Größe von 1 ha oftmals nicht übersteigen. Wir wollen auch nicht ergründen, warum dies so ist, genauso wie es problematisch bleibt, warum an einer bestimmten Stelle der Wechsel einer Wildart verläuft. Ich meine, wir sollten auch froh darüber sein, daß gewisse Geheimnisse der Natur ungeklärt bleiben, die wir achten und würdigen wollen, ohne bis in ihre äußersten Ecken hineinzuleuchten. Kennen wir nun aber derartige Wechsel und Einstände und haben wir darüber hinaus Äsungsflächen, so ist es gut, an solchen Stellen das Wild nicht durch Pürschen zu vergrämen, sondern die Voraussetzungen für Ansitze zu schaffen.

Über die Bauart von Kanzeln, Hochsitzen, Schirmen und Erdsitzen gehen die Meinungen sehr auseinander. Wesentlich ist nur, daß diese Einrichtungen praktisch und bequem sind sowie für das Gelände des Einstandes (Wechsels) oder der Äsungsfläche unter Berücksichtigung der Hauptwindrichtung günstig angelegt werden. Für die Auswahl des Standortes soll immer der Grundsatz gelten: Man muß an die Kanzel nicht nur gedeckt herankommen, sondern vor allem von ihr wieder wegpürschen können, ohne vom Wilde bemerkt zu werden. Wir halten nichts von Kanzelungetümen mitten auf einer Äsungsfläche. Man soll deshalb an Äsungsplätzen „Westwindkanzeln" oder „Ostwindkanzeln"

Abb. 76. Guter Anblick von einer Kanzel (Phot. Tilgner)

bauen. Obwohl viele Jäger es aus praktischen Gründen ablehnen, finden wir den Einbau von Hochsitzen in alte Bäume recht empfehlenswert. Man sitzt in natürlicher Deckung und fühlt sich in dieser Umgebung wohler als auf einer kahlen Kanzel; das Schwanken im Winde muß man hinnehmen. Unsere schönsten Ansitzerinnerungen haben wir jedenfalls an derartige Baumsitze.

Kanzeln und Hochsitze an Wege- und Bestandesrändern sollen nicht hervorragen, sondern gedeckt stehen. Sichtschneisen müssen dann seitlich durch Wegnahme von Ästen geschaffen werden. Es ist nicht gerade angenehm, wenn von weit her beobachtet werden kann, daß jemand auf der Kanzel sitzt. Das Schneiden von Sichtschneisen oder sogenannten „Krähenfüßen" in einem dichten Waldbestand vor der Kanzel erleichtert das Beobachten und Ansprechen des Wildes. Eine solche Maßnahme gehört ohnehin zum jagdlichen „Aufschließen" eines Reviers. Übertreibungen sollten hierbei allerdings vermieden werden, da das vorsichtige Wild sich derartigen künstlichen Schneisen gegenüber oft auch mißtrauisch verhält.

Sehr bewährt hat sich das seitliche Anstellen der Leiter an den Hochsitz in der Weise, daß man nicht quer zur Sicht des Wildes hinaufsteigen muß, sondern von links nach rechts zur Plattform des Hochsitzes übersteigen kann und auf diese Weise die Sitzbank nicht verbaut wird. Gleichzeitig kann dann auch die Leiter als Stütze dienen. Die Sprossen der Leiter dürfen höchstens einen Abstand von 25 cm voneinander haben, damit man bequem aufsteigen, aber vor allen Dingen lautlos absteigen kann. Eine Querblende muß vorhanden sein, um gegen Sicht sowie auch gegen die Sonne (sie steht in der Ansitzzeit in der Regel niedrig) geschützt zu sein. Manche bauen die Blenden auch in unregelmäßig gezackter Form zur Tarnung und um die Möglichkeit zur Auflage des Gewehres in beliebiger Höhe zu haben. Jedenfalls müssen die Blenden dicht genug sein, da Muffelwild erfahrungsgemäß gern nach oben äugt.

Das Annageln eines schmalen, regalartigen Brettchens zur Ablage von „Utensilien" sollte nicht vergessen werden. Geschlossene Kanzeln sind für manche Reviere und für Stellen, an denen der Wind empfindlich bläst, sehr praktisch. Wir machen uns allerdings wenig aus diesen „Lauerstätten", da man – abgesehen von der Unschönheit solcher Hochbuden – auf ihnen nicht gut hören kann. Das Wahrnehmen von Geräuschen, die

Abb. 77. Schwarzer Widder im verschneiten Buchenwald (Phot. Tilgner)

man aus der Umgebung auf sich wirken läßt, bleibt nun einmal das Wichtigste und auch das Schönste beim Ansitz. Wenn man unbedingt ein Dach über der Kanzel anbringen muß – man kann sie ja dann „Gewitterkanzel" nennen – dann soll das Dach niedrig mit einer Querblende gebaut werden und für die Sitzhaltung über dem Kopf (mit Hut) abschließen. Die Bodenhöhe der Kanzel soll sich allein danach richten, wie man am besten das Gelände einsehen kann. Wir bevorzugen eigentlich niedrige Hochsitze von 2 bis 5 m. Selbst in 1 m Höhe kann ein Ansitz seinen Zweck voll und ganz erfüllen. Die Ansicht, man könne auf 6 m hohen Kanzeln überwindig sitzen, ist zumeist irrig. Muffelwild besitzt ein so fein ausgebildetes Wittrungsvermögen und ist so empfindlich gegenüber dem menschlichen Geruch, daß man schon riesenhafte Türme hinstellen müßte, um den erhofften Zweck zu erreichen; der Erfolg dürfte auch dann noch zweifelhaft sein. Im allgemeinen genügen tatsächlich niedrige Ansitze oder Schirme. Alle Jäger haben bei vernünftiger Betrachtung der Hilfsmittel für den Ansitz die dringende Verpflichtung, durch den Bau von Kanzeln den Naturgenuß nicht zu beeinträchtigen und die Gegend zu verschandeln. Vergessen wir auch nicht, daß diese Anlagen viel Geld kosten und eigentlich keine Dauereinrichtung sein sollten. Ehe also der Entschluß für den Bau eines Hochsitzes oder einer Kanzel gefaßt wird, sollen sorgfältige Überlegungen darüber vorangehen, ob dieses „Bauwerk" auch naturgemäß gestaltet werden kann und in die Landschaft paßt.

Riegeln

Die Tatsache, daß sich Muffelwild zu bestimmten Jahres- und auch Tageszeiten an besonderen Stellen im Revier einzustellen pflegt, macht eine Jagdart lohnend, die wir mit „Riegeln" bezeichnen möchten. Es lassen sich einerseits gewisse Parallelen zum Gamsriegeln ziehen, andererseits ist der Ausdruck auch für andere Wildarten im übertragenen Sinne durchaus gebräuchlich.

Das Riegeln kann z. B. angewendet werden, wenn es gilt, einen Jagdgast möglichst kurzfristig auf einen Widder oder auf ein Stück Kahlwild zu Schuß zu bringen. Da ein Anpürschen beispielsweise in Stangenhölzern – noch dazu wenn die Wetterlage ungünstig ist, wie bei Harschschnee – kaum gelingt, wird der Jagdgast mit gutem Wind an einer geeigneten Stelle gedeckt postiert. Zwei Gehilfen gehen nun, sich laut unterhaltend oder auch pfeifend, im Bogen mit schlechtem Wind derart an den Einstand des Rudels heran, daß sie das Wild dem Schützen abriegelnd so zudrücken, daß er – meistens auf geringe Entfernung – zu Schuß kommen kann. Die Mufflons ziehen oder flüchten in der Regel 100 bis 300 m mit Wind, äugen dann nach dem Störenfried zurück und kommen auf diese Weise in die Nähe des Schützen. Die erfahrungsgemäß bevorzugten Wechsel oder auch die Richtung zum anderen Einstand müssen natürlich bei der Auswahl des Schützenstandes berücksichtigt werden. Es ist auch vorteilhaft, geeignete Bodenwellen als Deckung auszunutzen. Der Schütze muß freilich sehr ruhig stehen. Die kleinste, unvorsichtige Bewegung wird von einem „Aufpasser" im Rudel wahrgenommen. Dann ertönt der schnalzende Warnpfiff – und das flüchtig werdende Rudel läßt sich nicht mehr aufhalten. Eine bereits zum Ausdruck gebrachte Tatsache haben wir bei dieser Jagdart immer wieder bestätigt gefunden, nämlich daß Muffelwild selten einer dichten Deckung zustrebt – also eine Dickung annimmt –, sondern lieber in ein übersichtliches Gelände,

z. B. Alt- oder Stangenholz, flüchtet, wo es einen besseren Überblick hat. Das Riegeln darf aber auf keinen Fall zu oft im Jahre wiederholt werden, um das Wild nicht zu beunruhigen. Am besten eignet sich hierfür das Ende der Jagdzeit, also die Monate Dezember–Januar. Für einen Jäger, der selten Muffelwild gesehen und bejagt hat, kann die Riegeljagd zu einem spannenden, ja aufregenden Erlebnis werden. Schönes Winterwetter bei Schneelage gibt dieser Jagdart einen besonderen Reiz, wenn beispielsweise ein Widderrudel geriegelt wird, aus dem ein schwarzer Widder (ohne Sattel) geschossen werden soll und die eindrucksvollen Schneckenträger anflüchten, verhoffen, hin und her treten und sich gegenseitig instinktiv gegen die menschliche Bedrohung decken. Der „Schwarze" steht dann nicht immer gleich frei, sondern meistens durch einen Baum gedeckt, oder gerade spitz, minutenlang, oft über eine Viertelstunde wie zu einer Bildsäule erstarrt, herüberäugend. Die Finger werden kalt, wenn die gestochene Büchse im Anschlag liegt, das Fernrohr beschlägt, die Hoffnung auf einen Erfolg wird schon aufgegeben, bis dann endlich der „Schwarze" den entscheidenden Schritt nach vorn zieht, frei und breit steht, der Schütze seine letzten Kräfte zusammennimmt, um noch einen sicheren Schuß anzutragen. Hier kommt es auf Bruchteile von Sekunden an; äußerste Anspannung der Nerven, zuverlässiges Ansprechen, Konzentration auf das zu erlegende Stück und Gewalt zur Ruhe für einen guten Schuß sind die Voraussetzungen für einen Erfolg. Dann ist aber auch die Freude um so größer und um so nachhaltiger ist die Erinnerung an dieses einzigartige jagdliche Erlebnis.

Bejagungsplanung

Grundlagen der Wildstandsbewirtschaftung

Obwohl wir uns als Jäger innerlich dagegen sträuben, die Jagd in die Zwangsjacke bürokratischer Planung oder reglementierender Vorschriften drängen zu lassen, sind wir bei aller Würdigung der jagdlichen Freiheit gesetzlich gezwungen, den Bestand einer Wildart zahlenmäßig zu erfassen und Rechenschaft über seine Entwicklung zu geben. Darüber hinaus sind wir heute genötigt, eine Wildart in die Lebensgemeinschaft des Waldes und der gesamten Landschaft richtig einzuordnen und bei der Erhaltung eines *„ökologischen Stabilitäts-Ideals"* (Markl 1980) mitzuhelfen. Um sich dieser Aufgabe widmen zu können, muß ein verantwortungsbewußter Revierinhaber gründliche Kenntnisse von der Voraussetzung für die Bejagungsplanung besitzen. Hiervon soll nachfolgend die Rede sein.

Vorerst ist von allgemeiner Bedeutung, welche *Stellung das Muffelwild innerhalb der Lebensgemeinschaft des Waldes* einnehmen soll. Deshalb ist zu prüfen, ob das Muffelwild in dem betreffenden Revier überhaupt eine Existenzmöglichkeit und damit auch eine Lebensberechtigung hat, welche Verbreitung auch in quantitativer Hinsicht man zugestehen kann, ob ein Zusammenleben mit bestimmten anderen Wildarten möglich ist und in welcher Form sich die Eingriffe in den Bestand vollziehen sollen. Wesentlich ist auch in diesem Zusammenhang die Frage, welche *Forderungen der Landeskultur* berücksichtigt werden müssen, und, angesichts des immer stärkeren Publikumverkehrs, welche *Bedürfnisse der Öffentlichkeit* vorliegen, denen heute der moderne Jäger in einer übervölkerten Landschaft die gebührende Achtung schenken sollte.

Eine Bejagungsplanung soll normalerweise das Ziel haben, eine nachhaltige Nutzung des Wildes zu gewährleisten. Der Begriff der *Nachhaltigkeit* ist in übertragener Bedeutung aus der Forstwirtschaft entliehen worden, ebenso wie der der *Durchforstung*, wenn es gilt, das Schlechtere aus einem Bestand zu entfernen, um den besseren Bestandesgliedern zu nützen. Gleichzeitig soll das Wild quantitativ etwa gleichbleibend erhalten und qualitativ gefördert werden. Die zweifellos auch wirtschaftliche Bedeutung einer nachhaltigen Nutzung brachte auch bald den Begriff der *Wildstandsbewirtschaftung*, der sprachlich für die Jagd nicht gerade wohlklingend ist, aber zusammenfassend das ausdrücken kann, was wir bei einer bestimmten Zielsetzung mit der Bejagungsplanung bezwecken.

Zur Erläuterung und Wertung weiterer Begriffe sollen die folgenden Bemerkungen beitragen:

Die Regelung der *Wilddichte* ist in jedem Falle als die wichtigste Aufgabe der Bejagungsplanung anzusehen. Die Wilddichte wird allenthalben in Stückzahl je 100 ha angegeben und, in Abänderung früher gültiger Grundsätze, auf den *Frühjahrsbestand* – mit Stichtag 1. April – bezogen. Unter Frühjahrsbestand verstehen wir den am Beginn des Jagdjahres vorhandenen Wildbestand. Es ist der Bestand ohne neuen Zuwachs, der in der Zeit vom Ende der Jagdzeit bis zum 31. März vorhanden ist. Den Schnitt zum 1. April unterstellen wir deshalb, weil wir einen bestimmten Zeitpunkt brauchen, von dem ab wir die Lämmer zu den Schmalschafen, Schmalschafe zu den Schafen (Schmalrehe zu den Ricken) rechnen.

Zum Unterschied zur Wilddichte, die auf den Frühjahrsbestand bezogen wird, nennen wir die Stückzahl je 100 ha im Sommerbestand *Siedlungsdichte*. Die *Wilddichte* ist gewissermaßen ein Begriff im jagdbetrieblichen Sinne, während die *Siedlungsdichte* sich auf die vorhandene Verbreitung einer Wildart in ihrem Lebensraum bezieht.

Zum *Sommerbestand* gehören alle diejenigen Glieder des Bestandes, die am Ende der

Begriffsbestimmungen für einige Altersklassen beim Muffelwild und vergleichsweise beim Rehwild

<table>
<tr><th>Begriff</th><th>Muffelwild</th><th>Rehwild</th></tr>
<tr><td>Frühjahrsbestand
niedrigster Wildbestand nach Ausgang des Winters.
Stichtag: 1. April</td><td>gezählt bis zum 31. 3. als Widder, Schafe, Schmalschafe, Widderlämmer, Schaflämmer</td><td>gezählt bis zum 31. 3. als Böcke, Ricken, Schmalrehe, Bockkitze, Rehkitze</td></tr>
<tr><td>Der Stichtag: 1. April</td><td>1jähr. Widder wird 2jähr., Schmalschaf wird 2jähr. Schaf, Widderlamm wird 1 jähr. Widder, Schaflamm wird Schmalschaf</td><td>1jähr. Bock wird 2jähr., Schmalreh wird Ricke, Bockkitz wird 1jähr. Bock, weibl. Kitz wird Schmalreh</td></tr>
<tr><td>Sommerbestand
höchster Wildbestand nach Abschluß der Setzzeit.
Stichtag: 1. August</td><td colspan="2">berechnet oder geschätzt aus dem Frühjahrsbestand unter Berücksichtigung des Übergangs in die neue Altersklasse (1. 4.) zuzüglich des Zuwachses der frisch gesetzten Lämmer (Kitze)
Die Zu- und Abwanderungen müssen bei der Errechnung berücksichtigt werden.</td></tr>
<tr><td>Vom Sommerbestand zum Frühjahrsbestand</td><td colspan="2">Wenn vom Sommerbestand alle Abschüsse abgerechnet werden – auf jeden Fall aber auch alle Abgänge als Fallwild u. a. –, ergibt sich hieraus der neue Frühjahrsbestand, der aber wegen der möglichen Zu- und Abwanderungen neu gezählt werden muß.</td></tr>
</table>

Setzzeit, letztlich bei dem Beginn der Jagdzeit vorhanden sind, d.h. der Bestand einschließlich der Lämmer (Kitze usw.). Es ist der Bestand, aus dem gewissermaßen geschöpft wird, der vom Blickpunkt des Jägers gesehen derjenige ist, über den er für den Abschuß mehr oder minder verfügen kann, und der auch in der Vorstellung der Öffentlichkeit die Anzahl des Wildes repräsentiert, die in einem Lebensraum (Revier) vorhanden ist. Die vorstehende Übersicht erläutert die Begriffsbestimmung.

Für das Muffelwild ist noch zu beachten (ebenso wie beim Schwarzwild), daß die Lämmer oft bereits im März gesetzt werden. Wir haben also bei Zählungen am 31. März gelegentlich Lämmer von zwei Generationen. Die frisch gesetzten Lämmer rechnen stets zum Sommerbestand, werden also beim Frühjahrsbestand nicht mitgezählt.

Wie wird nun die Wilddichte berechnet?

Als Gedankenstütze kann man sich die folgende Formel einprägen:

$$\frac{\text{Frühjahrsbestand} \times 100}{\text{Hektar (Lebensraum)}} = \text{Wilddichte} \qquad \text{Beispiel: } \frac{38 \times 100}{760\ \text{ha}} = 5$$

Ist also ein Frühjahrsbestand von 38 Stück Muffelwild in einem Revier (Lebensraum) von 760 ha gezählt, geschätzt oder berechnet worden, beträgt die Wilddichte nach unserem Beispiel = 5.

Will man nun aber – von einem anderen Blickpunkt her gesehen – eine bestimmte Wilddichte von beispielsweise 6 Stück (je 100 ha) in einem Revier von 760 ha haben, so setzt man nach der Formelumstellung folgendes ein:

$$\frac{\text{Wilddichte} \times \text{Hektar}}{100} = \text{Frühjahrsbestand} \qquad \text{Beispiel: } \frac{6 \times 760}{100} = 45{,}6\ \text{Stück}$$

Der Frühjahrsbestand dürfte demnach 46 Stück betragen.

Gerechterweise darf die Wilddichte nicht allein auf die Revierfläche, sondern muß auf den gesamten Lebensraum bezogen werden. In einem Revier mit einer größeren Anzahl von Gatterflächen müssen diese bei der Berechnung ausgeschlossen – andererseits Flächen hinzugerechnet – werden, die zum Äsungsgebiet gehören, z. B. Feldrandgebiete, Enklaven u. a., wo sich tatsächlich das Muffelwild aufzuhalten pflegt. Deshalb ist man auch gezwungen, der Wildstandsbewirtschaftung möglichst einen größeren Raum durch Zusammenfassung mehrerer Reviere zugrunde zu legen. Es hat sich auch bewährt, die Berechnung der Wilddichte sowohl für die – sagen wir – kleine territoriale Revierfläche, als auch für den Lebensraum durchzuführen und diese Ziffern zu vergleichen. Erst durch das Abwägen dieser beiden Werte ist man in der Lage, die Wilddichte exakter einzuschätzen. Sie wird darüber hinaus auch durch die Tatsache beeinflußt, daß die Wildbestände mehr oder minder geschätzt oder errechnet werden. Diese schwer erfaßbaren Schwankungen können deshalb auch durch eine „dynamische Abschußplanung" aufgefangen werden, wie sie Hennig (1962) vorschlägt.

Wildstandsermittlung

Um jedoch die Wildbestände möglichst genau zu ermitteln, muß man mehrere Male im Jahre *Wildzählungen* durchführen und die Ergebnisse mit den bereits vorhandenen Aufzeichnungen vergleichen. Neuerdings empfiehlt auch v. Berg (1979) sogenannte „Zähltreiben" zum Erfassen von Wilddichten. Ob dieses Verfahren auch bei Muffelwild mit aussichtsreichen Ergebnissen angewendet werden kann, ist problematisch.

Am zuverlässigsten sind in der Regel die Zählergebnisse im Winter bei Schneelage, wenn das Wild zu den Fütterungen zieht. Wichtig ist, daß in allen Revieren eines Muffelwildvorkommens gleichzeitig gezählt wird. Hierbei sollen sich möglichst viele Jäger beteiligen, die auch darauf achten müssen, daß Doppelzählungen vermieden werden. Wetter und Mondstand sollen für die Auswahl des Zeitpunktes mitbestimmend sein. Es wird beispielsweise verabredet und an die Revierinhaber bekanntgegeben: Wildzählung am 15. Januar in der Zeit zwischen 17 und 19 Uhr. Anzugeben sind Ort, Uhrzeit, Richtung des An- und Abwechselns, Anzahl nach alten Widdern, jungen Widdern, Schafen, Schmalschafen, Widderlämmern, Schaflämmern. Es versteht sich natürlich von selbst, daß bei der Zählung gegebenenfalls andere Wildarten mit beobachtet und registriert werden. Man stelle sich eine Wildzählung aber nicht so leicht vor. Wir haben oft an einem Wechsel, der zur Fütterung führt, angesessen und Muffelwild gezählt. Da zieht ein Rudel durch den Altholzbestand – freie Flächen werden meistens gemieden – und nun verhoffen einige Stücke, sich gegenseitig verdeckend, unregelmäßig hinter Bäumen und Strauchteilen stehend, sich wieder durcheinanderschiebend. Ein Altschaf mit Lamm vorweg, im weiteren Abstand begleitet von einem jüngeren Schaf mit Lamm und Schmalschaf; inzwischen schieben sich drei junge Widder vor, und ein älterer Widder überholt die übrigen Stücke. Ja, dann will man in Gedanken festhalten, was man mehrere Male gezählt hat; plötzlich zählt man vier Stück mehr, und weiß gar nicht, wo diese hergekommen sind. Wahrscheinlich haben sie in der Nähe des Wechsels in einer Mulde gesessen und sich dem Rudel angeschlossen ... und schließlich, hundert Meter vor der Fütterung, nach kurzem Verhoffen und unschlüssigem Hin- und Herziehen, flüchtet das Rudel auf die Fütterung zu. Die älteren Widder haben die jüngeren abgedrängt, es kommt zu kleinen Anrempeleien, die wiederum die Annäherung an die Fütterung aufhalten. An der Fütterung selbst ist dann ein Durcheinander, ein ständiges „Kommen und Gehen", wodurch das Ansprechen und sichere Bestimmen aller Stücke sehr erschwert wird. Muffelwild zieht selten in regelmäßiger Folge im größeren Rudel, trollt fast niemals, gelegentlich nur einmal wenige Schritte, und erreicht die Fütterung oder auch den Äsungsplatz gewissermaßen in gegenseitiger, überholender Verfolgung. Bei Wildzählungen in der Nähe von Fütterungen hat es sich nicht bewährt, allein zu beobachten, sondern es ist besser, wenn zwei Jäger sich gegenseitig helfen: der eine beobachtet, der andere notiert. Man kann auch ein Schema zur Eintragung von Muffelwildbeobachtungen zu Hilfe nehmen, wie es WUTTKY und LAMSTER empfehlen.

Die Zählungen sollen bei jeder möglichen Gelegenheit – auch im Sommer, im Spätherbst, in der Brunftzeit – wiederholt und verglichen werden. Es muß sich auch jeder Jäger dessen bewußt sein, wie wichtig die Zählergebnisse sind. Jede tendenziöse Veränderung dieser Zahlen muß unterbleiben. Der eine Jäger will viel Wild schießen, gibt deshalb mehr an, der andere will erst in späteren Jahren mehr schießen, gibt deshalb zunächst weniger an. Derartige Unaufrichtigkeiten rächen sich über kurz oder lang und werden sehr bald offenbar, da die Gesetzmäßigkeiten der Wildstandsentwicklung nicht auf die Dauer vertuscht werden können.

Wilddichte

Wie hoch nun die Wilddichte sein darf – oder mit anderen Worten – wieviel Stück Muffelwild auf 100 ha gehalten werden sollen, hängt von mehreren Voraussetzungen ab. Früher wurde die zahlenmäßige Verbreitung des Wildes im wesentlichen durch die

Großraubwildarten Wolf, Luchs, Bär – auch Adler – beeinflußt. Heute hat der Mensch die Rolle eines Regulators übernommen, zugleich aber auch die Verpflichtung, mit Ziel und Zweck für die Lebensgemeinschaft zu handeln.

Wir unterscheiden die *biologisch optimale Wilddichte* und die *wirtschaftlich tragbare Wilddichte* (Ueckermann u. a. 1957). Bei der ersteren sind die Umweltbedingungen, die wir bereits in dem Kapitel über die Hege kennengelernt haben, von entscheidender Bedeutung. Hierzu gehören die Gegebenheiten des Standortes, einschließlich des Grund und Bodens, des Klimas und der Äsungsverhältnisse. Im weiteren Sinne sind die Gesundheit und für unsere Wildart die Unverfälschtheit sowie die Frage einzuschließen, welche anderen Wildarten außerdem im Revier leben. Je größer die Wilddichte ist, um so häufiger werden Krankheiten auftreten und um so mehr werden physiologische Schäden den Bestand gewissermaßen „degradieren". Es ist eine alte Erfahrung, daß bei hoher Wilddichte die Wildbretgewichte relativ gering sind und nur mit einer außergewöhnlich guten und abwechslungsreichen künstlichen Fütterung ausgeglichen werden können. „Die biologisch optimale Wilddichte soll also in erster Linie dem Wohle des Wildes selber dienen" (Hennig 1962).

Anders ausgedrückt, hängt eine optimale Wilddichte nicht allein von der Äsungskapazität des Biotops ab, sondern von den zahlreichen, auf das Wohlbefinden des Wildes irgendwie einwirkenden Faktoren. Als Indikator für die Beurteilung der biologisch optimalen Wilddichte dient unter anderem auch die Fortpflanzungsleistung in der Population. Eine hohe Wilddichte hat einen Äsungsmangel und damit wiederum eine Konditionsschwächung, verbunden mit einer geminderten Fortpflanzungsleistung, zur Folge. Einer verringerten Wilddichte steht ein verbessertes Äsungsangebot zur Verfügung, auf das sie mit einer verbesserten Fortpflanzungsleistung reagiert. Ähnliche Konditionskriterien haben Eisfeld und Ellenberg bei Schädeluntersuchungen festgestellt. Demnach bewirkt ein quantitativ und qualitativ verändertes Äsungsangebot eine Konditionsveränderung, welche in der Unterkieferlänge oder auch in der „gekappten" Schädellänge (das ist das Licht- oder Bandmaß von der Quernaht hinter den Rosenstöcken oder Stirnzapfen bis zur Nasenbeinspitze) ihren sichtbaren Ausdruck findet. Die Längenmaße lassen somit auf den gesundheitlichen Gesamtzustand des Wildes bzw. auf die bestehenden Umweltverhältnisse schließen. Diese Konditionskriterien sind allerdings erst nach einem längeren Zeitablauf, mitunter von Jahren, erkennbar. Onderscheka (1980) geht bei der Beurteilung der Gesamtsituation vom Stoffwechselhaushalt aus bzw. einer unterschiedlichen Belastung durch den Erhaltungs- und den Leistungsaufwand. Äsungskonkurrenz aufgrund eines übermäßigen Populationsdruckes, anhaltend starker Jagddruck, aber auch das veränderte Freizeitverhalten des Menschen und die damit verbundene ständige Beunruhigung steigern den Leistungsaufwand auf ein Vielfaches des Normalwertes. Dieser anhaltend hohe Energieverbrauch ist am Glycogen- und Fettgehalt der Leber in bereits geringen Mengen relativ rasch nachweisbar.

Bei der *„wirtschaftlich tragbaren Wilddichte"*, durch deren Überschreitung erhebliche Schäden in Land- und Forstwirtschaft entstehen können, muß ein anderer Maßstab angelegt werden. Für das Muffelwild ist hier ausdrücklich noch einmal festzustellen, daß wir uns lediglich auf den normalen (originalen) Muffelwildtyp beziehen können und nicht in der Lage sind, die verschiedenartigen Bastarde zu berücksichtigen, die wegen ihrer anderen Lebensgewohnheiten, insbesondere ihrer Neigung zum Schälen und zur Feldäsung, auch in geringer Siedlungsdichte erhebliche wirtschaftliche Schäden anrichten können.

Interessant ist die Tatsache, daß beim Muffelwild der Unterschied zwischen der biologisch optimalen und der wirtschaftlich tragbaren Wilddichte nicht so groß ist, wie bei anderen Schalenwildarten. Wenn man die Muffelwildschäden beispielsweise mit denen des Rehwildes vergleicht, so entfallen beim Muffelwild die zweifellos erheblichen Fegeschäden, die der Rehbock verübt.

Abb. 78. Kahlwildrudel mit jungen Widdern (Phot. Zoller)

Ueckermann (1960) bezeichnet die „biotische Wilddichte" dann noch als erträglich, „wenn die Körper- und Trophäenstärke durch eine zahlenmäßige Überbesetzung des Reviers nicht beeinträchtigt wird und seuchenartige Erkrankungen ausgeschaltet sind". Als Grundlage für die Einschätzung der wirtschaftlich erträglichen Wilddichte bewertet Ueckermann den Revierstandort und ermittelt „Standortwertziffern", die er für die praktische Anwendung auf drei Klassen, nämlich geringe, mittlere und gute Standorte verteilt.

Für die Berechnung der Wilddichte beim Muffelwild ist die Anwendung der „Standortwertziffern" problematisch, da das Muffelwild außerordentlich genügsam ist und bisher Vergleichsversuche zu dieser Fragestellung nicht durchgeführt worden sind. Immerhin kann man auch diese Bewertungen des Revierstandortes zum Vergleich heranziehen, wenn sie für die Planung einer Wildstandsbewirtschaftung, z. B. in einer Muffelwildhegegemeinschaft nützlich erscheinen.

Für die Praxis müssen wir nun jedoch einen handfesten Vorschlag für die Wilddichte geben. Wir wissen, daß das Muffelwild eine höhere Wilddichte verträgt als das Rot-, Dam- und Rehwild. Die größte, bisher in einem westdeutschen Muffelwildvorkommen erreichte Wilddichte liegt bei 20 Stück auf 100 ha, ohne daß biologische oder wirtschaftliche Schäden als deren Folge aufgetreten wären. Wenn wir diese immerhin doch erstaunlich hohe Anzahl als eine noch biotisch tragbare Wilddichte ansehen, obwohl sie sicher nicht optimal ist, so können wir daraus entnehmen, welche Potenzen für die Population dieser Wildart tatsächlich vorhanden sind.

Für den praktischen Jagdbetrieb interessiert uns nun aber vor allem die „wirtschaftlich tragbare" oder auch „landeskulturell vertretbare" Wilddichte. Aus den vergleichenden Beobachtungen und den Erfahrungen, die im europäischen Raum gemacht worden sind, sollte man beim Muffelwild eine

Wilddichte von 3 bis 10 Stück auf 100 ha, im Mittel 6 Stück

anstreben, aber auch nicht überschreiten. Die Spanne ist sehr weit gehalten, um den unterschiedlichen örtlichen Gegebenheiten entsprechend Rechnung tragen zu können. Wenn wir uns – um ein Beispiel zu nennen – ein Revier von 1000 ha Größe mit 60 Stück Muffelwild vorstellen, dann haben wir eine Wilddichte von *6 Stück auf 100 ha.* Für dieses Jagdgebiet existiert dann eine Wilddichte, die auf jeden Fall wirtschaftlich tragbar ist, die zusätzlich die Haltung noch anderer Schalenwildarten erlaubt und eine bleibende Nutzung von etwa 20 Stück in jedem Jahr ermöglicht.

Geschlechterverhältnis

Welches Geschlechterverhältnis bei der Bejagungsplanung angestrebt werden soll, muß von dem „Bewirtschaftungsziel" abhängig gemacht werden. Wir verstehen unter Geschlechterverhältnis (z. B. 1 : 1) das Verhältnis aller männlichen (erste Zahl) zu allen weiblichen Gliedern (zweite Zahl) – einschließlich der Lämmer. Hat man eine Neugründung vorgenommen und will einen Bestand erst einmal aufbauen, so ist man genötigt, den weiblichen Anteil überwiegen zu lassen. Ein Geschlechterverhältnis von 1 : 2 oder gar 1 : 3 bringt dann viel rascher die gewünschte Vermehrung. Wir haben jedoch immer die Erfahrung gemacht, daß auf einen längeren Zeitraum hin das Verhältnis von

Entwicklung eines Muffelwildbestandes im Saupark und im Kaufunger Wald

Jahr	Widder				Schafe				Gesamtanzahl	Geschlechterverhältnis	Vermehrungsprozent		Bem.
	starke	geringe	Lämmer	zusammen	Altschafe	Schmal-	Lämmer	zusammen			der Altschafe	der Gesamtanzahl	
					im Saupark								
1959		2	1	3	3		2	5	8	1:1,7			Anfangs-
1960		3	1	4	3 (-1)	2	1	6	10 (-1)	1:1,5	66	20	bestand
1961	1 (-1)	3	2	6	4	1		5	11 (-1)	1,2:1	50	18	nach dem
1962		5	4	9	5		3	8	17	1,1:1	140	41	Aussetzen
1963	1 (-1)	8	3	12	5 (-1)	3	3	11	23 (-2)	1,1:1	120	26	
1964		11	4	15	7	3	4	14	29	1,1:1	114	31	
					im Kaufunger Wald								
1953		1	1	2	3		3	6	8	1:3	103	50	
1954		2	1-1	3	3	3	2	8	11 (-1)	1:2,6	100	30	
1955		2	2 (-1)	4	6 (-2)	2 (-1)	4 (-2)	12	16 (-6)	1:3	100	38	
1956		3	2	5	5	2	3	10	15	1:2	100	33	
1957	1	4	4	9	7	3	3	13	22	1:1,4	100	32	
1958	1	8	5	14	10	3	5	18	32	1:1,3	100	31	
1959	2	12	6	20	13	5	7	25	45	1:1,2	100	29	
1960	2 (-1)	18 (-4)	9	29	18 (-1)	7	9	34	63 (-6)	1:1,2	100	29	
1961	2 (-1)	22 (-4)	12	36	24	9	12 (-2)	45	81 (-7)	1:1,3	100	30	
1962	2 (-1)	29 (-3)	17	48	33 (-1)	10	16	59	107 (-5)	1:1,2	100	31	

männlichen zu weiblichen Gliedern des Bestandes sich immer wieder auszugleichen pflegt. Das Naturgesetz eines Geschlechterverhältnisses 1 : 1 sollte deshalb auch bei Muffelwild die Grundlage sein, von der man bei der Wildstandsbewirtschaftung zunächst auszugehen hat. Bei einem 1959 neu ausgesetzten Stamm in einem Jagdgehege war mit einem Anfangsbestand von 3 Widdern und 5 weiblichen Stücken begonnen worden. Erstaunlicherweise wurden in den folgenden 3 Jahren zu 64 % männliche Lämmer gesetzt und erst im letzten Jahre kamen wieder zu 50 % weibliche Lämmer zur Welt. Das Geschlechterverhältnis schwankte von etwa 1 : 1,7 auf 1,2 : 1 und pendelte auf nahezu 1 : 1 (1,1 : 1) ein. Die Abgänge waren gleichmäßig auf die Geschlechter verteilt. Bei einer anderen Ansiedlung hat Rieck (1963) eine relativ höhere weibliche Geburtenzahl nachgewiesen. Gleichwohl hat es aber den Anschein, als ob bei den meisten Muffelwildvorkommen etwas mehr Widderlämmer gesetzt werden, so daß sehr oft der Eindruck bestätigt wird, das natürliche Geschlechterverhältnis liege bei etwa 1,1 : 1. Diese Erkenntnis wird auch damit begründet, daß die natürlichen Abgänge bei den Widdern im allgemeinen größer sind als bei den Schafen. Die vorstehende Übersicht stellt die Entwicklungsstadien von 2 verschiedenen Muffelwildansiedlungen mit dem jeweiligen Geschlechterverhältnis dar.

Altersaufbau

Aus diesen Beispielen ist bereits zu entnehmen, daß das Geschlechterverhältnis nur in Verbindung mit dem *Altersklassenaufbau* beurteilt werden kann. Erfahrungsgemäß ist es nicht nachteilig, wenn bei einem ausgeglichenen Muffelwildbestand das Geschlechterverhältnis in geringem Maße zugunsten des männlichen Teiles überwiegt. Viele Jäger bringen hiergegen Bedenken vor, da sie meinen, daß die Widder abwandern oder Verluste durch Brunftkämpfe eintreten. Diese Erscheinungen haben aber meistens ganz andere – sagen wir – psycho-physische Gründe. Je höher der prozentuale Anteil an älteren Widdern, um so kleiner die Rudel, um so besser der Bestandesüberblick, um so geringer die Verluste und auch um so unbedeutender die Verbißschäden. Bei vielen Beobachtungen, die wir gemacht haben, kann man, wenn auch ganz vage, vermuten, daß bei einem Überwiegen des männlichen Anteils sogar eine stärkere Trophäenbildung möglich ist. Die Gründe hierfür sind noch sehr problematisch und weitgehend ungeklärt. Entsprechende Beobachtungen wurden allerdings auch bei anderen Schalenwildarten gemacht.

Bei aller Würdigung dieser interessanten Erkenntnis ist es nicht tunlich, wenn sich der Durchschnittsjäger auf Experimente einläßt. Wir wollen deshalb für die praktische Nutzanwendung vorschlagen, daß im Grundsatz ein *Geschlechterverhältnis von 1 : 1* angestrebt werden soll. Lediglich für den Aufbau eines neuen Bestandes, bei dem die „Zieldichte" noch nicht erreicht ist, kann der weibliche Anteil bis 1 : 2 oder 1 : 3 überwiegen. Hierzu ist jedoch zu sagen, daß es nicht notwendig ist, in einen neugegründeten Bestand in den ersten fünf Jahren überhaupt „regulierend" einzugreifen. Der Abschuß soll sich ausschließlich auf eindeutig kranke oder sonst unzulängliche Stücke beschränken.

Das Altersklassenverhältnis wird, wie wir nun erfahren haben, vom Geschlechterverhältnis bestimmt und vom Zuwachs sowie vom Zielalter beeinflußt. Manchem Jäger widerstrebt es allerdings, sich zu sehr ins einzelne gehende Gedanken über den Altersaufbau mit der Einordnung der Bestandsglieder zu machen. Diese Einstellung ist zwar bequem und für den Jäger, der unbeschwert aus dem Vollen schöpfen möchte –

vielleicht auch kann – begreiflich. Für das Ziel, aus einem begrenzten Bestand möglichst viele reife Trophäen ernten zu können, sind derartige Überlegungen jedoch unerläßlich.

Wer es noch nicht fertiggebracht hat, auf einem Bogen Papier mit Strichen, Kreuzen oder Kästchen u. ä. jedes Stück eines Schalenwildbestandes aufzuzeichnen, dem fehlt der wirkliche Überblick und – was noch viel schlimmer ist – er unterliegt fundamentalen Irrtümern, aus denen sich nachteilige Konsequenzen ergeben können.

Nun hat HOFFMANN (1928) vor mehreren Jahrzehnten eine Methode eingeführt, die Schalenwildbestände zeichnerisch in Pyramiden darzustellen. Dieser schematischen Darstellung bedient man sich jetzt allenthalben, weil sie sich in ihrer Übersichtlichkeit hervorragend bewährt hat. Man kann gewissermaßen mit einem Blick den gesamten Bestand der Wildarten erfassen und sofort seine Entwicklungsmöglichkeit beurteilen. Diese Pyramide stellt mit jedem Kästchen ein Stück Wild, getrennt nach Geschlecht und Alter, dar und gibt den Bestand in der Zeit seines größten Umfanges am Ende der Setzzeit – mithin also den *unberührten Sommerbestand* – wieder (HOFFMANN). Was von den Stücken im Laufe des Jagdjahres durch natürlichen Abgang oder Abschuß ausfallen wird, ist durch Schraffierung des Kästchens gekennzeichnet.

Um der Formulierung von HOFFMANN weiter zu folgen, „stellen die weißen Quadrate das Wild dar, das auch Ende des Jagdjahres noch vorhanden sein wird. Mit dem Schema kann man das derzeitige Bild eines bestimmten Bestandes, dessen Aufbau man im einzelnen genau kennt, wiedergeben, und, wenn der Werdegang jedes Stückes genau zu verfolgen ist, auch die weitere Entwicklung. Dazu fügt man für jedes kommende Jahr den Zuwachs der Pyramide als neue Stufe unten an, und baut sie von oben her ab. Es wird damit hauptsächlich ein Idealplan in Form eines Normalbestandes und Normalbejagungsplanes dargestellt, wie er sich als Durchschnitt eines längeren Zeitraumes ergeben würde, wenn man durch einen Abschuß, der dem Zuwachs entspricht, und in bestimmter Weise auf Stärke- und Altersklassen verteilt ist, für die Beibehaltung der Stückzahl und Gliederung sorgt. Eine solche Pyramide zeigt dann nicht nur den Werdegang *eines* Jahrganges durch *alle* Jahre seines Lebens, sondern auch *alle* Jahrgänge eines Bestandes zu *einem* Zeitpunkt, eben unmittelbar nach der Setzzeit . . ."

Mit einem solchen Schema kann man allerdings alle möglichen jährlichen Schwankungen – z. B. auch das vollständige Ausfallen eines Jahrganges – nicht erfassen. Deshalb

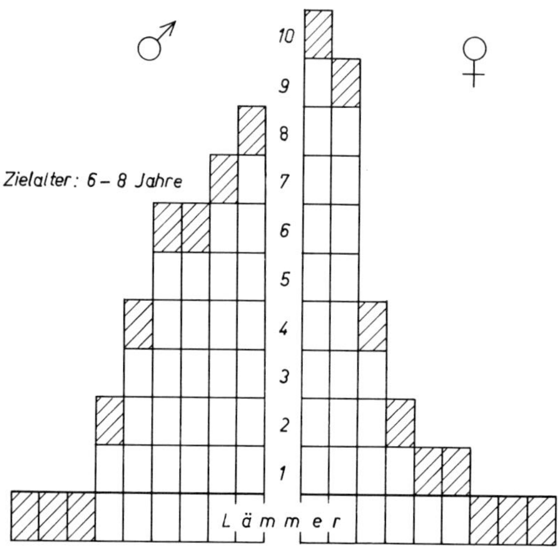

Geschlechterverhältnis 1 : 1
30 : 30 = 60 = Frühjahrsbestand
41 : 41 = 82 = Sommerbestand
11 : 11 = 22 = Zuwachs; zugleich auch Abschuß oder Abgang

Graphik 6

sollte man sich in jedem Jahre nach dem geschätzten Sommerbestand eine neue Pyramide aufzeichnen.

Zielalter

Als Grundlage für eine derartige Aufstellung muß zunächst das *Zielalter* feststehen. Es ergibt sich aus dem *Reifealter* in dem betreffenden Revier und bestimmt zugleich die *Umtriebszeit* des Muffelwildbestandes. Abgesehen von Ausnahmen, sollte – auch zur Ausschaltung übermäßiger Altersverluste – das *Zielalter der Widder auf 6–8 Jahre* festgesetzt werden, während das der Schafe getrost höher angenommen werden mag, wenigstens vor Erreichen der Zieldichte eines Bestandes. Das Zielalter – in einer Zeitspanne von 6–8 Jahren angegeben – bedeutet, daß nicht alle Widder in dieser Altersklasse zum Abschuß gelangen, sondern daß noch einzelne übrigbleiben sollen, die aus soziologischen Gründen erhaltungswürdig sind. Je ungünstiger das Klima und die Beschaffenheit des Bodens, um so zeitiger wird die physiologische Altersgrenze erreicht. Zwar sind Lebensalter von Widdern über 10 Jahre selbst im nordwestdeutschen Raume schon wiederholt überschritten worden und es haben Altschafe bis zum zwanzigsten Lebensjahre nachweislich jährlich ein Lamm zur Welt gebracht. Die meisten Jäger sind jedoch daran interessiert, das Ziel- oder Reifealter nicht zu hoch anzusetzen, um die Wartezeit auf die Ernte eines guten Widders nicht unnötig zu verlängern. In der Tat ist vom siebten Lebensjahr ab das Wachstum der Schnecke nach Länge und Stärke nur noch sehr gering, so daß es am lebenden Widder kaum noch erkennbar ist. Außerdem nehmen die Basalumfänge der Schnecke von diesem Alter an etwas ab, ohne daß die Reife und der Wert der Trophäe darunter leidet. Aus diesen Gründen hat sich die Meinung gebildet, der Widder sei mit 6 Jahren ausgewachsen und deshalb jagdbar. Das ist auch richtig. In der Praxis kommt es allerdings durchaus vor, daß ein Widder älter als 8 Jahre wird. Man kann ihn auch dort älter werden lassen, wo gute Wachstumsvoraussetzungen für die Schnecke bestehen. Ebenso wird niemand auf den Gedanken kommen, ein gesundes, jedes Jahr ein Lamm bringendes Altschaf abzuschießen, wenn es das Zielalter von 8 Jahren erreicht hat, noch dazu, wenn es unsicher ist, ob die nachfolgenden Altersklassen auch vorhanden sind und gesunde Schafe aufzuweisen haben. Man sollte deshalb ein *Zielalter für Widder von 6–8 Jahren* und für *Schafe von etwa 10 Jahren* anstreben.

Zuwachs

Der *Zuwachs* ergibt sich aus den am 1. April – also bei Beginn des Sommerbestandes – vorhandenen Altschafen, von denen je 1 Lamm erwartet wird. Gelegentlich kommen auch Zwillingslämmer vor. Unter Berücksichtigung von Fehlgeburten und einigen sog. übergehenden Stücken rechnet man mit einem Zuwachs von 90 % der Altschafe des Sommerbestandes. Ist das Geschlechterverhältnis 1 : 1, so beträgt der Zuwachs des Gesamtbestandes etwa 40 %. Andere Erfahrungswerte der Zuwachsermittlung liegen von NEUMANN (1971) vor, der den durchschnittlichen Jahreszuwachs, auf den gesamten weiblichen Bestand bezogen, mit 36 bis 52 % beziffert. STUBBE (1975) rechnet mit 69 % und REGNIER-HELENKOV (1949) mit 80 % Zuwachserwartung.

Geht man bei der Zuwachsberechnung vom *gesamten weiblichen* Bestand aus, so ist zu beachten, daß am 1. April die weiblichen Lämmer zu Schmalschafen geworden und diese nur selten bereits beschlagen sind.

Zuwachsraten verschiedener österreichischer Muffelwildpopulationen

Ort	Bundesland	Höhe NN in m	Ermittlungszeitraum Anzahl der Jahre	Zuwachs in %
Lobau	Wien	150– 156	18	55,87
Lainzer Tiergarten	Wien	200– 514	12	58,34
Maria Langegg	Niederösterreich	350– 510	16	58,79
Tüpl-Allentsteig	Niederösterreich	430– 620	11	58,04
Kaltenberg	Niederösterreich	650–1148	12	68,42
Langau	Niederösterreich	650–1892	12	43,93
Haunsberg-Nußdorf	Salzburg	410– 839	11	47,57
Schober-Drachenwand	Salzburg	700–1328	14	63,28
Untersberg	Salzburg	600–1806	6	54,69
Kaprun	Salzburg	860–2200	34	41,01
Rauris-Hüttwinkel	Salzburg	1200–2400	12	50,02

Die Erfahrungen haben gezeigt, daß der Zuwachs in den verschiedenen Biotopen außerordentlich schwankt. Von Interesse ist deshalb auch eine Erhebung, die in Österreich durchgeführt wurde. Die Ergebnisse sind in der nachstehenden Tabelle niedergelegt.

Es liegt auf der Hand und kommt bei der Übersicht auch sehr deutlich zum Ausdruck, daß im Gebirge – und in den nördlichen Breiten – mit noch hohen Schneelagen während der Setzzeit die Jugendsterblichkeit relativ hoch ist und dementsprechend das sichtbare Zuwachsergebnis nicht der tatsächlichen Fruchtbarkeit des Bestandes entspricht.

Zur Berechnung des Bestandszuwachses wurden von verschiedenen Autoren Formeln entwikkelt, von denen folgende, durch ULOTH (1976) zitiert, wiedergegeben werden:

„Formel für die Berechnung der Bestandesvermehrung (als durchschnittlicher Zuwachs) nach JANUSHKO (1955):

$$\log x = \frac{\log b - \log a}{}$$

Dabei bedeuten:

x = durchschnittlicher Zuwachs
a = Anfangsbestand (Größe des angenommenen „Anfangsrudels", das nicht das vorjährige zu sein braucht
b = derzeitige Größe des Bestandes
n = Anzahl der Jahre

Formel für die theoretische Bestandsberechnung nach PFEFFER und GENEST (1969):

$$b = a(1 + r)^n$$

b = Endbestand
a = Anfangsbestand
r = Zuwachsprozent
n = Anzahl der Jahre

r = 0,27 oder 0,30 bedeuten dabei, daß bei einem Gesamtbestand von 100 Stück im Frühjahr 27 oder 30 Lämmer (27 % oder 30 %) gesetzt werden.

USPENSKI (1974) stellte für isolierte Populationen eingebürgerter Huftierarten Formeln auf, und zwar für die

$$\text{Überlebensrate } x = \frac{(R + F - M)\,100}{R + F}$$

$$\text{aktuelle Fruchtbarkeit } x = \frac{F}{R}$$

$$\text{Populationszuwachs und Wachstumsindikator } x = \frac{F - M}{T}$$

R = Anfangsbestand
T = Zeit des Bestehens der Population
F = Gesamtnachkommenschaft für die gesamte Periode
M = Gesamtmortalität (Abgänge, Fallwild usw.)

Liegt der Wachstumsindikator unter „1“, ist die betreffende isolierte Wildpopulation ohne nachträgliche Aufstockung nicht lebensfähig.

Einer Anregung ULOTHS folgend, wurden vom Verfasser einige scheinbar stagnierende Muffelwildbestände auf die Effektivität durchgeführter Blutauffrischungen untersucht. Soweit diesen Blutauffrischungen aufgrund der zugeführten Anzahl und Geschlechter nicht der Charakter einer Bestandsaufstockung zukam, waren auch über längere Zeiträume hinweg keine nennenswerten Veränderungen beim Zuwachs festzustellen.

Für eine realisierbare Wildstandsbewirtschaftung sollen nun aus den nachstehenden Beispielen mit unterschiedlichem Altersaufbau, Zielalter und Geschlechterverhältnis die Vor- und Nachteile der Behandlung einer Muffelwildpopulation von 60 Stück im Frühjahrsbestand deutlich gemacht werden. Gerade auch für eine Hegegemeinschaft ist ein derartiger Vergleich von Bedeutung, wenn die Verwirklichung besonderer Zielsetzungen zur Diskussion steht.

Man kann aber auch sehr augenfällig daraus erkennen, daß der *Zuwachs* höher ist, als man gemeinhin anzunehmen pflegt. Man braucht nur die Schafe vom Alter 2 an aufwärts zusammenzuzählen und für jedes Schaf ein Lamm zu rechnen. In einem einigermaßen gesunden Bestand kommt es kaum einmal vor, daß ein Schaf nicht setzt. Ob dann das Lamm die nächsten Monate übersteht, ist eine andere Frage. In den Beispielen der Entwicklung von zwei verschiedenen Muffelwildbeständen (vgl. S. 144) konnte nachgewiesen werden, daß der Zuwachs sogar durchweg 100% der Schafe betrug.

Das *Geschlechterverhältnis 1:3* (1:2 für den Sommerbestand) gewährleistet zwar einen großen Zuwachs; dieser nützt aber nichts für die Absicht, möglichst viele Erntewidder im Alter von 6–8 Jahren zur Verfügung zu haben, da in der jüngsten Altersklasse zu viele Widder abgeschossen werden müßten. Auch bei einer Herabsetzung des Zielalters auf 6 Jahre könnten praktisch höchstens 2 Widder in diesem Alter erlegt werden.

Bei einem *Geschlechterverhältnis 2:1* (1,7:1 für den Sommerbestand) ermöglicht das

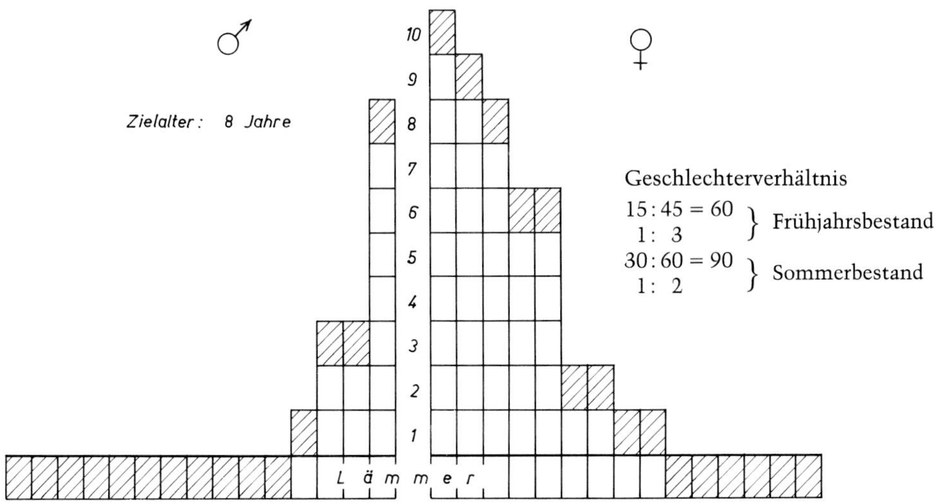

Graphik 7

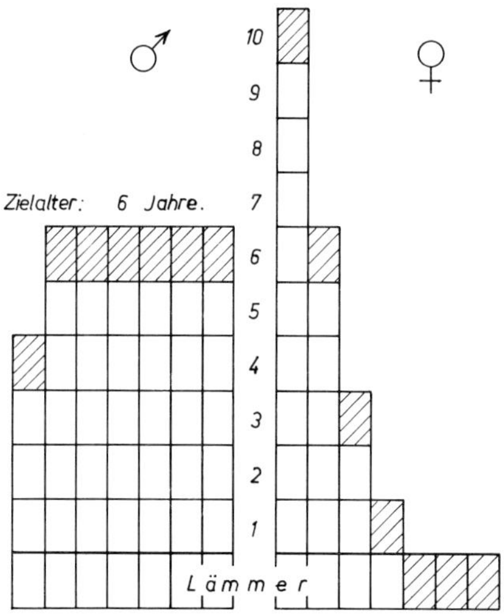

Geschlechterverhältnis

40 : 20 = 60
2 : 1 } Frühjahrsbestand

47 : 27 = 74
1,7 : 1 } Sommerbestand

Graphik 8

Zielalter von 6 Jahren die höchste Nutzung von Erntewiddern. Dieses Beispiel hat aber nur theoretische Bedeutung, da stets auch mit dem Ausfall an Widderlämmern gerechnet werden muß. Würden aber ein oder zwei Widderlämmer geschossen, so ist das Zielalter auf keinen Fall bei 6 Jahren zu belassen, sondern auf 7 oder 8 Jahre heraufzusetzen, da die Anzahl der 40 männlichen Stücke in 7 Altersklassen tatsächlich nicht untergebracht werden kann. Ein *Zielalter von 6–9 Jahren* bringt zwar die Ernte von 5 reiferen Widdern, läßt aber eine Nutzung in den mittleren Altersklassen nicht zu. Der Zuwachs ist freilich relativ gering.

Hier ist das günstigste und für die Praxis wohl auch am zweckmäßigsten zu verwirklichende Beispiel dargestellt. Ein *Geschlechterverhältnis von 1,2 : 1 mit einem Zielalter von 5–7 Jahren* ermöglicht die Nutzung von jährlich 3 Erntewiddern, wobei noch 3 Widder dieser Altersklasse leben bleiben können, was für die Rudelbildung und den Brunftbetrieb erfahrungsgemäß sehr nützlich ist. Der Abschuß von Lämmern ist immer sinnvoll, da hier das Schneckenwachstum z. B. in den Monaten Dezember bis Januar recht gut verglichen werden kann. Außerdem können 2 einjährige und ein zweijähriger Widder geschossen werden. Der Zuwachs ist nicht zu hoch, so daß sich auf Jahre hinaus die Entwicklung des Bestandes übersehen läßt.

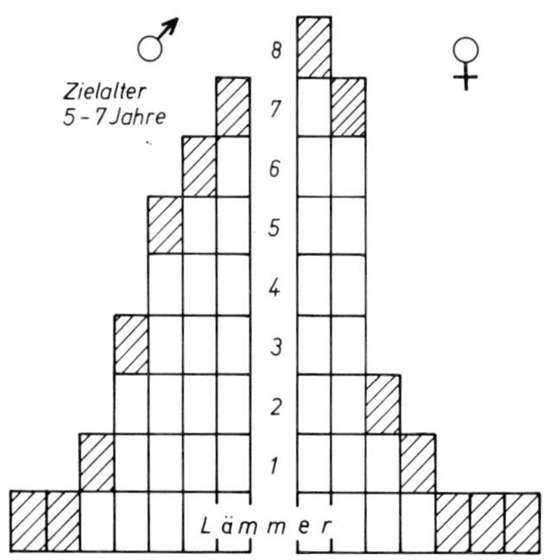

Geschlechterverhältnis

22 : 18 = 40
1,2 : 1 } Frühjahrsbestand

29 : 25 = 54
1,16 : 1 } Sommerbestand

Graphik 9. Alterspyramide für einen Muffelwildbestand von 40 Stück (auf 1000 ha) als Beispiel eines ideal gegliederten Altersaufbaues

Dynamische Wildstandsbewirtschaftung

Den Abschnitt über die Bejagungsplanung wollen wir nicht abschließen ohne Hinweis auf die notwendige Flexibilität in der Behandlung der Wildbestände. Aus eigenen Erfahrungen möchten wir den Rat geben, von Zeit zu Zeit einen scharfen, gelegentlich sogar extrem scharfen Eingriff in die Wildbestände zu vollziehen. Eine derartige Maßnahme kann gesünder und natürlicher sein, als wenn man jährlich beinahe ängstlich immer nur gerade den Zuwachs nutzt. Nach einer robusten Verminderung sollte dann die Population wieder neu aufgebaut und gegliedert werden. Auf diese Weise läßt sich bei weiterer, aufmerksamer und konsequenter Selektion das in der Hege vorrangig gestellte Ziel einer genetischen Optimierung des Wildbestandes erfolgversprechender erreichen. Außerdem ergibt sich aus dieser Situation die Möglichkeit, sich den gemeinsamen Erfordernissen des Jägers und Waldpflegers nutzbringender anzupassen. In diesem Zusammenhang hat der von Hennig (1962) gewählte Begriff der *dynamischen Wildstandsbewirtschaftung* eine durchaus sinnreiche Bedeutung.

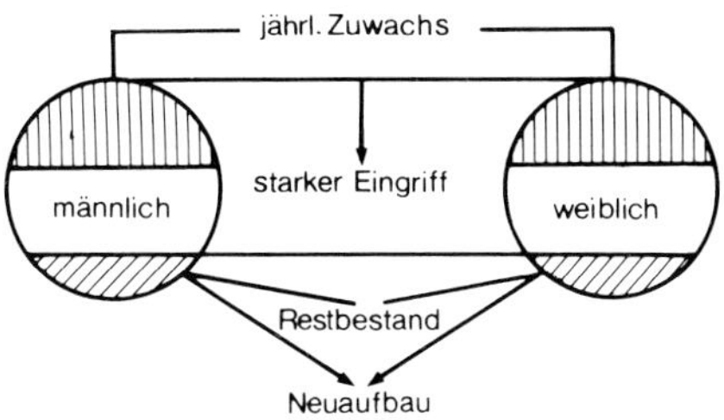

Graphik 10

Die schematische Darstellung soll verdeutlichen, welche Möglichkeit besteht, mit Hilfe eines radikalen Eingriffs in einen Wildbestand auch die weiblichen Glieder der Population zu erfassen mit der Aussicht, bei einer solchen Aktion genetisch unerwünschte Individuen zu eliminieren. Wir Jäger waren bisher geneigt, den Blick zu sehr auf die Trophäe zu richten in der Meinung, mit der Erlegung von Abschußwiddern das Notwendige getan zu haben. Wir wissen zum Beispiel heute immer noch nicht, inwieweit die Veranlagung des Einwachsens der Schlauchspitzen in den Träger auch von der Vererbung der weiblichen Glieder der Population abhängt.

Die Aufstellung eines Abschußplanes

Wenn nun alle diese vorher erwähnten Grundlagen über die Wildstandsbewirtschaftung, beispielsweise auch der exakte Altersaufbau, in einem Revier nicht so ohne weiteres zu ermitteln sind, so müssen wir doch nach den gesetzlichen Vorschriften der Länder einen *Abschußplan* zur Genehmigung den Jagdbehörden vorlegen. Wie ein solcher Abschußplan aufgestellt wird, soll nachfolgend erläutert werden.

Vorweg sei erwähnt, daß ein Abschußplan den Revierinhaber zwingt, Farbe zu bekennen. Hierbei gibt es kein Ausweichen, kein Wenn und Aber – hier muß man sich festlegen. Deshalb sollte man dieser Einrichtung auch den nötigen Respekt zollen und

Abschußplan für Muffelwild im Jagdjahr 1980/81

Jagdbezirk Altenhagen: Größe	Den Lebensraum verändernde Flächen: zuzüglich (z. B. Feldränder)	Den Lebensraum verändernde Flächen: abzüglich (z. B. Gatterflächen)	Gesamtgröße f. Berechnung der Wilddichte	Wilddichte nach dem Sommerbestand Stück je 100 ha: zulässige	Wilddichte nach dem Sommerbestand Stück je 100 ha: tatsächl.	Geschlechterverhältnis: erstrebtes	Geschlechterverhältnis: tatsächl.
960 ha	+ 60 ha	− 20 ha	1000 ha	6	6,9	1 : 1	1 : 1,1

Wildbestand und seine Veränderungen	Widder: jagdbare I	Widder: geringe II a	Widder: geringe II b	Widderlämmer	Sa.	Altschafe	Schmalschafe	Schaflämmer	Sa.	Summe Muffelwild
Frühjahrsbestand (31. 3.)	2	10	5	6	23	18	4	5	27	50
Veränderungen durch Übergang in andere Klassen	+ 1	+ 3	+ 3		+ 7	+ 4	+ 5		+ 9	
durch Zuwachs				9	9			9	9	
durch Ab- und Zuwanderung										
Sommerbestand	3	13	8	9	33	22	5	9	36	69
vorgeschlagener Abschuß	3		6	3	12	9	2	6	17	29
festgesetzter Abschuß	3		6	3	12	9	2	6	17	29
Abschußergebnis	3	0	6	3	12	9	1	6	16	28
Fallwild		1			1					+ 1
neuer Frühjahrsbestand	0	12	2	6	20	13	4	3	20	40

die Angaben mit der erforderlichen Aufrichtigkeit machen. Irgendwelche Mogeleien lassen sich spätestens in 2–3 Jahren nachweisen.

Bei den Eintragungen geht man vom Frühjahrsbestand (1. April) aus – mit Stichtag am 31. März. Hierbei ist hervorzuheben, daß Lämmer, die vor diesem Zeitpunkt frisch gesetzt worden sind, nicht mitgerechnet werden dürfen, sie gehören zum Sommerbestand und werden hier erfaßt. Durch Übergang in andere Klassen (1. April), durch Zuwachs an Lämmern und unter Berücksichtigung von vermutlichen Zu- und Abwanderungen entsteht der Sommerbestand. Er ist der Berechnung der Wilddichte und der Ermittlung der Abschußziffern zugrunde zu legen.

Wenn wir nach dem errechneten Sommerbestand eine Siedlungsdichte haben, die über der zulässigen Wilddichte liegt, muß mehr als der Zuwachs abgeschossen werden. Ist das Geschlechterverhältnis nach dem Sommerbestand beispielsweise 1 : 1,5, so müssen entsprechend mehr weibliche Stücke zum Abschuß kommen, um ein erstrebtes Verhältnis 1 : 1 zu erreichen. Haben wir also die Rubriken der Wilddichte und des Geschlechterverhältnisses ausgefüllt, so legen wir uns für die Eintragung der Abschußziffern fest und müssen den Abschuß auch konsequent danach durchführen. Subtrahieren wir von dem Sommerbestand die Summe des Abschußergebnisses zusammen mit dem Fallwild, so ergibt sich hieraus rechnerisch der neue Frühjahrsbestand, der mit den Zählungen am Ende des Jagdjahres verglichen werden muß. Stellt man dann hierbei große Differenzen fest, so haben entweder die Angaben des Sommerbestandes nicht gestimmt, oder es müssen erhebliche Zu- und Abwanderungen stattgefunden haben. Eine entsprechende Korrektur muß dann sogleich bei der Aufstellung des neuen Abschußplanes vorgenommen werden, um in den darauffolgenden Jahren noch größere Abweichungen von der tatsächlichen Bestandeshöhe zu vermeiden. Zur Selbstkontrolle sind diese Berechnungen von großer Wichtigkeit – für die Wildbestandsbewirtschaftung einer Muffelwildhegegemeinschaft von unerläßlicher Bedeutung.

Bejagungsrichtlinien

Bei den Darlegungen für die Aufstellung von Abschußplänen sind bereits gewisse Grundsätze angedeutet worden, denen bestimmte Richtlinien zugrunde liegen müssen. Die Jagdbehörden der Länder bemühen sich seit längerer Zeit, die Bejagung des Schalenwildes nach besonderen Empfehlungen zu regeln, da das Bedürfnis hierfür gerade angesichts der Erfüllung der gesetzlichen Erfordernisse sehr groß ist.

Für den Vollzug des Abschußplanes sind nun im Laufe der Jahre mannigfaltige Bezeichnungen üblich geworden. Wir kennen den „Wahlabschuß" oder den „Hegeabschuß", der „vordringlich", „planmäßig" oder auch „erweitert" sein kann. Letztlich bezwecken alle diese Bezeichnungen eine Nutzung des Zuwachses mit einem bestimmten Ziel unter dem Gesichtspunkt der *Auslese.*

Ferdinand von Raesfeld (1977) prägte vor über 8 Jahrzehnten den Begriff der „Hege mit der Büchse", dem allein der Sinn der Auslese zugrunde lag. Leider ist mit dem Begriff später viel Schindluder getrieben worden, da mancher schießwütige Zeitgenosse ihn willkürlich auslegte. Auch die Begriffe des „Ernteabschusses" und des „Verminderungsabschusses" sind im weiteren Sinne eigentlich auch eine Auslese – oder sollten es jedenfalls für jeden geschulten Jäger sein, dem die Hege seines Wildbestandes am Herzen liegt. Letztlich kommt es darauf an, bei einem planmäßig bewirtschafteten Wildbestand den Zuwachs mit dem Ziel einer qualitativen Förderung des Gesamtbestandes in bestmöglicher Weise zu nutzen. Hierfür muß man sich Regelungen unterwerfen, die erfahrungsgemäß den gewünschten Erfolg bringen.

Für die Bejagungsregelung hat sich die seit Erscheinen des deutschen Reichsjagdgesetzes eingeführte Klasseneinteilung nach Stärke und Gütemerkmalen der Trophäe unter Berücksichtigung des Alters für das männliche Schalenwild zwar bewährt, sie ist jedoch sowohl in den Ländern der Bundesrepublik Deutschland als auch international nicht einheitlich. Deshalb sind nachstehend Beispiele für die Stärke- und die Altersklassen-Einteilung niedergelegt.

Neuerdings ist man im Interesse der Vereinheitlichung bestrebt, eine *Altersklassifizierung* festzulegen, wobei die Ziffern I = alt, II = mittelalt und III = jung bedeuten, während die Buchstaben a und b die Güte bezeichnen, a = fehlerfrei, b = mit Fehlern.

Einteilung nach Stärkeklassen

Soweit diese Einteilung noch üblich ist, versteht man unter Stärkeklassen:

Klasse I a = *starke, fehlerfreie Widder*
Hierzu gehören Widder, die das Zielalter in dem betreffenden Revier erreicht haben und nach ihrer Schneckenentwicklung dem Hegeziel entsprechen oder diesem nahekommen.

Klasse I b = *starke Widder mit Fehlern*
Hierzu gehören Widder, die das Zielalter erreicht haben, aber entsprechend ihrer Schneckenentwicklung vom Hegeziel wesentlich abweichen. Da derartige Widder selten vorkommen, kann man von der Berücksichtigung dieser Klasse absehen. Sie müßten dann in die Klasse II b eingereiht werden.

Klasse II a = *geringe Zukunfts-Widder*
Hierzu gehören junge, gut veranlagte Widder, die noch nicht das Zielalter erreicht haben.

Klasse II b = *geringe Abschuß-Widder*
Hierzu gehören junge, schlecht veranlagte Widder, die das Zielalter noch nicht erreicht haben.

Einteilung nach Altersklassen

Klasse	Ia	fehlerfrei	= 5 Jahre und älter
	Ib	mit Fehlern	
Klasse	IIa	fehlerfrei	= 2–4 Jahre alt
	IIb	mit Fehlern	
Klasse	IIIa	fehlerfrei	= 1 Jahr alt und Widderlämmer
	IIIb	mit Fehlern	

Was unter dem Kriterium „mit Fehlern" verstanden wird, muß in der betreffenden Hegegemeinschaft festgelegt werden, die sich aus den örtlichen Erfahrungen, aber auch aus besonderen Bedürfnissen ergibt. Als Richtmaß werden nicht nur die asymmetrische Stellung der Schnecke, die zu geringe Schlauchlänge (die wiederum auf das Alter bezogen sein muß) und der „zu enge Kreisbogen" (Krümmungsdurchmesser) angesehen. Ein unbefriedigender Durchmesser der Schlauchkrümmung wird in den meisten Revieren dann interpretiert, wenn er unter 15 cm liegt.

Abb. 79. Gehörntes Schaf mit Lamm (Phot. Tilgner)

Abb. 80. 3½jähriger und 5½jähriger Widder im Dezember (Phot. Bienert)

Außerdem muß in der Hegegemeinschaft abgesprochen und festgelegt werden, was unter „Zielalter" und „Hegeziel" verstanden wird.

Das *Zielalter* (Reifealter) wird normalerweise bei 5–7 Jahren liegen.

Das *Hegeziel* hat ein Widder dann erreicht, wenn seine Trophäe einen optimalen Entwicklungsstand besitzt. Die Schnecke mißt in diesem Falle 180 Internationale Punkte und mehr.

Ueckermann u. a. (1980) empfehlen als Mindestanforderung für die Klasse I ein Alter von 5 Jahren und einen Punktwert von 185 und mehr (Prager Formel).

Wir halten es nicht für zweckmäßig, starre Mindestanforderungen generell für die Gütemerkmale zu stellen, insbesondere auch angesichts der Tatsache, daß die originalförmigen Widder im optimalen Schneckenwachstum dem bastardierten häufig unterlegen sind. Wann ein Widder reif ist, jagdbar wird oder das Hegeziel erreicht hat, kann nur aus den Erfahrungen über die Entwicklungsmöglichkeiten eines bestimmten Muffelwildbestandes beurteilt werden.

Widderlämmer repräsentieren bereits einen Trophäenwert. Sie werden hinsichtlich ihrer Abschußnotwendigkeit nicht nur nach der Körper-, sondern auch nach ihrer Schneckenentwicklung beurteilt. Da sich vom 5. bis 8. Lebensmonat an das Schneckenwachstum unter den Widderlämmern gut vergleichen läßt, soll man mit dem Wahlabschuß vom Oktober an beginnen. Ist in dieser Zeit die Länge der Schnecke unter 10 cm zurückgeblieben, so ist die Entwicklung unzulänglich. Gegen Ende der Jagdzeit rechnet man bei gut veranlagten Widderlämmern mit einer Schlauchlänge von 15 cm.

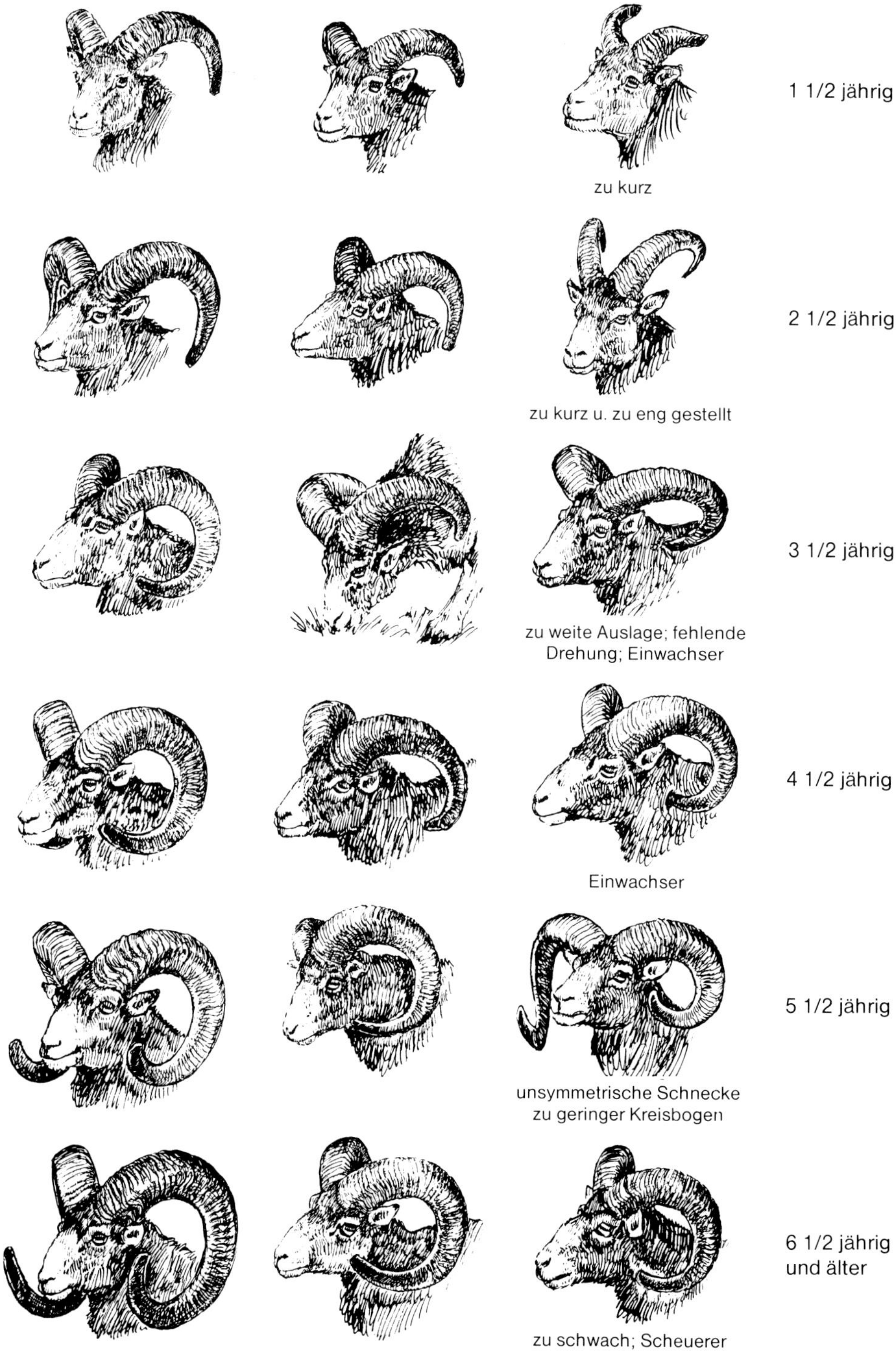

Abb. 81. Beispiele für das Wachstum der Schnecke von Widdern. *Links:* bei guter Veranlagung. *Mitte:* bei mäßiger Veranlagung. *Rechts:* bei schlechter Veranlagung (Zeichn. Füllgrabe)

Für das *weibliche Wild* ist eine Klasseneinteilung in der Regel nicht üblich. Man beschränkt sich hierbei auf die Auslese äußerlich erkennbarer Unzulänglichkeiten, kranker, überalterter oder nicht fruchtbarer Schafe und auf den Eingriff in der jüngsten Altersklasse zur Regelung des gewünschten Geschlechterverhältnisses. Eine Auswahl soll aber auch hier, so weitgehend wie möglich, getroffen werden. Schafe mit Stümpfen sind nicht abschußnotwendig.

Da man nicht vergessen darf, daß eine zielstrebige Selektion auch beim weiblichen Wild erforderlich ist, sollten die Hegegemeinschaften von Zeit zu Zeit verabreden, anläßlich der Tropäenschauen auch die *Unterkiefer der erlegten Schafe* mit vorzuzeigen, um auf diese Weise Aufschluß über die Altersgliederung des weiblichen Wildes zu geben. In der Reihe der Unterkiefer würden die erlegten überalterten Schafe Beweise richtiger Abschüsse vermitteln.

Wahlabschuß

Die wichtigste Voraussetzung für die Durchführung des Abschusses ist das richtige Ansprechen des Wildes. Hierfür muß man die Merkmale zur Unterscheidung der Geschlechter und zum Bestimmen der vermutlichen Altersklasse beherrschen. Außerdem sind vor allem auch das Vertrautsein mit dem Wildtyp in dem betreffenden Revier

Abb. 82. Muffelwidder in verschiedenen Altersstufen. *Links:* gut veranlagte Widder. *Rechts:* Abschußwidder (Zeichn. Füllgrabe)

und ein gewisser innerer Kontakt überhaupt erforderlich. Man kann also nicht sagen: Dies ist generell ein Abschußwidder, sondern in diesem Revier ist dies oder das ein abschußnotwendiges Stück. Hinzu kommt, daß beim Muffelwild die Herkunft des Stammes berücksichtigt werden muß; ob es sich um einen Original-Typ handelt oder ob er von diesem wesentlich abweicht. Außerdem spielt bei der Beurteilung eine Rolle, ob sich das Wild im Sommer- oder Winterhaar befindet. Sollte ein Stück schlecht verfärbt haben oder struppig aussehen, deutet dies auf einen gestörten Gesundheitszustand hin.

Freilich kann man nicht immer das Muffelwild so ansprechen und vor die Büchse bekommen, daß eine vollständige Auslese der minderwertigen Stücke möglich ist. Hinzu kommt die wichtige Frage, ob Beispiele mit Unterscheidungsmerkmalen für Alter- und Klasseneinteilung wirklich genügen, um letztlich die erwünschte Auslese richtig zu treffen. Wir glauben, an der Schneckenentwicklung der Widder und am Körperbau der Schafe und Lämmer – also am Erscheinungsbild, dem Phänotyp – die Abschußnotwendigkeit oder die Erhaltungswürdigkeit beurteilen zu können. Das Erbgut dieser Tiere, das den Genotyp bestimmt, vermögen wir nicht so ohne weiteres zu erkennen. Es ist auch nicht zu unterscheiden, ob das Stück Wild, das wir beobachten, in den Merkmalen seiner Figur und seiner Trophäe von Faktoren der Umwelt oder von denen des Erbgutes beeinflußt worden ist. Wir meinen meistens das Erbbild, sehen in Wirklichkeit aber nur das Erscheinungsbild. Diese Erwägungen dürfen aber den Entschluß zum Abschuß nicht hemmen, sondern verpflichten den Jäger zu der wichtigen und interessanten Aufgabe, sich durch immer wiederholte Beobachtungen seines Wildes ein Urteil über die Abschußnotwendigkeit oder Erhaltungswürdigkeit bestimmter Tiere eines Bestandes zu erarbeiten. Die Richtlinien mit den Beispielen aus der Praxis sollen ihm hierfür die Grundlage vermitteln und ihm die Entscheidung für die Durchführung eines richtigen Abschusses erleichtern.

Es ist selbstverständlich, daß diese Beispiele nur als Hinweise aufgefaßt werden sollen, ebenso wie Bejagungsrichtlinien letztlich nur Wegweiser sein können. Um nun hinsichtlich der Intensität der Eingriffe in einen Bestand noch gewisse Anhaltspunkte zu vermitteln, soll das folgende kurzgefaßt als Anleitung dienen.

Vordringlicher Abschuß

Alle Mufflons, die auf frischer Tat beim Schälen angetroffen werden. Wenn notwendig, dient als Beweis der Panseninhalt.

Alle Stücke, die erkennbare Anzeichen von Bastardierung besitzen, z. B. regelwidrige Haarfarbe, wolliges Vlies, helle Schneckenfarbe, helle Schalen, blökende Widder, auffällig gern auf Felder drängende Stücke.

Alle offensichtlich kranken, auch verletzten Tiere; sie stehen oft abseits vom Rudel, sind struppig behaart oder haben Durchfallmerkmale, auch fluchtbehinderte mit Schalenerkrankungen.

Verhakelte oder mit den Schnecken hängengebliebene Widder als Erlösung.

„Einwachser"; bei diesen Widdern wächst die Schnecke am Träger in das Wildbret ein. Meistens ist vor dem fünften Lebensjahr das Einwachsen der Schläuche nicht mit Sicherheit zu bestätigen.

Abb. 83. Von links nach rechts: 4½jähriger, 3½jähriger und 6½jähriger Widder (Phot. Tilgner)

Planmäßiger Abschuß

Überalterte Stücke, aus allen Altersklassen die geringsten Stücke; regelwidrig setzende Schafe mit den regelwidrig gesetzten Lämmern; Widderlämmer, die bis zum Dezember weniger als 10 cm (etwa nur lauscherhoch) geschoben haben.

Widder, deren Trophäen- und Körperentwicklung hinter der normalen zurückbleibt; außerdem vom vierten Lebensjahr an erkennbar:

Schnecken mit unerwünschter – zu enger oder zu weiter Auslage, Schnecken mit Symmetriefehlern, Schnecken mit zu engen Kreisbogen.

„Scheuerer"; bei diesen Widdern scheuert die Schlauchspitze am Träger; hierbei ist zu beachten, daß die Spitzen der Schnecke eines zwei- bis dreijährigen Widders meistens auf den Träger deuten. Ein Rückschluß auf ein späteres Einwachsen der Schläuche ist in diesem Alter noch nicht immer möglich, da die „Drehung" (nach außen) erst in diesem Alter einsetzt. Eindeutige Einwachser (meistens der linke Schlauch) sind vorrangig zu erlegen.

Verminderungsabschuß

Scharfer Eingriff in den weiblichen Bestand. Vom Beginn der Jagdzeit an Abschuß von möglichst vielen weiblichen Lämmern; dann Auswahl bei nicht führenden Schafen – Geltschafe sind allerdings sehr selten!

Von den Widdern und Widderlämmern diejenigen, von denen ein Überschuß in ihrer Altersklasse vorhanden ist.

Ernteabschuß alter Widder

Ein Widder wächst in das Erntealter hinein, wenn er fünf Jahre vollendet hat, mithin im sechsten Lebensjahr steht. Die Spitze der Schnecke zeigt normalerweise in diesem Alter nach oben. Sie beginnt in der Profilansicht die Lichter zu verdecken. Bei schlechtveranlagten Widdern, deren Schnecke einen zu engen Kreisbogen bildet (Heidschnuckentyp), können allerdings die Schlauchspitzen bereits im dritten Lebensjahr nach oben zeigen und auch die Lichterhöhe erreichen. Hier handelt es sich aber um einen jungen Abschußwidder. Mit sechs Jahren hört das Wachstum der Schnecke noch nicht auf, so daß der Trophäenwert – wenn auch nur wenig – steigt. Ein Zurücksetzen wie bei den Greisen der Hirscharten gibt es beim Widder nicht. Erst nach dem achten Lebensjahr läßt der Zuwachs an der Basis der Schnecke erheblich nach, während die Spitzen sich abnutzen, so daß dann der Trophäenwert praktisch nicht mehr zunimmt. Zu alte Widder (über neun Jahre) werden sehr heimlich. Sie sollten vor dem natürlichen Verenden bewahrt werden.

Zur Erweiterung der Richtlinien können auch die *Abschußanteile in Prozenten* entsprechend der Bestandespyramiden (vgl. S. 149) und nach der Intensität des Eingriffs angegeben werden. Für die Festsetzung des Abschusses in einer Muffelwildhegegemeinschaft ist eine solche Einteilung durchaus zweckmäßig. Sie sollte in jedem Jahre neu vereinbart oder bestätigt werden.

Beispiel: Bei einem Bestand mit dem Geschlechterverhältnis von 1,2 : 1 kann jährlich abgeschossen werden:

an Widderlämmern	20 %	an Schaflämmern	40 %
an 1–4jähr. Widdern	40 %	an Schmalschafen	20 %
an 5jähr. und älteren Widdern	40 %	an Altschafen	40 %

Eine Entscheidung darüber, ob diese Anteile richtig bemessen sind, kann aber erst dann gefällt werden, wenn man sich über die Ziele des Bestandesaufbaues und über seine Zusammensetzung im einzelnen jährlich von neuem Rechenschaft gegeben hat.

Ein besonderer Hinweis dürfte im Hinblick auf die Notwendigkeit, die Abschußplanung langfristig und anpassungsfähig zu gestalten, von Bedeutung sein: Für einen Wildbestand, der bereits die erstrebte Wilddichte überschritten hat, entspricht es eher den biologischen Gegebenheiten, den Eingriff in einem bestimmten Jahr scharf durchzufüh-

Abb. 84. Muffelwildrudel im Spätsommer. *Links:* 2jähriger Widder. *Vorn:* 3jähriger, schlecht veranlagter Widder, er hat eine Schnecke mit zu engem Kreisbogen. *Rechts daneben:* Altschaf. *Dahinter:* 4jähriger Widder. *Ganz rechts:* gut veranlagtes Widderlamm (Phot. Duns)

ren, als mit einem mäßigen Abschuß nur gerade die bisherige Wilddichte geringfügig zu unterschreiten. Eine radikale Dezimierung ist natürlicher, sie entspricht mehr dem rücksichtslosen Beutemachen der Großraubwildarten in früherer Zeit. Alle acht bis zehn Jahre sollte einmal ein „Großaufräumen" durchgeführt werden, wobei die Zieldichte wesentlich unterschritten werden muß. Durch derartige Maßnahmen kann man die Gefahr der Ausbreitung von Krankheiten ausschalten und der Gesunderhaltung des Bestandes einen wirksamen Dienst erweisen. Es ist auch völlig unbedenklich, aus einem ausgeglichenen, gesunden Bestand beispielsweise einige drei- oder vierjährige IIa-Widder herauszunehmen, falls in dieser Altersklasse ausreichend Widder vorhanden sind. Mit dem Abschuß zu zögern, wäre falsch, wenn typische Abschußwidder tatsächlich nicht mehr da sind. Ist die Notwendigkeit des Verminderungsabschusses erkannt worden, muß gehandelt werden, Zögern und Unzulänglichkeiten in der Intensität der Bejagung schaden auf lange Sicht dem Bestande selbst (siehe „dynamische Wildstandsbewirtschaftung", S. 151).

Diese Direktive gilt aber natürlich nicht für einen neugegründeten oder im Aufbau befindlichen Bestand. Hier sollte in den ersten fünf Jahren auf jeglichen Abschuß überhaupt verzichtet werden. Je schonender das noch nicht ganz bodenständig gewordene Wild behandelt wird, um so fester ergreift es von zusagenden Biotopen Besitz. Die dann notwendige Auslese soll bis zur Erreichung der gewünschten Wilddichte außerordentlich vorsichtig und zahlenmäßig so gering wie möglich gehandhabt werden.

½ Jahr

1½ Jahre

Abb. 85–86. Widderlämmer und 1jährige Widder („Jährlinge") haben noch einen schwachen, zierlichen Rumpf mit schlankem Träger. Die Läufe wirken lang und stark. Die Bauchlinie ist gerade. Ausnahmsweise wird bereits beim Widderlamm der Sattelfleck im Winterhaar sichtbar. Meistens stehen sie beim Schafrudel. Gelegentlich gesellen sich stärkere Stücke zu mittelalten Widdern. (Phot. Niesters)

2½ Jahre

3½ Jahre

Abb. 87–88. 2- und 3jährige Widder haben bereits einen gedrungenen Körper. Sie tragen das Haupt noch aufrecht gestellt. Die Bauchlinie ist fast gerade, sie wölbt sich nur wenig nach unten. Sie stehen, je nach Altersklassenverteilung, beim Schafrudel oder bilden Widderrudel. (Phot. oben: Niesters, unten: Tilgner)

4½ Jahre

Abb. 89–90. 4- und 5jährige Widder wirken mit Haupt und Träger schon wuchtig. Das Haupt wird nicht mehr so aufrecht getragen wie bei jüngeren Widdern. Die Mähne oder der Brunftkragen sind im Winterhaar gut ausgebildet. Die Bauchlinie ist nach unten gewölbt. Sie stehen außerhalb der Brunft beim Widderrudel. (Phot. Niesters)

5½ Jahre

Abb. 91–92. 6jährige und ältere Widder tragen das Haupt gebeugt. Sie wirken mit Haupt und Träger wuchtig und gedrungen, sie haben eine ausgeprägte Mähne und die Bauchlinie ist nach unten gewölbt. Sie stehen außerhalb der Brunft einzeln oder mit wenigen älteren Widdern zusammen und sind sehr heimlich. (Phot. oben: Meyers, unten: Niesters)

6½ Jahre

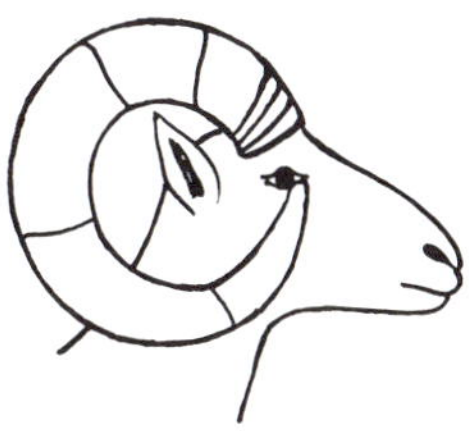

7½ Jahre

Zeichnungen nach Rieck

Abb. 93. Der 6jährige Erntewidder rechts steht noch nicht breit. Sekunden später wird das Rudel wohl abspringen . . .! (Phot. Tilgner)

Jagd- und Schonzeiten

Die Durchführung des Abschusses ist auf die Jagdzeiten beschränkt, die durch Gesetz oder Rechtsverordnung festgesetzt sind. Im deutschen Bundesgebiet hat das Muffelwild einheitlich eine Schußzeit vom 1. August bis zum 31. Januar. Die Schonzeit dauert mithin vom 1. Februar bis zum 31. Juli.

Über die Einteilung der Jagd- und Schonzeiten des Muffelwildes gehen die Meinungen der Jäger auseinander. Es wird z. B. die Ansicht vertreten, daß die Widder eigentlich das ganze Jahr über geschossen werden könnten. Lämmer sollten, aus Gründen besserer Wildbretverwertung, erst vom Oktober an erlegt werden. Schafe brauchten eine Schonzeit lediglich, wenn sie setzen und die Lämmer führen. Wie die Ansichten auch lauten mögen, eine klare Begrenzung der Jagdzeit ist aus Zweckmäßigkeitsgründen notwendig, die vorrangig nach den Grundsätzen waidgerechter Hege bestimmt werden. Es dürfte deshalb richtig sein, daß ab 1. Februar für das Muffelwild – wie auch für die meisten anderen Schalenwildarten – die Schonzeit beginnt, und die Tiere damit Ruhe vor der Bejagung haben. Zur Beseitigung kranken und kümmernden Wildes oder zur Wildseuchenbekämpfung – also wenn besondere Gründe vorliegen –, können die Schonzeiten für bestimmte Gebiete oder einzelne Jagdbezirke nach dem geltenden Recht ohnehin befristet aufgehoben werden.

Wird der Abschuß eines Muffelwidders freigegeben, so wünscht sich der Jäger begreiflicherweise, im Spätherbst oder Winter zu jagen, da das Muffelwild im Winterhaar zweifellos ansprechender ist und die Brunft im November oder der Anblick im Schnee ausgenutzt werden kann. Abschußnotwendige Widderlämmer lassen sich ab Oktober gut erkennen. Schafe und Schmalschafe werden normalerweise erst im Winter geschossen. Zweifelhaft ist allerdings die Frage, ob die Jagd auf Muffelwild im Januar, wenn hoher Schnee liegt und das Wild seinen Einstand in der Nähe der Fütterungen hat, noch als waidgerecht angesehen werden kann. Wir vertreten die Ansicht, daß man mit der Jagd aussetzen soll, wenn das Wild Not leidet. Ist der vorgesehene Abschuß dann nicht erfüllt, so müßte er – gegebenenfalls im Spätsommer – nachgeholt werden. Im übrigen dürfte für die Zeit des Abschusses auch der Wechsel der Einstände des Wildes entscheidend sein. So haben die örtlichen Voraussetzungen des Reviers und die Verhaltensweise des Muffelwildes einen besonderen Einfluß auf die jahreszeitliche Abschußeinteilung.

Jagdzeiten des Muffelwildes in einigen europäischen Ländern

Deutschland	Österreich				Italien	Frankreich	Spanien	Tschechoslowakei	Ungarn	Rumänien	Bulgarien
	Kärnten Steierm. Tirol Wien	Niederösterr., Salzb.	Oberösterr.	Burgenland							
1.8.–31.1.	1.8.–31.12.	1.8.–15.1.	1.8.–31.1.	16.8.–31.1.	mit besonderer Genehmigung			1.9.–31.12.	1.9.–31.12.	1.9.–31.12.	1.9.–31.12.

In den anderen europäischen Ländern ist die Jagdzeit auf Muffelwild unterschiedlich geregelt. Einige Länder nehmen beim Abschußverkauf Rücksicht auf die Wünsche der devisenbringenden Jagdgäste, so daß Ausnahmen eingeräumt werden.

Schußwaffen und Patronen

Die Auswahl an Waffen, die die korsischen und sardischen Jäger vor hundert und mehr Jahren benutzten, um auf Muffelwild zu jagen, ist zweifellos nicht groß gewesen. Die Art der Jagdausübung und die Zweckbestimmung des Beutemachens haben damals auch die Ansicht über die Verwendung der Jagdwaffen beeinflußt. Die Geschicklichkeit einzelner Jäger, vorhandenes Kriegsgerät für jagdliche Zwecke umzubauen, hat eh und je für die Entwicklung der Jagdwaffen eine entscheidende Rolle gespielt. Inzwischen haben nun die Errungenschaften der Technik einen grundlegenden Wandel gebracht, aber auch eine Fülle von Waffentypen, die nicht immer gerade waidmännischer Zielsetzung gerecht werden konnte. In der Tat sind heute unter den Jägern die Meinungen darüber sehr unterschiedlich, welche Waffe und welche Patrone auf eine bestimmte Wildart geführt werden kann.

Vorweg muß gesagt werden, daß Muffelwild eine außerordentlich zähe Wildart ist, glücklicherweise zum Hochwild gehört und auf keinen Fall mit einer Patrone unzulänglicher Wirkung beschossen werden darf. Die Zeiten der vielleicht sogar noch selbstgeladenen „Försterpatrone" 9,3 × 72 R, sind endgültig vorbei. Wir verfügen heute über eine reiche Anzahl moderner Schußwaffen und vorzüglicher Patronen. Man sollte aber nur solche verwenden, mit denen auch bei gelegentlich unvermeidbar schlecht sitzenden Schüssen das Stück möglichst bald zur Strecke kommt.

Ansichtssache ist auch die Wahl des *Gewehrsystems.* Ratschläge können nur im Hinblick auf alle im Revier vorhandenen Wildarten gemacht werden. Ein Jagdgast – insbesondere, wenn er es sich leisten kann – wird eine Doppelbüchse oder einen Repetierer der Kombinationswaffe vorziehen, während ein Berufsjäger am liebsten einen Drilling führt, weil er damit für die verschiedensten Jagd- und Wildarten am besten ausgerüstet ist. Die einen Jäger schwören auf den einschüssigen Stutzen, die anderen sind ganz vernarrt in einen Bockdrilling mit einem Großkaliber- und einem Kleinkaliber-Büchsenlauf. Begüterte Jäger leisten sich sogar eine zweikalibrige Doppelbüchse für die Patronen Kal. 9,3 × 74 R und Kal. 222 Remington, dazu ein Wechsellaufpaar mit Büchsenkaliber 7 × 65 R entweder als Büchsflinte oder gleichkalibrige Doppelbüchse oder auch dazu ein Doppelflinten-Laufpaar mit erstklassiger Schußleistung. Alle solche Waffen kann man heute kaufen, aber darauf kommt es weniger an, als auf die Notwendigkeit, daß der Jäger mit seiner Waffe völlig vertraut sein muß. Außerdem sollte er mit ein wenig Freischützgeist überzeugt sein, daß er mit seinem Gewehr nicht nur gut schießt, sondern auch Erfolg hat. Mit übertriebenen Besonderheiten an der Waffe gibt sich deshalb ein guter Jäger nicht ab. Andererseits wird er aber immer gern über ballistische Daten und über die neuesten Erkenntnisse auf schießtechnischem Gebiet fachsimpeln; dabei zeigt sich sehr rasch, ob jemand von der Sache etwas versteht oder nicht.

Die Munition – vorausgesetzt, daß sie aus einem einwandfreien Gewehr verschossen wird – muß das wichtigste waidmännische Postulat erfüllen, nämlich eine schnell tötende Wirkung und, was wir heute allenthalben verlangen, eine gestreckte Flugbahn. Frevert (mündlich) hat hierfür die weise Empfehlung gegeben, auf alles in Deutschland vorkommende Schalenwild die Patrone 9,3 × 74 R (bzw. 9,3 × 62) zu führen. Er wollte damit auch eine gewisse Lösung zu dem Problem der Universalpatrone aufzeigen. Zwar wird auf diese Weise eine höchstmögliche Sicherheit hinsichtlich der Wirkung erreicht, aber wie sehen dann die Muffellämmer aus, die mit dem 16,7 g oder 18 g schweren Geschoß bedenklich zugerichtet werden, so daß man sie wohl gar nicht mehr aufzubrechen braucht. Das andere Extrem wäre, mit einer Randfeuerpatrone .22 long rifle, mit einer Hornet oder .222 Remington auf Muffelwild zu schießen. Die Verwendung dieser Patronen ist glücklicherweise jedoch gesetzlich ausgeschlossen.

Mir selbst ist einmal ein Mißgeschick passiert, das ich zu diesem Thema als warnendes Beispiel erzählen möchte. An einem Augustabend saß ich mit meinem Jungen und meiner Dachsbracke auf einer Kanzel, um Wild zu beobachten. Verhältnismäßig früh wechselte ein Muffelschaf auf die Wildwiese mit einem Lamm, das auffällig unsicher auf den Läufen war. Sehr bald erkannte ich mit Hilfe des 10fachen Hensoldt, daß das Lamm schnabelschuhförmig ausgewachsene Schalen besaß. Ich entschloß mich schnell zum Schuß, stach meinen Drilling ein, und als das Lamm auf etwa 60 Schritt breit stand und das Punktabkommen des Zielfernrohrs ruhig etwas hinter das Blatt zeigte, sprach der Drilling – aber nicht mit der 8-mm-Patrone, sondern mit der Randfeuerpatrone Kal. .22 „lang für Büchsen" aus dem Einstecklauf. Ich hatte also vergessen, auf Kugel umzustellen. Das beschossene Lamm flüchtete hinter dem Schaf in den jüngeren Fichtenbestand und war unseren Blicken rasch entschwunden. Mein Sohn und mein Hund zitterten vor Aufregung – ich auch –, aber noch mehr aus Wut über mich selbst, über die eigene Unzulänglichkeit, über den Einstecklauf, der doch nie eine reine Freude ist, und aus Ungewißheit darüber, ob die kleine Bleikugel das Lamm überhaupt getroffen haben konnte. Die schaurigsten Gedanken gingen mir dabei durch den Kopf, die noch verwirrter wurden durch die Bemerkung meines Sohnes: „Du hast bestimmt getroffen, das Lamm hat gezeichnet!" „Unsinn, Junge", sagte ich, „Muffelwild zeichnet im Schuß ganz selten, im übrigen schießt der Einstecklauf auf die Entfernung ..." Natürlich wußte ich es selber nicht. Nach einer Pause von bangen anderthalb Stunden – außer einem Hasen war kein Wild mehr gekommen – baumten wir ab und untersuchten den Anschuß, an dem nicht die geringsten Pürschzeichen zu finden waren. Nun legte ich meinen Dachsbrackenrüden auf die Fährte, der er unbändig aufgeregt folgte. Nach 150 m führte er mich zum Lamm, das längst verendet war. Kein Ausschuß, Einschuß kalibergroß, genau da, wo ich abgekommen war, drei Finger breit hinter dem Blatt. Die Freude war groß, und mehrere Steine fielen geradezu hörbar von den belasteten Herzen. Ich konnte nur meinem Jungen sagen: „Heute hast du gelernt, wie man es nicht machen soll!"

Der Hund wurde dagegen gelobt, denn er hatte vortreffliche Arbeit geleistet.

Ich habe bisher auf Muffelwild geführt die Patronen 8 × 57 (12,7 g mit 2,95 g Spez. P.), 7 × 64 (11,2 g mit 3,3 g Spez. P.), 7 × 57 TIG und 6,5 × 57. Außerdem habe ich noch die Wirkung der Patrone 8 × 68 S (12,1 g mit 4,75 g Spez. P.) beobachtet, die ein vorzüglicher Jäger führte. Die Wirkung aller dieser Patronen war vollständig ausreichend. Das meiste Muffelwild habe ich mit der Repetierbüchse 6,5 × 57 erlegt. Das 6-g-Geschoß hat, mit 2,85 g Spezialpulver beschleunigt, eine erstaunlich zuverlässige, geradezu „klatschende" Wirkung. Nur in einem Falle ist ein Schmalschaf mit einem Kammerschuß ohne Zeichnen noch 150 m geflüchtet, hat sich dann überschlagen und war sofort verendet. Bei Waidwundschüssen taten sich die beschossenen Stücke wenige Schritte vom Anschuß nieder oder blieben in der Nähe des Anschusses stehen, so daß ein Fangschuß gegeben werden konnte.

Es liegt uns fern, in dieser Arbeit eine bestimmte Patrone vorzugsweise zu empfehlen oder eine Diskussion über ballistische Fragen einzuleiten. Von den vielen, durchaus geeigneten Patronen möchten wir nur wenige gebräuchliche erwähnen, die bei der Jagd auf Muffelwild Verwendung finden.

Fabrikate	Patrone	Ladung g	Geschoßart	Geschoß-gewicht g	V_0	V_{100}	E_{100} in Joule
RWS	6,5 × 57	2,85 Sp. P.	Teilm. spitz	6,0	1010	879	2625
RWS	6,5 × 57	3,08 Sp. P.	H-Mantel offene Hohlsp.	10,0	815	705	2521
RWS	6,5 × 68	4,2 Sp. P.	Kegelspitz	8,2	960	875	3139
RWS	7 × 57	3,0 Sp. P.	Brenneke TIG	10,5	800	705	2809
RWS	7 × 64	3,75 Sp. P.	H-Mantel Kupferhohlsp.	11,2	850	765	3277
Winch. .308	7,62 × 51	—	Nosler	9,7	872	776	2913
RWS	8 × 57 IRS	2,95 Sp. P.	Teilmantel Rundkopf	12,7	726	625	2482
RWS	8 × 57 IS	3,6 Sp. P.	Brenneke TIG	12,8	800	700	3139

Noch ein Hinweis soll aus immer wieder gemachten Erfahrungen gegeben werden: Bei Repetiergewehren empfiehlt es sich *nicht,* Geschosse zu verwenden, die eine längere Bleispitze haben. Wenn der Übergangskonus nicht besonders dafür hergerichtet ist, stoßen sich die Bleispitzen am Rand des Patronenlagers, deformieren, und es entstehen dadurch Ladehemmungen, so daß ein glattes, zügiges Repetieren nicht mehr möglich ist. Merkwürdigerweise werden die früher üblichen, sog. $^{11}/_{12}$-Mantel-Geschosse für Kal. 8 und 7 mm, mit denen man viel besser als mit den gegenwärtigen Geschossen repetieren konnte, nicht mehr hergestellt. Übrigens stauchten sich nach meinen Beobachtungen diese $^{11}/_{12}$-Mantelgeschosse im Wildkörper wesentlich besser als die heutigen $^{4}/_{5}$-Mantel und besaßen eine zuverlässigere, auch rascher tötende Wirkung. Heute bemüht man sich, mit anderen, z. T. recht raffinierten Geschoßformen eine höchst-mögliche Zuverlässigkeit und Wirkung zu erreichen.

Wichtig ist indessen für alle Waffen und Patronen, daß sie eine ausreichende *Genauigkeit in der Schußpräzision* haben. Bei Schußentfernungen auf 100 m soll der Streukreis-Durchmesser 5 cm nicht überschreiten. Voraussetzung hierfür ist, daß man zweckmäßigerweise aus einem Kaliber *nicht Patronen verschiedener Laborierungen* verschießt. Es ist richtiger, sich für *eine* Patrone zu entscheiden und dabei zu bleiben.

Den Jägern, die Gelegenheit haben, im Hochgebirge *und* in der Ebene zu jagen, sei der Rat erteilt, durch einen Kontrollschuß sich über die Treffpunktlage jedesmal Gewißheit zu verschaffen. Was nützt es, ein Gewehr auf 200 m tadellos einzuschießen, um dann auf kürzere Entfernung einen Widder glatt zu überschießen. Grundsatz sei deshalb, vor jeder Einzeljagd in einem Revier Probeschüsse abzugeben, dabei gleichzeitig die Schußfestigkeit der Zielfernrohrmontage zu überprüfen und sich von der Richtigkeit der zu verwendenden Patronen zu überzeugen.

Über allen mit der Führung von Jagdwaffen zusammenhängenden Fragen steht aber das Gebot der Sicherheit und das Gebot der Vorsicht den Mitmenschen gegenüber. Aus den vielen bedauerlichen Unfällen, die sich immer wieder ereignen, sollten alle Jäger, ob jung oder alt, ob unerfahren oder erfahren, die entsprechenden Lehren ziehen. Sie sind in den mannigfaltigen gefährlichen Situationen, die bei der Führung von Schußwaffen entstehen können, stets und ständig gebührend zu beachten.

Schuß- und Pürschzeichen

Jedem Jäger müssen die wichtigsten Zeichen geläufig sein, die beim Schuß und nach dem Schuß auf Wild zu beachten sind. In den Grundzügen ist für das Muffelwild auch das zutreffend, was für andere Wildarten – besonders für das Gamswild – gilt.

Zunächst muß zur Begriffsbestimmung hervorgehoben werden, daß unter *Schußzeichen* in Anlehnung an FREVERT (1981) die Bewegungen verstanden werden, die das Wild infolge der Abgabe des Schusses – ob getroffen oder nicht getroffen – erkennen läßt. *Pürschzeichen* hingegen sind alle die vom beschossenen Stück Wild am Anschuß oder in der Wundfährte hinterlassenen Merkmale, auch der Geschoßeinschlag auf dem Boden oder am Bodenbewuchs.

Muffelwild zeichnet im Vergleich zum Reh- und Rotwild sehr viel unauffälliger. Diese Tatsache muß beachtet werden, da z. B. bei einem Lungenschuß oder auch „Schuß mitten drauf" das Stück Muffelwild gewöhnlich wegflüchtet, als sei es gesund. Nur gelegentlich bei Kurzblattschüssen reagiert Muffelwild auch mit dem bekannten Schußzeichen der steil aufwärts gerichteten Flucht, wenn das Stück nicht infolge energievoller moderner Geschosse schlagartig zusammenbricht. Das Mißtrauen gegenüber einem *Krellschuß* wird sich jeder erfahrene Jäger bewahren, wenn ein Stück im Feuer liegt oder mit taumelnden Bewegungen Lähmungen vermuten läßt. Ein *Kugelschlag* ist heute bei Schüssen auf nähere Entfernung und bei Verwendung von Hochgeschwindigkeitspatronen vom Schützen kaum noch zu identifizieren. Man soll deshalb diesem Zeichen keine zu große Wichtigkeit beimessen, da zu leicht Irrtümer entstehen und falsche Folgerungen gezogen werden können. Das gleiche gilt auch für die Behauptungen von Personen, die in weiterer Entfernung vom Schützen den Kugelschlag genau gehört haben wollen.

Den *Pürschzeichen* fällt deshalb besondere Bedeutung zu. Ist das Stück Muffelwild nicht im Feuer zusammengebrochen oder in Sichtweite verendet, so sind die Zeichen am Anschuß – im einzelnen: der Einschlag der Kugel im Boden oder am Bodenbewuchs, Eingriffe der Schalen, Schnitthaar, Knochensplitter und Schweiß – sorgfältig zu untersuchen, um Schlüsse auf den Sitz des Geschosses und die Intensität der Verletzung zu ziehen. Die Stelle des Anschusses sich genau zu merken, sie mit einem Anschußbruch zu versehen und den Standplatz (wenn notwendig) zu markieren, sind die elementarsten Voraussetzungen für die Nachsuche.

Nach der *Farbe des Schweißes* die Stelle der Verletzung des Wildkörpers zu bestimmen, kann hier auch analog den Merkmalen bei anderen Schalenwildarten erfolgen: hellroter, blasiger Schweiß stammt von Lungenschüssen. Sein Anblick pflegt den Jäger in zuversichtliche Stimmung zu bringen. Bei intensiv-rotem Schweiß ohne Schaum – einem Wildbretschuß – sind die Aussichten zweifelhaft. Bei dunklem Schweiß mit Gescheideteilen oder dunkelbraunem Schweiß vom Leberschuß ist die Lage ernst, aber noch nicht verzweifelt.

Nach *Schnitthaar* mit peinlicher Sorgfalt zu suchen und es aufzusammeln, ist außerordentlich wichtig. Es ist aber eine Wissenschaft für sich, nach gefundenem Schnitthaar den Sitz der Kugel zu bestimmen. Der Unterschied zwischen Sommerdecke und Winterdecke ist sehr erheblich. Im Herbst beim Verfärben entstehen in der Länge und Farbe der Haare alle möglichen Varianten, so daß es auch hierbei zu Irrtümern kommen kann. Um den Leser nun aber nicht mit theoretischen Interpretationen zu diesem Thema zu belasten, möchten wir uns mit der allerdings dringenden Empfehlung begnügen, daß in jedem Muffelwildrevier wenigstens aus der Winterdecke des Muffelwildes – um ganz genau zu sein: für Widder, Schaf und Lamm – Schnitthaarbücher angefertigt werden sollten, die dann durch Vergleich mit den gefundenen Schnitthaaren die Bestimmung des Schusses außerordentlich erleichtern und damit stets der Praxis einen wertvollen Dienst leisten.

Nachsuche

Trotz der Fortschritte der Technik unserer Schußwaffen und der ständigen Verbesserung der Patronen wird es sich wohl niemals verwirklichen lassen, das Wild stets zuverlässig an den Platz des Anschusses zu bannen. Es dürfte andererseits auch gut sein, daß dem menschlichen Streben nach Vollkommenheit immer irgendwelche Grenzen gesetzt sind. Nach dem Schuß auf Wild werden deshalb bisweilen kleinere oder größere, einfache oder strapaziöse Suchaktionen erforderlich, um das beschossene Stück in Besitz zu bekommen. Hierbei werden an das Können des Jägers hohe Anforderungen gestellt, die wiederum aber auch zu seinen würdevollsten Aufgaben gehören. Es mag eine glückliche Fügung sein, daß mit der Erfüllung dieser Pflichten die schönsten Seiten der Jagd überhaupt zum Zuge kommen: die Zusammenarbeit von Jäger und Hund.

Hat die Kugel den Lauf verlassen und nicht bewirkt, daß das Wild in Sichtweite verblieben ist, tritt an jeden Jäger die große Versuchung heran, dem flüchtenden Stück möglichst bald zu folgen. Wenn solche Fehler immer wieder gemacht werden, liegt es vor allem daran, daß infolge der Hast der Zeit nur wenige Jäger auf der Jagd die Ruhe und Gelassenheit aufbringen, die für alle Beteiligten zuträglicher, für den Erfolg jedenfalls aber bestimmt aussichtsreicher wären. Ist ein zweiter Schuß nicht anzubringen, so sind angesichts der Zähigkeit des Muffelwildes folgende Grundsätze zu beachten:

1. In aller Ruhe auf dem Standplatz bleiben, diesen markieren und von hier aus den Anschuß durch (gedankliche) Zielansprache im Gelände möglichst genau festlegen!
2. Tritt die Abenddämmerung innerhalb der nächsten Stunde ein, mit der Nachsuche erst am nächsten Morgen beginnen, den Anschuß überhaupt nicht mehr am Abend aufsuchen, die Fluchtfährte und das Gelände, wo sich das kranke Stück befinden kann, niemals stören!
3. Ist am Morgen oder bei Tage geschossen worden, nach dem Schuß *2 Stunden warten*, dann erst zum Anschuß gehen und diesen verbrechen, aber *keinen Schritt der Fluchtfährte folgen!*
4. Alles übrige bei der Nachsuche einem *zuverlässigen Hund* überlassen! Der Jäger hat sich nach dem Hunde, nicht der Hund nach dem Jäger zu richten! Eine *Nachsuche ohne Hund* ist nicht nur eine Sünde dem Waidwerk gegenüber, sondern in manchen Ländern sogar gesetzlich verboten.

Die Wittrung des Muffelwildes ist für Hunde sehr intensiv und das Halten der Fährte relativ leicht. Das darf aber nicht dazu verleiten, die Schweißfährte zu vertrampeln oder mit irgendeinem unzulänglichen Hund herumzustöbern. Erst wenn dieser nichts findet, meint man, einen guten Schweißhund hinzuziehen zu müssen, überlegt sich aber nicht, daß die wesentlichsten Grundlagen für die Nachsuche am Anschuß schon zerstört sind.

Es kann und soll hier nicht dargelegt werden, wie eine Nachsuche mit dem Schweißhund im einzelnen durchgeführt wird, welche wichtigen Grundsätze und auch Kniffe beachtet werden müssen, und welcher Hunderasse bei der Jagd auf Muffelwild man den Vorzug geben soll. Hierfür spielen bekanntlich individuelle und charakterliche Voraussetzungen, natürlich auch die Gegebenheiten des Reviers, eine Rolle. Selbst erfahrene Rüdemänner lernen bei jeder Nachsuche etwas hinzu. Jeder Jäger sollte aber auch soviel Interesse an der Führung von guten Hunden haben (auch wenn er selbst vielleicht nicht in der Lage ist, einen Hund zu halten), daß er die Grundregeln des Verhaltens nach dem Schuß im Hinblick auf die Arbeit des Hundes beherrscht. Ein schlechter Schuß kann jedem Jäger passieren. Eine Schande ist es aber, wenn aus Gleichgültigkeit oder auch aus Unkenntnis die Voraussetzungen für den Erfolg einer Nachsuche mit dem Hund zunichte gemacht werden und Wild aus diesem Grunde verludern muß.

Ganz besonders in einer Zeit, in der die jagdlichen Betätigungen aus den verschiedensten Gründen einer Verflachung anheimfallen, sei gesagt: Wer noch niemals von einem guten Hund am Schweißriemen, möglichst unter schwierigen Umständen, zum verendeten Stück geführt worden ist, dem sind die schönsten Erlebnisse und erhabensten Gefühle auf der Jagd verschlossen geblieben! Einige Beispiele aus meiner Praxis, die ich im folgenden schildern möchte, werden erfahrenen Jägern nichts Neues bieten, anderen Jägern aber vielleicht zur Lehre dienen.

In einem Falle wäre die Nachsuche beinahe schief gegangen ... : In meiner Begleitung schoß ein Jagdgast im Herbst beim Abendansitz von einer Kanzel auf 150 m auf ein altes Muffelschaf, das mit seinem schneeweißen Haupt bekannt und wegen seines außerordentlich vorsichtigen Verhaltens berüchtigt war. Nach dem Schuß aus dem 8 × 57-Repetierer mit 3,25 g flüchtete das Stück ohne zu zeichnen in die nahe Dickung. Nach genau einer Stunde – es war noch Büchsenlicht – gingen wir zum Anschuß. Meine Dachsbracke hatte ich, wie üblich, abgelegt und suchte nach Pürschzeichen. Der Anschuß war leicht zu finden. Es lag wenig Schweiß, aber reichlich Panseninhalt. Der Sitz der Kugel war klar, und als ich gerade überlegte, wie am nächsten Morgen die Nachsuche durchgeführt werden sollte, stolperte am Dickungsrande ein Stück Wild von uns weg. Zu erkennen war nichts mehr, denn es wurde merklich dunkler, insbesondere, da vom Westen her Regenwolken heranzogen. Ob richtig oder falsch, ich entschloß mich, meinen Hund zu schnallen. Auf den Anschuß gesetzt, nahm meine Dachsbracke aufgeregt die Fährte auf, gab Spurlaut und bald darauf Hetzlaut. Ich folgte dem Laut des Hundes durch die Dickung, so schnell ich konnte und kam an einen Weg, der an einem jüngeren Buchenstangenort entlangführte. Der Hetzlaut war verstummt. Völlig außer Atem, die eigenen Lauscher nach allen Seiten hinwendend, glaubte ich, für den Bruchteil einer Sekunde irgendein undefinierbares Geräusch in einer unbestimmten Entfernung zu hören. Nach kurzer Pause tastete ich mich vorwärts in Richtung auf das vermeintliche Geräusch, immer wieder verhaltend, mehr die Ohren als die Augen als Sinneswerkzeug nutzend. Inzwischen war es dunkel geworden. Nur mühsam konnte ich mich durch eine lückige Buchendickung hindurcharbeiten, hörte plötzlich ein Schnaufen, sah alsbald ein „weißes Etwas" und endlich meinen Hund, der dem Stück noch an der Drossel hing. Das Schaf aber war bereits verendet. Mein erlösender Ruf „Muffel tot" wurde von dem Jagdgast freudig beantwortet. Die Strecke der Hatz betrug fast 500 m. Jagdliche Moral: Ungestört wäre das waidwunde Schaf nach einigen Stunden verendet und am nächsten Morgen mit großer Wahrscheinlichkeit in der Nähe des Anschusses gefunden worden. Aufgemüdet, flüchtet oder zieht ein Stück Muffelwild mit Waidwundschuß oft kilometerweit. Wer weiß, ob es unter diesen Voraussetzungen am nächsten Tage so ohne weiteres zur Strecke gekommen wäre.

Nach dem Bericht eines Forstbeamten wurde gelegentlich einer Gebrauchsprüfung die Nachsuche auf ein Muffelschaf nach 22 Stunden aufgenommen. Bei leichtem Frostwetter und wenig Schnee verwies der Hund am Anschuß Wildbretschweiß und einige Schnitthaare, die offenbar vom Brustkern stammten. Der Hund suchte über 400 m am Schweißriemen zügig durch Dickungskomplexe, verwies ein bereits kaltes Wundbett und hatte nun schwierige Arbeit, da der Schweiß sehr spärlich wurde. Die Wundfährte führte dann nach weiteren 500 m durch ein Fichtenaltholz. Der Gedanke an eine eventuelle Totsuche war natürlich längst verworfen worden. Überall dort, wo das Stück verhofft haben mochte, verwies der Rüde noch einige wenige Schweißspritzer. Vor einem größeren Fichtenstangenholz war das Schaf offenbar unschlüssig hin- und hergezogen und hatte mehrere Wiedergänge gemacht. An einer tief beasteten Fichte war der Schnee abgestreift und etwas Schweiß zu erkennen. Das kranke Stück hatte also das Stangenholz angenommen. Der Hund legte sich heftig in den Riemen, vielleicht stand hier in der schneefreien warmen Nadelstreu die Fährte besser – doch nach etwa 150 m polterte plötzlich ein Stück weg. Ein Ansprechen war nicht möglich, auch kein Schweiß zu finden. Der Hundeführer schnallte den Hund, was normalerweise nur dann richtig ist, wenn man eine eindeutige Bestätigung dafür hat, daß man am kranken Stück ist. Der Rüde schoß voran, und nach Augenblicken angestrengten Lauschens hörten die Jäger tiefen, gedämpften Standlaut. Der Hundeführer stürmte davon, dem rufenden Hunde nach. Unter einem hochgeklappten Wurzelteller einer Fichte hatte sich das schwerkranke Schaf dem Hund gestellt. Bei einer günstigen Gelegenheit, ohne den Hund zu gefährden, gab der Führer den Fangschuß. Das Muffelschaf war erlöst. Der erste Schuß hatte den rechten Vorderlauf ganz oben durchschlagen und den Brustkern aufgerissen. Ohne die gute Arbeit des Hundes wäre das Stück nicht zur Strecke gekommen. Mit einem Fichtenbruch wurde dem Erleger Waidmannsheil gewünscht. Dieser heftete einen Teil des Fichtenbruches an die Halsung des Hundes als Zeichen des Dankes und der Anerkennung für die erfolgreiche Suche.

Aufbrechen und Wildbretverwertung

Im Prinzip wird *Muffelwild genauso aufgebrochen* wie das andere wiederkäuende Schalenwild. Wenn man Gelegenheit hat, viel Wild aufzubrechen, bekommt man eine gewisse handwerkliche Routine, die aber nicht zum Fuschen verleiten soll. Letztlich sind immer die bewährten Vorschriften nach dem Brauchtum maßgebend, nach denen man sich richten soll. Ich habe mir allerdings seit Jahren angewöhnt, den Drosselschnitt zu vernachlässigen, dafür aber den Brustkern von der Bauchhöhle her aufzuschärfen und das Brustbein bis zum Hals aufzutrennen. Bei jüngeren Stücken ist dies mit einem scharfen Waidmesser ohne weiteres möglich, bei älterem Wild muß man Säge oder Waidblatt zu Hilfe nehmen. Bei dieser Methode ergeben sich mehrere Vorteile hinsichtlich der Sauberkeit, der Schnelligkeit und der Schonung des Wildbrets sowie der Trophäe. Bei der Öffnung der Brusthöhle kann man das Zwerchfell bequem an den Rippen abtrennen. Drossel und Schlund lassen sich dann am Brustkern von innen her abschärfen und Geräusch und Gescheide mit einem Ruck nach hinten herausziehen. Auf diese Weise hat man auch bei Waidwundschüssen Bauch- und Brusthöhle sehr viel besser gesäubert. Ich pflege auch die Brandadern gleich dann zu öffnen, wenn ich den Mastdarm herausgelöst habe, ehe Schweiß nach hinten geflossen und hierdurch das Erkennen dieser Adern erschwert ist. Das Auftrennen des Brustbeins ist auch für das Auslüften günstig, im übrigen ist der erforderliche Schnitt beim späteren Zerwirken ohnehin zu führen. *Das Auslassen des Drosselschnitts* hat bei Muffelwiddern den wesentlichen Vorteil, daß die Mähnenhaare nicht zerstört werden, da mancher Jäger, insbesondere wenn es sich um einen kapitalen Widder handelt, die Trophäe gern als Kopf-Halspräparat herrichten lassen will.

Im allgemeinen wird man das Wild gleich nach der Erlegung im Revier aufbrechen. Für den Wert des Wildbrets ist dies auch am zweckmäßigsten und entspricht der herkömmlichen, waidmännischen Gepflogenheit. Aus Bequemlichkeit wird heute allerdings vielfach das Wild unaufgebrochen mit dem Auto transportiert und zu Haus oder an anderer Stelle versorgt. Jeder Wagenbesitzer scheut sich natürlich, Kofferraum, Kotflügel und Lampen schweißig zu machen. Viele Jäger möchten auch nicht bei Dunkelheit aufbrechen und für die rote Arbeit lieber daheim künstliche Lichtquellen ausnutzen. In manchen Fällen will sich ein Hundeführer für das Legen künstlicher Schweißfährten eine gewisse Menge Schweiß aufbewahren und diesen hierfür auf Flaschen füllen. Alle diese Gründe sind begreiflich, aber das leidige Auto wird bedauerlicherweise auf der Jagd und auch sonst weniger zur Erleichterung der Arbeit, als vielmehr dafür eingesetzt, daß jagdlich mehr unternommen werden kann. Hierbei wird viel gesündigt – auch im und aus dem Auto – und von dem *Brauchtum des Wildtransportes* zu Fuß, das erlegte Stück über die Schulter gelegt oder im Rucksack verstaut, verschwindet immer mehr. Nur im Gebirge, wo die geländegängigen Jeeps nicht mehr hingelangen können, muß man sich der altbewährten Methoden bedienen, die unsere vorzüglichen Bergjäger noch so meisterhaft beherrschen. Ich bewundere und verehre immer diese herrlichen anspruchslosen Gestalten, in deren Begleitung und Umwelt man die schönsten jagdlichen Erlebnisse haben kann, die wirklich noch urtümliches Waidwerk zu vermitteln vermögen.

Für eine genußtaugliche *Wildbretverwertung* sollte niemals vergessen werden, unmittelbar nach dem Aufbrechen die Herzkammern freizulegen und den geronnenen Schweiß herauszudrücken. Aus der Leber muß die Galle vorsichtig „herauspräpariert" werden, damit die Galleflüssigkeit nicht die Leber oder Wildbretteile verdirbt. Man verwechsele die Muffelwildleber nicht mit der der Cerviden, die keine Galle, dafür aber weitverzweigte Gallengänge besitzen. Deshalb ist die Leber des Muffelwildes auch zarter und im allgemeinen auch schmackhafter. Bei einem älteren Widder habe ich allerdings einmal eine Enttäuschung erlebt: Ich schoß diesen Widder in einem Buchenaltholz, in dem die Krautflora vorwiegend aus Bärlauch *(Allium ursinum)* bestand. Als ich aufbrach, stellte ich fest, daß der Pansen mit Bärlauchfrüchten gefüllt war, die ihre intensiven Gerüche auch auf die Wildbretteile ausdehnten. Der Versuch, die Leber in der häuslichen Küche zuzubereiten, wurde durch einen entsetzlichen Knoblauchgeruch vereitelt, so daß Gewürze nicht mehr vonnöten waren. Ich bin nun aber einmal dem Knoblauchgewürz nicht freundlich gesonnen, so daß ich den Lebergenuß ablehnte. Meine Familie schloß sich meiner Entscheidung ohne Murren an.

Das *Zerwirken* des Muffelwildes geschieht in der gleichen Weise wie bei anderem Schalenwild, so daß es zu weit führen würde, hier im einzelnen darauf einzugehen.

Wenn man, wie üblich, das Stück so zerwirkt, daß man die Einteilung Keulen, Blätter, Rücken, Rippen, Hals und Kopf erhält, ist es oftmals wichtig zu wissen, wie man den Wert der einzelnen Stücke berechnet, da zuweilen ein Einzelverkauf in Frage kommt. Der nachstehende Schlüssel stellt die Wertprozente dar, die auf die Wildbretanteile entfallen. Sie berücksichtigen den Fleischanteil und richten sich nach dem Preis des aufgebrochenen Stückes in der Decke. Auf individuelle Geschmacksrichtungen kann allerdings keine Rücksicht genommen werden.

2 Keulen	44 %	=	70,40 DM
1 Rücken	25 %	=	40,00 DM
2 Blätter	22 %	=	35,20 DM
2 Rippen	6 %	=	9,60 DM
Hals	2 %	=	3,20 DM
Haupt und Decke	1 %	=	1,60 DM
	100 %	=	160,00 DM

Für diese Berechnung ist unterstellt 1 Schmalschaf mit einem Gewicht von 20 kg und einem Verkaufspreis in der Decke von 8,– DM/kg (1981) mithin = 160,– DM.

Da der Wert der Decke sehr unterschiedlich beurteilt wird, ist er hier mit dem des Hauptes zusammengefaßt worden. Zuweilen wird dieser Wert auch gegen die Arbeit des Zerlegens aufgerechnet.

Für den Hausbedarf wird man natürlich am besten ein Lamm oder ein Schmalschaf zerlegen. Einen alten Widder, in der Brunftzeit erlegt, möchte man am liebsten dem

Wildhandel überantworten mit der heimlichen Bemerkung „... den können die Städter fressen!" Heute ist man aber in der Lage, durch Einfrieren in Kühlhäusern oder -truhen auch dieses Wildbret mürbe und genußtauglich werden zu lassen. Für die, die es noch nicht wissen: Wildbret darf man nicht mit Wasser abwaschen, da das Fleisch sonst sehr schnell verdirbt, sofern es aufgehoben werden soll. Mir ist ein Erlebnis unvergeßlich: Als Junge erhielt ich vom Vater den Auftrag, einen frisch zerlegten Frischling aus dem Jagdhaus abzuholen, ich war froh, ins Jagdrevier fahren zu dürfen – damals noch mit der Bahn und mit dem Fahrrad – und packte zuversichtlich Blätter und Keulen aus der Wildkammer in den Rucksack. Mir schienen die Wildbretteile angesichts der bevorstehenden Bahnfahrt nicht sauber genug, und ich wusch deshalb den Schweiß mit Wasser ab. Ich wunderte mich schon, daß der Schweiß eigentlich nicht weniger, sondern mehr wurde, aber die Hoffnung auf ein baldiges Eintrocknen gab mir wieder Mut.

Auf der Fahrt zum Bahnhof mit dem Fahrrad wurde mein Rücken trotz Lodenmantel merkwürdig feucht. Ich erklärte dieses Gefühl aber mit der Wirkung des Strippenregens, der inzwischen eingesetzt hatte.

Als ich nun im Bahnabteil 4. Klasse (im Jahre 1928) den Rucksack auf dem Gepäcknetz verstaut und Platz genommen hatte, beobachtete ich, daß Tropfen einer rötlichen Flüssigkeit von oben auf die Schulter meines Nebenmannes fielen. Noch war der Ahnungslose in seine Zeitung vertieft. Aber bald kam ihm zu Bewußtsein, daß es auch in diesem Abteil eigentlich nicht durchregnen durfte und ging der Ursache – natürlich mit mir zusammen – auf den Grund. Glücklicherweise hatte der Zeitgenosse Humor, machte keinen Haftpflichtschadenersatz geltend und verlangte kein Schmerzensgeld. Zu Hause bekam ich aber eine Backpfeife und die Belehrung, niemals Fleisch mit Wasser abzuwaschen, denn mit dem Einfluß des starken Regens konnte ich mich auch nicht recht herausreden.

Für die *Zubereitung des Muffelfleisches* „nach Jägerart" möchte ich der Hausfrau oder dem Küchenchef einige Vorschläge nicht vorenthalten.

Muffelkochfleisch mit Zwiebelsoße

Eine gut abgehangene Muffelwildkeule von Feist und Häuten befreien, Fleisch mit reichlich Zwiebeln, Kümmel und Pfeffer gar kochen. Aus dem Rest der Flüssigkeit mit etwas gebratenem Speck Soße bereiten. Aus geriebenen rohen Kartoffeln – Kartoffelklöße kochen und mit wenig gebratenem Speck und Zwiebel garnieren. Gericht mit etwas Gurke, Tomate u. a. garnieren und heiß reichen. Getränk: herbes, helles Bier.

Paprika-Schnitzel

Aus Muffelwildkeule Schnitzel in angemessener Größe schneiden, diese klopfen, mit Tomatenmark bestreichen, einziehen lassen, salzen, in geschlagenem Ei wenden. Mehl und Gries 1 : 1 und je nach gewünschter Schärfe Paprika zumischen, hiermit die Schnitzel garnieren und in reichlich Butter kroß braten. Mit Sardellenfilets und Eischeiben garniert, heiß reichen (nach A. Eichler). Zutaten: gemischter Salat, zwei Scheiben frisches Brot oder Butterkartoffeln. Getränk: Moselwein.

Gefüllte Lammkoteletten

Die Koteletten – am besten vom Lamm – werden in der Pfanne oder auf dem Rost halbgar gebraten. 250 g Pfifferlinge dünstet man zehn Minuten; sechs schöne behält man zurück, die anderen werden gehackt, dreht sie mit 100 g Schabefleisch durch die Maschine, fügt soviel saure Sahne bei, daß die Fülle gerade gebunden ist, würzt sie mit Salz und Ingwer und verteilt sie bergartig auf die Koteletten. In die Mitte wird jeweils ein Pfifferling eingedrückt und mit Bratbutter überpinselt. Man schiebt die Koteletten für acht Minuten in den Ofen und richtet sie auf vorgewärmter Platte an. Zutaten: Butterkartoffeln, Harikoverts. Getränk: Rotwein.

Lammbraten im Römertopf

Die für die Größe eines Römertopfes hergerichtete Lammkeule wird mit Salz, Wildgewürz und dem Saft einer ausgepreßten Knoblauchzehe eingerieben; Zwiebeln, Wachholderbeeren und einige Stücke Sellerie werden dazugegeben, ehe man das Fleisch zugedeckt im Römertopf im eigenen Saft (ohne Fett oder Speck) bei einer Hitze von 200 Grad etwa 2 Stunden garen läßt.

Will man eine pikante Sauce, so gießt man den Bratensaft etwa eine Stunde vor dem Anrichten ab und rührt sie mit Weizenmehl, saurer Sahne und etwas Rotwein an. Zutaten: Butterkartoffeln und zarte grüne Bohnen. Getränk: Rotwein (Bordeaux)

Risotto mit Muffelragout

250 g Reis werden mit einem trockenen Tuch abgerieben. Fett und Zwiebel erhitzt man, gibt den Reis hinein und röstet ihn hellbraun. Dann füllt man Würfelbrühe auf und dünstet den Reis dreißig Minuten. Aus 250 g Fleisch vom Blatt und Hals sowie 200 g Pilzen fertigt man mit angebratenen Speckwürfeln und Zwiebeln, ⅛ Liter saure Sahne, Salz, Pfeffer und Paprika gedünstet ein Ragout. Tomatenmark mit Sahne und Mehl aufgekocht, füllt man im Kreis um das Ragout, das auf eine erhitzte Schüssel praktiziert wird, den Reis als Rand herum. Getränk: Rotwein oder trockener Rheinwein

Trophäe und Trophäenbewertung

Zur *Trophäe* – in manchen Ländern gehört sie zum „großen Jägerrecht" – rechnen in erster Linie die Schnecke und gelegentlich auch Haupt und „Vorschlag" (Schulterblätter bis zu den ersten drei Rippen). Die Decke des Muffelwildes – auch der Schafe – kann gegerbt und als Wandschmuck oder Bodenbelag verwendet werden, die schöne Zeichnung des Sattelflecks von einem Widder im Winterhaar ist ein ansprechendes jagdliches Schmuckstück. Ich habe sogar einmal einen kleinen Teppich, aus vier Widderdecken gefertigt, gesehen, eine Kostbarkeit, die bei einiger Geschicklichkeit übrigens nicht schwierig herzustellen ist.

Die Trophäe des Widders wird zuweilen wenig einheitlich und oft auch wenig jagdgemäß behandelt. Der alte Waidmannsspruch: „Zeige mir deine Trophäen, und ich will dir sagen, was für ein Jäger du bist", sollte von jedem Jäger beherzigt werden.

Über den Geschmack soll nicht gestritten werden; es mag also dem glücklichen Erleger anheimgestellt bleiben, ob er seine – meist seine einzige – Schnecke mit Haupt und Vorschlag präpariert oder ausgestopft an die Wand hängt. Freilich ist es nicht jedermanns Sache, sich ein lebend vorgetäuschtes Tier ohne Rumpf und Läufe aufzuhängen. Es gibt auch viele Jäger, die nicht einmal präparierte balzende Auerhähne „mögen", da ein solcher Anblick ihnen aus verschiedenen Gründen Unbehagen bereitet. Nun besteht aber zwischen einer künstlerisch ausgeführten „Dermoplastik" und einem „ausgestopften" einst lebenden Tier ein gewaltiger Unterschied, in Haltung, Habitus und Gesichtsausdruck, sowie in der Haltbarkeit. Das Ausstopfen mit Heu, Holzwolle usw. ist billig und schlecht; solchermaßen aufgemachte Häupter mit Trophäe fallen beim Auf- und Umhängen schon nach wenigen Jahren auseinander, da das schwere Gewicht nur von einigen Dutzend Blauköpfen mit den Hauträndern ans Brett genagelt ist. Ein vollkommener Dermoplastiker muß sowohl Künstler wie auch Tierkenner und darüber hinaus ein erfahrener Jäger sein. Dann darf sein Werk auch eine gute Stange Geld kosten im Vergleich zu dermoplastischen Mißgeburten. Eine hohe Geldausgabe lohnt aber nur für wirklich starke Trophäen, und es dürfte für normale Ansprüche durchaus

Abb. 94. Diese Aufnahme von einem 3½jährigen, gut veranlagten Widder gibt ein Beispiel für eine Kopf-Träger-Dermoplastik (Phot. Tilgner)

genügen, wenn der Jäger sich nur eine, möglichst die stärkste, in Form einer Dermoplastik aufhängt; sonst wirkt die Zimmerwand komisch oder museal überladen.

Manche Jäger halten das präparierte Haupt mit der Decke des ganzen Körpers an der Dielen- oder Treppenhauswand für wirkungsvoller als das Haupt allein. Andere wiederum bevorzugen die übliche skelettierte Trophäe. Da aber auch hierbei z. T. wenig zweckmäßig verfahren wird, sei über diese Aufmachungsart einiges ausgeführt:

Wie bei allen Trophäen wird das kurze Kappen des Schädels als unzeitgemäß abgelehnt. Man kann also die Schädeldecke vom Beginn des Hinterhauptbeins bis zum Windfang kunstgerecht-symmetrisch absägen, man kann aber auch den ganzen Schädel ohne Unterkiefer gewissenhaft vom Hirn und den inneren Nasenverästelungen und Schleimhäuten befreien, wie es sich zunehmend bei Hirschgeweihen eingebürgert hat. Nun hat die Schnecke gegenüber den Geweihen die Eigentümlichkeit, daß sich beide Schläuche von der Basis nach hinten krümmen. Will man die skelettierte Trophäe auf ein horizontales Podest, z.B. das Marmorpaneel des vorspringenden Kaminrandes stellen, so mag das angängig sein. Will man aber den Schädel mittels eines feinen Drahtes oder Perlonbandes am Wandhaken aufhängen, so hindern die Schläuche. Es bedarf deshalb eines Podestes (Konsole) zum Fernhalten des Schädels von der Wandebene.

Diese Podeste können aus geschmiedetem, geschwärztem Eisendraht (3 mm) vom Schmied angefertigt werden, um den Schädel einhängen zu können. Manche Handwerker konstruieren ein Podest mit Konsolbrettchen, wie es z. B. TESDORPF empfiehlt. Wieder andere verwenden einen Holzklotz aus poliertem Material oder aus natürlicher Stammknolle bzw. Stubben. Gewöhnlich wird der Schädel von hinten angeschraubt. Besser erscheint die Montage auf flachem Brett, auf dessen Rückseite eine senkrechte, schwalbenschwanzförmige Leiste befestigt ist. Mit dieser Leiste wird die von hinten angeschraubte Schnecke in die entsprechende Ausfräsung der Konsole von oben her eingeschoben.

Bei diesen Aufmachungsarten muß auf ein Erfordernis hingewiesen werden: Die in der Seitenansicht hervortretende Stirnlinie von der Basis der Schläuche bis zur Nasenspitze soll der der gewöhnlichen Schädelhaltung des Widders beim ruhigen Ziehen oder Stehen entsprechen, d. h. praktisch, mit der Zimmerwand einen nach unten offenen Winkel von annähernd 45 ° bilden. Dementsprechend muß die Konsole zugeschnitten sein, um die Nase von der Wand ab ins Zimmer zu richten. Anderenfalls ist die Haltung des Hauptes unnatürlich, ja sie kann sogar einen „Einwachser" vortäuschen, wenn man entgegengesetzt verfährt.

Gewisse Kenntnisse erfordert auch das *vorschriftsmäßige Abkochen* des Hauptes. Wer z. B. den ganzen Schädel mit Schnecke in einen Waschkessel steckt, darf sich nicht über die Bleichung der Schlauchfarbe wundern, die nachher derjenigen von Fallwildschnecken gleicht. Richtigerweise wählt man einen hinreichend tiefen, im Durchmesser schmalen Kochtopf, der mit seiner Breite zwar das Widderhaupt bequem aufnimmt, die Schläuche aber ebenso bequem außerhalb des Topfes läßt. Das eingefüllte Kochwasser soll – wie beim Abkochen von Gehörnen und Geweihen – die Schläuche nicht an der Basis überdecken, aber doch die Haare einschließen. Das Kochen soll drei bis vier Stunden dauern, in der Regel also länger als beim Hirsch. Nach dem Herausnehmen schreckt man in kaltem, möglichst fließendem Wasser ab und säubert den Schädel von allen anhaftenden Teilen, entleert die Hirn- und Stirnhöhle und läßt nun allerdings das ganze Haupt mit Schnecke im Waschkessel etwa eine halbe Stunde aufkochen und anschließend ein bis zwei Stunden ohne Feuer ziehen, selbstverständlich ohne Salzzusatz. Diese kurze Kochzeit schadet der Schneckenfarbe nicht merklich, sie ist aber unvermeidlich, um anschließend mit einiger Gewaltanwendung die Schläuche durch drehende Bewegung von dem Knochenzapfen abziehen zu können. Eine nicht leichte Arbeit! Nun wird das Schlauchinnere mittels eines spitzen Messers und einer langen, spitzen Drahtbürste von den weichen Gewebsmassen befreit, außerdem werden die Zapfen gründlich gesäubert. Wer dem Schädel eine besonders blendend weiße Farbe verleihen will, behandelt ihn im Sonnenschein mit Wasserstoffsuperoxyd oder mit dem wirksameren aber gefährlichen Perhydrol, das vom Bleichen der Gehörne und Geweihe her bekannt ist. Wer die Säuberung der Schlauchhöhlen nicht gründlich genug ausgeführt hat, der darf sich später nicht über Verwesungsgerüche wundern. Schließlich werden die Zapfen mittels heißen Tischlerleims oder anderen Leims bestrichen und mit Papierstreifen so umwickelt, daß sich die Schläuche gerade noch mit Mühe auf die Zapfen drehen lassen. Zu empfehlen ist auch das Ausgießen der Schlauchspitze mit irgendeinem leichten, nicht schrumpfenden Holzzement, um ein stärkeres „Schwinden" der Umfangmaße zu verhüten. Die Mühe und erforderliche Fertigkeit der Trophäenbehandlung ist demnach im Vergleich zu anderen Trophäen, selbst zu denen des nahe verwandten Gams, nicht zu unterschätzen; mitunter vergehen zwei bis drei Tage Arbeit, bis alles zur vollen Zufriedenheit des Fachmannes ausgefallen ist.

Übrigens kann man mit gewissen Manipulationen, bisweilen schon mit dem Aufdrehen der Schläuche auf die präparierten Zapfen, aus einer normal gewachsenen Schnecke einen Einwachser konstruieren. Ein vorsichtiger Erleger wird deshalb dem Revierinhaber oder dem örtlichen Muffelwildsachverständigen seine Beute in frischem Zustand bringen.

Die *Bewertung der Muffelschnecke* ist, um DAUSTER (1963) zu zitieren, „ohne daß es möglich wäre, ein besseres Verfahren vorzuschlagen, in biologischer Sicht nicht befriedigend gelöst, weil sie keine Beurteilung des Fremdblutanteils zuläßt, so daß es mindestens in der Theorie möglich wäre, daß der Rekord von den Widderschnecken gehalten wird, die ihre Stärke dem Luxurieren der ersten Generation nach einer Bastardierung verdankt. Das Streben nach dem Rekord, d. h. nach besonders starken Trophäen, fördert geradezu die Vermehrung der biologisch unerwünschten Herkünfte. Und dem Bewerter ist es unmöglich, Entscheidungen zu treffen, die biologischen Erfordernissen entsprechen." Anders ausgedrückt und unter dem Blickwinkel des Durchschnittsjägers gesehen: die kapitalsten Trophäen mit höchsten Punktzahlen werden nach dem augenblicklichen Erfahrungsstand im mitteleuropäischen Raum nicht von Muffelwildstämmen mit originalförmigen Schnecken geliefert. Die Sünden derjenigen, die das Muffelwild aus Korsika und Sardinien mit fremden Schafen paarten, um durch diese Kreuzung voluminösere Schneckenbildungen zu erreichen, sind nicht mehr oder nur mit drakonischen Maßnahmen zu reparieren. Solange wir also die Trophäe letztlich nach dem Volumen der Schläuche beurteilen, werden die Schnecken aus originalförmigen Stämmen schlechter abschneiden.

Für größere Ausstellungen ist diese offensichtliche Ungerechtigkeit besonders schwerwiegend. Bei der Münchner Ausstellung 1963 wirkte der Widder mit der höchsten Punktzahl auch etwa wie ein Maral unter einer Sammlung von Harzhirschen. Vielleicht müssen wir dieses Problem auch besser unter diesen Vergleichsbeispielen betrachten, ohne den Stab über dem subjektiven Wert des stärksten Trophäenträgers zu brechen. Erfreulicherweise ist bei einer großen Anzahl von Jägern inzwischen die Bereitschaft zu erkennen, dem originalförmigen Muffelwidder den Vorzug zu geben.

Gleichwohl wissen wir heute noch nicht, was die Evolution des Muffelwildes hinsichtlich des Hornwachstums – auch des Original-Typs – in den nächsten Jahrzehnten bringen wird. Die große Anzahl von Muffelwild-Trophäen auf der Welt-Jagdausstellung 1981 in Plovdiv – es waren 476 Stück – gaben einen eindrucksvollen Hinweis auf die außerordentliche Variabilität des Schneckenwachstums aus zahlreichen Populationen.

Eine weitere Einschränkung der Vergleichsmöglichkeit besteht in dem Vorhandensein von zwei verschiedenen, international gebräuchlichen Bewertungsformeln: Die *Prager Formel* (1937, 1954, 1963) und die *Madrider Formel* (1952). Die letztere weicht nur hinsichtlich der Messung des Schneckenumfanges von der Prager Formel ab. In Madrid war 1952 vom CIC verabredet worden, den Schneckenumfang nicht an der stärksten Stelle allein, sondern *an drei Stellen* zu messen – und zwar: an der stärksten Stelle des ersten Drittels, an der stärksten Stelle des zweiten Drittels und an der des dritten Drittels der Schläuche. Die Punktberechnung geschieht durch Addition des Durchschnitts der Messungen in Zentimetern, mit 1 multipliziert. Tatsächlich kommt gewissermaßen die Wucht der Schnecke durch die Madrider Formel besser zum Ausdruck. Maßgebend waren hierfür auch die Erfahrungen, die bei der Bewertung anderer Hornträger in anderen Ländern gemacht wurden. Die ersten Bewertungsvor-

Abb. 95. Dieser Widder mit hoher Punktzahl entspricht dem Zackeltyp. Er weicht vom Originaltyp wesentlich ab (Phot. Oerter)

schläge stammten übrigens aus Ungarn, die DYK (1932) mit einer Ergänzung 1934 entwickelte; sie bezogen sich zunächst nur auf Längen- und Umfangsmessungen. Die Madrider Formel bringt allerdings eine gewisse Arbeitserschwernis. Dies war auch der eigentliche Grund, bei der Ausstellung in Düsseldorf 1954 noch nach der Prager Formel zu vermessen. Ein wesentlicher Vorteil ergibt sich andererseits hieraus, daß die Punktbewertungen der drei großen Ausstellungen 1937 in Berlin, 1954 in Düsseldorf und 1963 in München unmittelbar zu vergleichen sind.

Nicht berücksichtigt wird in beiden Formeln – im Gegensatz zum Gams – *das Alter.* Diese Tatsache wird von manchen Jägern bedauert, da einerseits das Alter eines Widders heute ziemlich genau bestimmt werden kann und andererseits die Reife einer älteren Trophäe gegenüber jüngeren durchaus in der Bewertungsziffer zum Ausdruck gebracht werden könnte. Im gewissen Grade läßt sich hiermit auch die Anerkennung für eine erfolgreiche Hege verbinden und ein Ansporn geben, junge Widder möglichst zu schonen.

An Versuchen, die Vermessungen zu vervollständigen, hat es nicht gefehlt: SCHWENKE (briefl. 1971) bemühte sich, einen gerechteren Vergleich der Trophäen durch eine Volumenermittlung der Schläuche nach einer geometrischen Formel zu erreichen. Eine weitere, von ULOTH (1976) u.a. vorgeschlagene, recht plausible Verbesserung der Bewertung liegt in der Berücksichtigung des Krümmungsdurchmessers (Kreisbogendurchmesser), der bereits in einigen Hegegemeinschaften zur Klassifizierung der Widder (vgl. S. 154, 181) herangezogen wird. BAN, FODOR und IZRAEL (1973) haben mittels der biometrischen Methode den charakteristischen Index des „Urtyps" der Schnecke in Verbindung mit der Auslage (die künftig nicht mehr an den Schlauchspitzen gemessen werden sollte) errechnet. Entsprechende Vorschläge wurden in den zuständigen Kommissionen des CIC diskutiert und zur Anwendung empfohlen.

Man muß sich nur darüber im klaren sein, daß jede Änderung der Bewertungsgrundlage einen Vergleich zu früheren Ausstellungen erheblich erschwert. Auf den letzten Internationalen Jagdausstellungen – insbesondere auf der in Plovdiv (1981) – ist unter den Experten harte Kritik an der noch gültigen, vom CIC festgelegten Bewertungsformel geübt worden. Es wurde erneut bestätigt, daß die Messungen der Auslage an den Spitzen der Schläuche für die Trophäen mit extrem ausgeprägter Drehung Rekord-Punktwerte ergaben. Diese Schnecken weichen vom Original-Typ erheblich ab und drängen dem Betrachter die Frage auf, ob derartige Trophäen noch unseren Vorstellungen vom Originaltyp des Muffelwidders entsprechen. Die Abbildungen auf S. 179 und 188 verdeutlichen das immer noch ungelöste Problem.

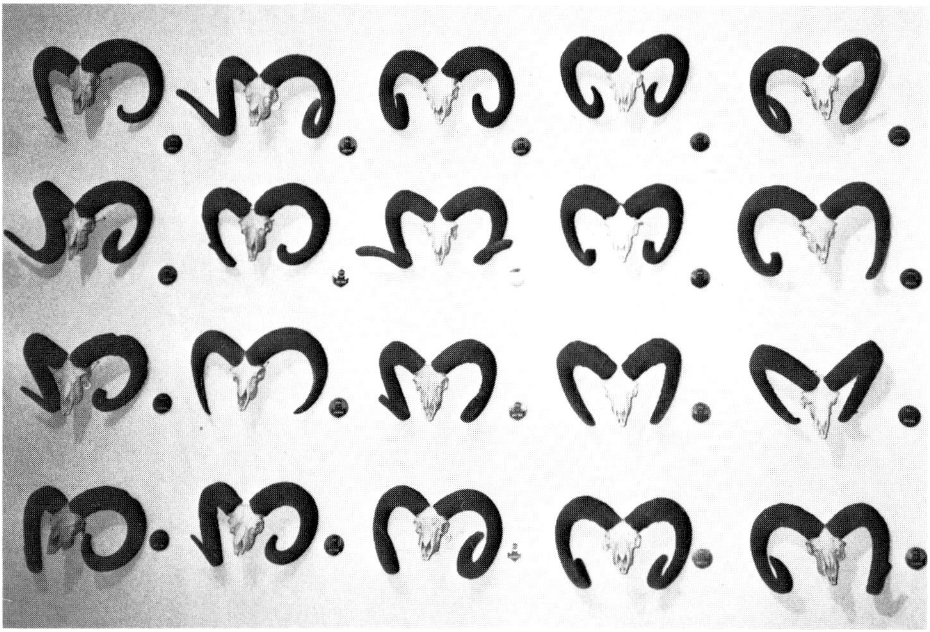

Abb. 96. Jagdausstellungen geben Gelegenheit, den großen Formenreichtum der Widderschnecken zu studieren. Welt-Jagdausstellung 1981, Plovdiv (Bulgarien), ČSSR-Pavillon

Für die Bewertung sind die folgenden Grundlagen maßgebend: Schneckenlänge, Schnekkenumfang, Auslage, Farbe, Rillung und Drehung.

Die *Schneckenlänge* wird vom Rande der Basis bis zur Spitze auf dem äußersten Bogen der Schläuche entlang mit fest angedrücktem Meßband für beide Schläuche links und rechts gemessen und in Zentimetern angegeben:

(Schlauchlänge – rechts + Schlauchlänge – links): 2 = Punktzahl für Schneckenlänge

Der *Schneckenumfang* wird an den stärksten Stellen im 1., 2. und 3. Drittel der Schlauchlänge gemessen (Madrid). Zu diesem Zwecke markiert man sich am besten mit Kreide drei gleichlange Teile auf dem äußeren Rand der Schnecke, was bereits bei der Längenmessung vollzogen werden kann. Wenn nur eine Messung am Maximalumfang durchgeführt wird (Prag), ist mit dem festumgelegten Stahlmeßband zu prüfen, an welcher Stelle sich der größte Umfang befindet. Dabei ist zu beachten, daß bei älteren Widdern (etwa über acht Jahre) der Umfang der Schläuche an der Basis nicht mehr am größten ist.

Nach der Madrider Formel:

(Umfang 1. Drittel rechts + Umfang 1. Drittel links) : 2 = Punktzahl
(Umfang 2. Drittel rechts + Umfang 2. Drittel links) : 2 = Punktzahl
(Umfang 3. Drittel rechts + Umfang 3. Drittel links) : 2 = Punktzahl

Umfang = Gesamt-Punktzahl

Nach der Prager Formel:

(Maximalumfang rechts + Maximalumfang links) : 2 × 3 = Punktzahl für Umfang

Die Auslage wird durch die Messung des größten Abstandes der Außenflächen der Schläuche mit der Kluppe ermittelt, gegebenenfalls bilden die Spitzen der Schläuche die weiteste Entfernung.

Jeder Zentimeter = 1 Punkt

Die Farbe wird folgendermaßen beurteilt:

Ausgebleicht oder künstlich gefärbt	= 0	
hell	= 1	Punkte
mittelbraun	= 2	
schwarzbraun bis schwarz	= 3	

Die Rillung wird bewertet:

grob gerillt	= 1	
mittelmäßig gerillt	= 2	Punkte
fein gerillt	= 3	

Für die *Drehung* der Schläuche werden 0 bis 5 Punkte Zuschläge erteilt. Bewertet werden soll die Drehung der Schläuche um ihre Längsachse. Als Bewertungskriterium kann der Kreisbogendurchmesser senkrecht zur Schädelachse an den Außenkanten beiderseits gemessen und gemittelt herangezogen werden, wobei bis 20,9 cm sich 0 Punkte ergeben, von 21 bis 21,9 cm 1 Punkt, 22 bis 23,9 cm 2 Punkte, 24 bis 26,9 cm 3 Punkte, 27 bis 29,9 cm 4 Punkte und über 30 cm 5 Punkte.

Abzüge können für unregelmäßige, unsymmetrische oder besonders häßlich geformte Trophäen – auch für einwachsende Schlauchspitzen – mit 0 bis 5 Fehlerpunkten in Ansatz gebracht werden.

Man muß auch wissen, daß sich die „Schönheitsbewertung“ und die „Fehlerbewertung“ stets ergänzen. Mit anderen Worten, es sollen *nicht gegebene* Schönheitspunkte nicht noch einmal durch Fehlerpunkte ausgedrückt werden. Bei der Bewertung einer größeren Anzahl von Trophäen kann man die absolute Bewertung der einzelnen Trophäen in Beziehung setzen. Man kommt dann zu einer allerdings sehr fragwürdigen *relativen Bewertung,* die aber bei einer gerechten Beurteilung der Schönheits- und Fehlerpunkte von vielen Schnecken durchaus eine gewisse Bedeutung hat.

Das Formblatt auf Seite 182 veranschaulicht die Bewertung der Wildschnecken im einzelnen. Würde man in dem Beispiel nach der Madrider Formel die Bewertung der Drehung außer acht lassen und der Widdertrophäe nach einem geschätzten Alter von sechs Jahren noch einen *Alterspunkt* zuerkennen, so errechnet sich eine Wertziffer von 166,1 Punkten.

Die Betrachtungen über Trophäen des Muffelwildes sollen nicht abgeschlossen werden ohne Hinweis auf den ethischen Wert der Jagd und auf die Gefahren, die der Pflege echten Waidwerks drohen. Nach der Erläuterung der Methoden der Vermessung der Schnecken mit den Ergebnissen der Wertziffern könnte der Eindruck zurückbleiben, daß solche Dinge mehr den „Punktjäger“ angehen und das Primat der Jagd womöglich das Streben nach Rekorden ist. Eine derartige Einstellung wäre verwerflich und Entwicklungen in dieser Richtung könnten gefährlich sein. Der persönliche Geschmack bei der Betrachtung und auch bei der Beurteilung einer Muffelschnecke spielt immer eine wesentliche Rolle. Die von Hobby, Sport oder Sentimentalität beeinflußten Jäger aller Länder werden eine Trophäe mit ganz verschiedenen Augen ansehen. Deshalb kann auf einer Ausstellung von Trophäen nur der äußere Wert der Einzelstücke beurteilt werden.

Formblatt mit Beispielen für die Bewertung der Muffelwidderschnecken

Lfd. Nr.	Messung Bewertung	Maße cm	Summe	Mittel cm	Faktor	Punkte
			Prager Formel			
1	Länge der Schläuche	r 61,8 l 62,6	124,4	62,2	1	62,2
2	Umfang der Schläuche	r 21,8 l 22,4	44,2	22,1	3	66,3
3	Auslage	40,5			1	40,5
4	Farbe (bis 3)					2,0
5	Rillung (bis 3)					3,0
6	Drehung (bis 5)					3,0
	Summe 1 bis 6					177,0
7	Abzüge (bis 5)					
					Wertziffer	177,0
			Madrider Formel			
1	Länge der Schläuche	r 61,8 l 62,6	124,4	62,2	1	62,2
2	Umfang der Schläuche unten	r 21,8 l 22,4	44,2	22,1	1	22,1
3	Umfang der Schläuche im 2. Drittel	r 19,8 l 19,4	39,2	19,6	1	19,6
4	Umfang der Schläuche im 3. Drittel	r 15,8 l 15,6	31,4	15,7	1	15,7
5	Auslage	40,5			1	40,5
6	Zuschläge für Schönheit				Anrechnung	
	Farbe braun				0–3	2
	Rillung dicht				0–3	3
	Drehung gut				0–5	3
	Summe 1 bis 6					168,1
7	Abzüge				0–5	
					Wertziffer	168,1

Der innere Wert, der subjektive Kontakt und die ganz persönliche Verbundenheit, die der *Erleger* zu seiner Trophäe hat, kann nur er bemessen. Der echte Jäger will die Erinnerung an das in hartem Einsatz erkämpfte Beutestück behalten. Er möchte das Erlebnis im Revier, die Beobachtung des Wildes, die Achtung vor dem freilebenden Tier mit maßvoller Einschätzung der eigenen Überlegenheit und manche individuellen sittlichen Gefühle jedenfalls höher bewerten als das Töten, um Rekordtrophäen in Besitz zu bekommen. Deshalb sollen wir uns auch von einer *Überbewertung von Trophäen abwenden* und danach streben, mehr Dankbarkeit dem Erlebnis zu widmen und mit mehr Aufrichtigkeit dem Waidwerk in seiner überlieferten, edlen Bedeutung zu huldigen.

Die junge Generation unserer Jägerei muß rechtzeitig dazu erzogen werden, die Gefahren zu erkennen, die dem Waidwerk durch die mannigfaltigen Wirkungen unserer hochentwickelten technischen Einrichtungen drohen und immer mehr drohen werden. Unsere Jugend hat hier eine schwierige, aber außerordentlich wichtige Aufgabe zu erfüllen. Deshalb müssen die älteren Jäger sich ihrer Verpflichtung bewußt sein, dem jüngeren Jäger in beispielhafter jagdlicher Gesinnung vorzuleben. Nur hierdurch können sich die Jäger des Vorrechts, die Jagd auch in einem übervölkerten Raum ausüben zu dürfen, würdig erweisen.

Punktbewertung einer Rekordtrophäe

In Karadjordjevo, Jugoslawien, wurde 1979 ein Muffelwidder mit einer besonders stark divergierenden und pervertierenden Schnecke erlegt, die bei der Internationalen Jagdausstellung in Zagreb (1981) aufgrund der derzeit geltenden CIC-Richtlinien mit 242,15 IP bewertet wurde. Diese Trophäe erlangte aus den Abmessungen die folgende Punktbewertung:

No	Angaben		Maße cm	Mittel cm	Faktor	Punkte
I. 1	Länge der Schläuche					
		links	93,7			
		rechts	94,6	94,15	1	94,15
2	Umfang der Schläuche					
	1. Drittel	links	22,9			
		rechts	23,5	23,20	1	23,20
3	Umfang der Schläuche					
	2. Drittel	links	22,6			
		rechts	22,3	22,45	1	22,45
4	Umfang der Schläuche					
	3. Drittel	links	18,5			
		rechts	18,8	18,65	1	18,65
5	Auslage		75,2		1	75,20
	Zwischensumme					233,65
II.	Zuschläge (Schönheit)					
	a Farbe			2,50	1	2,50
	b Rillung			2,00	1	2,00
	c Drehung			4,00	1	4,00
	Summe I, 1–5 und II, a–c					242,15
III.	Abzüge (Fehler)			0,00	1	0,00
	Wertziffer (Punkte insgesamt)					242,15

Name des Erlegers: Josip Broz Tito
Ort und Datum der Erlegung: Karadjordjevo, Jugoslawien, 3. 12. 1979

Brauchtum

Die zünftige Behandlung der Trophäe, wie wir sie von verschiedenen Blickpunkten her betrachteten, gehört bereits zum echten Brauchtum der Jäger. Wir haben auch erfahren, daß die Jagdgesetzgebung sich bemüht, feste Regeln für die Rechte und Pflichten der Jäger im Sinne einer deutschen Waidgerechtigkeit zu geben. Diese Vorschriften vermögen jedoch nicht, genügend Einfluß auf die *Gesinnung des Jägers* zu nehmen. Aus uralten Erfahrungen und bewährten Traditionen haben sich bestimmte jagdliche Gebräuche und Sitten gebildet, die für gute Jäger nicht nur als eine Ergänzung der Gesetze gelten, sondern als eine unerläßliche Bedingung angesehen werden, der sich die Jägerei zu unterwerfen hat. Damit ist auch das jagdliche Brauchtum zum wesentlichen Bestandteil des deutschen Waidwerks geworden. Während früher die Jäger vorwiegend Erbeuter des Wildes waren, in oft rücksichtsloser Form oder mit Auswüchsen in der Zeit des

Feudalismus, ist heute in der Jagdausübung eine grundlegende Wandlung eingetreten. Alle jagdlichen Handlungen sind auf die Achtung vor den Tieren als Geschöpfen dieser Erde ausgerichtet. „Kraft und Reinheit der Seele, Liebe zur Erde und Ehrfurcht vor Gott sind" – wie es GÜNTHER SCHWAB ausgedrückt hat – „die Forderungen, die das Waidwerk an die hat, die es ausüben."

Ein wichtiger Bestandteil des Brauchtums ist die *Jägersprache.* Es ist nicht nur der mystische Glaube an die Zauberkraft des gesprochenen Wortes, die einer Zunftsprache eigen sein kann, sondern es ist die Sprache der Jäger, die sich von altersher entwickelt hat und von der üblichen Umgangssprache auch deshalb abweicht, weil die Jägerei etwas Besonderes für sich hat, dem Wilde gewisse Ehrenbezeugungen zuteil werden lassen will oder an der Sprache in jagdlichen Dingen sofort den Waidmann oder Nichtwaidmann erkennen kann.

Auch für das Muffelwild als Hochwildart erwuchs das Bedürfnis nach einer speziellen Waidmannssprache, die sich bisher unmerklich in Anlehnung an die für andere Hochwildarten gegebenen Ausdrucksweisen entwickelte.

Wie ZEH, FREVERT (1981) u. a. Autoren bestätigen, werden Waidmannssprache und Brauchtum getragen von den zeitlichen Bedürfnissen und Anschauungen und von der Traditionstreue der Jäger. Sie sind also beide lebendig und entwickeln sich weiter ohne Zutun des einzelnen mit der fortdauernden Wandlung unserer gesamten Kultur und unserer herrschenden Einstellung zu den täglichen Dingen. In der ersten Publikation über das Muffelwild, die von einem glühenden Verehrer dieser damals neuen Wildart, TESDORPF (1910), niedergeschrieben wurde, waren Waidmannssprache und Brauchtum noch nicht eingeführt, so daß der Autor sich allgemein-populärer Ausdrucksweise bedienen mußte. Das ist aus der damaligen Stellung des Muffelwildes durchaus verständlich, die zu dieser Zeit (1910/11) noch gar nicht als „jagdbar" erklärt war. Dies wurde erst später, 1935, im deutschen Jagdgesetz nachgeholt, als die neue Wildart nach maßgeblicher Auffassung ihre Einbürgerungsfähigkeit und – Würdigkeit bewiesen hatte.

DAUSTER (1938) führt im Erinnerungswerk der Internationalen Jagdausstellung, Berlin 1937, erstmalig die bis dahin mehr oder weniger übliche Sprachweise als „Waidmannssprache" für das Muffelwild ein, die sich inzwischen allenthalben durchgesetzt hat. In das Gesetz wurde das Muffelwild als „Hochwildart" eingereiht. Dieser Tatsache hat sich die Jägersprache anzupassen. Wenn sich z. B. einige Stücke Muffelwild in Familien oder auch nur in vorübergehendem Zusammenhalt vereinigen, so sprechen wir nicht von einer „Herde" im Hinblick auf den besonders ausgeprägten Herdentrieb, auch nicht von einem „Sprung", im Vergleich mit den springenden Fortbewegungen oder der hervorragenden Sprungtüchtigkeit, sondern ebenso wie z. B. bei seinem nächsten Verwandten, dem Gams, vom „Rudel". Änderungsbedürftig wäre allerdings der bisherige Ausdruck „Schnecken", für die Widdertrophäe in „Schnecke", deren beide Hälften nunmehr als rechte und linke Schneckenhälfte, bzw. im Rahmen der Trophäenvermessung als rechter Schlauch oder linker Schlauch bezeichnet werden. Nachstehend sollen die eingeführten Ausdrücke der Waidmannssprache wiedergegeben werden, soweit sie von denen für das Rotwild abweichen.

Geschlechter und Altersklassen:

Lamm – Widderlamm – Schaflamm – Schmalwidder – Schmalschaf – Muffelschaf (auch Wildschaf) – Altschaf – führendes Schaf – Mutterschaf (nach dem Setzen) – Jungwidder –

Aus: Frevert, Das jagdliche Brauchtum

geringer Widder – jagdbarer Widder oder auch 1jähriger, 2jähriger, 3jähriger usw. Widder; dann guter, starker, kapitaler Widder.

Die Trophäe nennt man *Schnecke*. Die gehörnten Schafe haben *Stümpfe*. An den Flanken hat der Widder einen Sattelfleck, bzw. er trägt einen *Sattel* oder eine *Schabracke*. Ein Widder ohne Sattel wird oft auch „Schwarzer" genannt.

Von den Stimmäußerungen nennt man den Warnlaut *Pfeifen*, das Locken der Schafe und Lämmer *Meckern*, das Blöken der Schafe *Bähen*. Wenn ein Widder blöken sollte, so sagt man abfällig „Blöker", da ein Muffelwidder vom Originaltyp in unserer Vorstellung diese Eigenschaft normalerweise nicht hat.

Den Haarwechsel bezeichnet man mit *Verhären.* Das Bewegen der Kiefer und Lefzen beim Äsen und Wiederkauen nennt man *Muffeln.* Wenn der Widder brunftige Wittrung einatmet, dabei das Haupt aufrichtet und Äser und Oberlippe öffnet, spricht man, wie auch bei anderen Tieren von *Flehmen.*

Unter *Rammen* versteht man das Aufeinanderprallen der Schnecken zweier kämpfender oder scherzender Widder und das Anstoßen an Bäume (Rammstellen).

Den schönen Brauch, das Jagdhorn zu verwenden, sollte man auch bei der Jagd auf das edle Muffelwild nicht vergessen, zumal wir über ein besonders wirkungsvolles Signal „Muffel tot" verfügen.

Diese, von Carl Clewing gesetzte, melodische Strophe zur Ehrung des gestreckten Mufflons, kann sowohl im Ausdruck als auch im Tempo mit gewissen Steigerungen außerordentlich ansprechend geblasen werden. Sie gehört zu den schönsten Jagdsignalen, die wir überhaupt besitzen. Mögen viele Jäger mithelfen, das Jagdhornblasen bei jeder sich bietenden Gelegenheit zu pflegen – ebenso, wie es sich für jeden guten Jäger ziemt, die *Bruchzeichen* zu beherrschen und sie richtig anzuwenden.

Zum *Jägerlatein* gehört das Erzählen von fabelhaften Jagdabenteuern mit Schalk und Witz. An Märchen erinnernde Übertreibungen beim „Vorlügen" von Jagdgeschichten sollen Heiterkeit und einen gewissen Schwung in die Gemeinschaft der Jäger bringen. Dem jungen oder unerfahrenen Jäger einen „ordentlichen Bären aufzubinden", gehört zu den üblichen Bräuchen der Jäger zumeist beim „Schüsseltreiben" nach der Jagd. Ein ganz schlauer Jagdgast hatte sich eine lustige Entschuldigung ausgedacht, als er dem Jagdherrn einen 3jährigen, typischen 2a-Widder nach Hause brachte. „Sind Sie denn wahnsinnig geworden, einen unserer besten Zukunftswidder zu schießen", donnerte der Jagdherr. „Wieso", antwortete der Gast, „das ist ein ganz gemeiner Abschußwidder!" „Unmöglich, wie kommen Sie darauf!" Der Jagdgast, gar nicht verlegen: „Sie haben mir neulich noch erklärt, daß jeder Widder, der blökt, abgeschossen werden muß, weil er ein Bastard ist. Dieser Widder blökte aus vollem Halse, bitte, beweisen Sie mir das Gegenteil!" Wie so mancher Zukunftshirsch oder -bock, hatte dieser Widder jedenfalls seine Zukunft hinter sich!

Abb. 97. Trinkhorn aus dem Schlauch einer Schnecke gefertigt (Phot. Hortsch)

Eine geheimnisvolle Sache ist der *Jägerglaube,* er hat eine merkwürdige, nicht von jedem Nimrod zugegebene Bedeutung. Wie in Sagen, Fabeln und Märchen glauben Jäger an die Wirksamkeit dämonischer Kräfte, die angeblich helfen, jagdliche Erfolge zu haben. Die Vorstellungen sind zumeist recht kindlich, wenn z. B. ein alter, vergilbter Hut eher Waidmannsheil veranlassen soll als eine schicke, neue Kopfbedeckung. Natür-

Abb. 98. Waidgerecht gestreckter Widder (Phot. Klose)

lich soll auch stets nur eine *ungerade* Anzahl von Patronen mitgenommen werden, eine gerade Anzahl bewirkt Fehlschuß oder schlechten Anlauf... So hat der eine Jäger die, der andere jene „schlechte Erfahrung" gemacht, der er heimlich auszuweichen trachtet.

In fröhlicher Gemeinschaft nach der Jagd wird in manchen Kreisen – besonders wenn junges Volk beim Becher zusammensitzt – der *Jagdgesang* gepflegt. Sehr beliebt und zünftig sind hierbei auch die Rundgesänge mit dem *Trinkhorn.* Ein Hornschlauch der Schnecke eines Muffelwidders eignet sich übrigens besonders gut zur Fertigung eines Trinkhorns. Ich habe mir selbst ein solches hergestellt und fand insofern Zustimmung damit, als für Autofahrer-Jäger die zu bewältigenden Alkoholquantitäten aus einem Muffelhorn geringer sind als aus einem Auer- oder Wisenthorn.

Unser Altvater der Muffeljäger Tesdorpf hat vor 75 Jahren keine Ahnung davon gehabt, welchen Beitrag er zur Respektierung der „Promille-Grenze" geleistet hat, als er das Muffelwild auf dem nordeuropäischen Festland einführte.

Sinnloses Saufen war noch niemals der Förderung jagdlichen Brauchtums dienlich. Dafür kann aber ein genußreiches Jagdgericht der Stimmung einer Jagdgesellschaft zu manchem Höhepunkt verhelfen; hier sollte man sich etwas einfallen lassen. Und dann, worauf es letztlich ankommt:

Die Erzählung der jagdlichen Erlebnisse, die Erinnerungen an den gemeinsam verbrachten Jagdtag und die Empfindungen beim Betrachten des erlegten Widders – oder wenn eine gerecht gelegte Strecke unter Fackelschein feierlich verblasen wird, sollen die Jagd nicht im Lichte des Totschießens erscheinen lassen, sondern als Waidwerk in einer ethisch bestimmten Achtung vor der Kreatur.

Anhang

Weltrangliste der Muffelwiddertrophäen

lfd. No	Erleger	Land	Erlg. Jahr	CIC Punkte	Bewertungs- ort	jahr
1	J. B. Tito	Yu	1979	242,15	Zg	1981
2	F. Šrámek	ČSSR	1974	240,65	ČB	1976
3	A. Podolský	ČSSR	1957	236,95	F	1960
4	J. Hudak	ČSSR	1970	236,15	Bu	1971
5	H. Sieberz	ČSSR	1967	233,90	Bu	1971
6	V. Marvan	ČSSR	1979	233,80	N	1980
7	F. Šrámek	ČSSR	1975	232,40	ČB	1976
8	J. B. Tito	Yu	1977	232,25	Buc	1978
9	Vercelli	ČSSR	1971	232,10	To	1972
10	A. Novák	ČSSR	1979	230,20	N	1980
11	E. Zasměta	ČSSR	1977	229,95	Pv	1981
12	J. Čerbický	ČSSR	1978	229,80	Pv	1981
13	M. György	ČSSR	1973	229,20	ČB	1976
14	G. Středa	ČSSR	1973	229,00	ČB	1976
15	G. Ruaro	Yu	1977	228,55	Buc	1978
16	E. Weller	DDR	1979	228,15	N	1980
17	H. Möller	DDR	1975	227,70	Pv	1981
18	J. Šroler	ČSSR	1970	227,50	Bu	1971
19	V. Roubik	ČSSR	1979	227,50	N	1980
20	F. Havliček	ČSSR	1977	227,35	N	1980
21	J. B. Tito	Yu	1975	227,10	Buc	1978
22	J. Hajek	ČSSR	1962	226,75	F	1964
23	H. Konias	ČSSR	1938	226,70	Bu	1971
24	R. Suchy	ČSSR	1980	226,50	Pv	1981
25	A. Pulpán	ČSSR	1974	226,30	ČB	1976
26	M. Portiš	ČSSR	1967	226,00	Bu	1971
27	J. Jindra	ČSSR	1970	225,90	Bu	1971
28	Z. Hofman	ČSSR	1980	225,60	N	1980
29	W. Lenhert	ČSSR	1970	225,30	Bu	1971
30	I. Krajačić	Yu	1966	225,20	Buc	1978
31	F. Bureš	ČSSR	1979	225,20	N	1980
32	M. Valeš	ČSSR	1964	224,95	NS	1967
33	J. Bejšak	ČSSR	1977	224,40	N	1980
34	O. Ťulpik	ČSSR	1967	224,05	Bu	1971
35	L. Hruzik	ČSSR	1975	223,75	ČB	1976
36	K. Kasala	ČSSR	1961	223,70	F	1964
37	J. B. Tito	Yu	1972	223,70	Buc	1978
38	F. Conrad	BRD	1970	223,55	Bu	1971
39	P. Hauschild	DDR	1975	223,45	Pv	1981
40	M. Roig	Fr	1974	223,30	Ms	1977
41	J. Raichart	ČSSR	1977	223,30	N	1980
42	H. Erdögazdasag	H	1980	223,15	Pv	1981
43	K. Balabán	ČSSR	1963	223,05	NS	1967
44	V. Novotny	ČSSR	1976	223,05	ČB	1976
45	J. Jung	ČSSR	1978	222,95	PV	1981
46	J. Egrt	ČSSR	1963	222,70	F	1964
47	Z. Maňásek	ČSSR	1978	222,70	N	1980
48	J. Izak	ČSSR	1979	222,65	N	1980
49	G. Schneider	DDR	1975	222,65	Pv	1981
50	T. Sivkov	Bl	1979	222,45	Pv	1981

B = Berlin, Bu = Budapest, Buc = Bukarest, ČB = Česke Budéjovice, F = Florenz, Ms = Marseille, N = Nitra, NS = Novi Sad, Pv = Plovdiv, To = Turin, Zg = Zagreb

Weltrangliste der Muffelwiddertrophäen nach Ländern

Land	Erlegungsjahr	Bewertungsort	Bewertungsjahr	CIC Punkte
Jugoslawien	1979	Zg	1981	242,15
ČSSR	1974	ČB	1976	240,65
DDR	1979	N	1980	228,15
Bundesrepublik Deutschland	1970	Bu	1971	223,55
Frankreich	1974	Ms	1977	223,30
Ungarn	1980	Pv	1981	223,15
Bulgarien	1979	Pv	1981	222,45
Italien	1930	B	1937	222,10[1]
Österreich	1980	Pv	1981	218,60
Belgien	1970	Bu	1971	217,90
Spanien	1974	Ms	1977	205,08
Rumänien	1974	Buc	1978	199,20

[1] Nach der Prager-Formel in Berlin bewertet mit 229,1 IP.

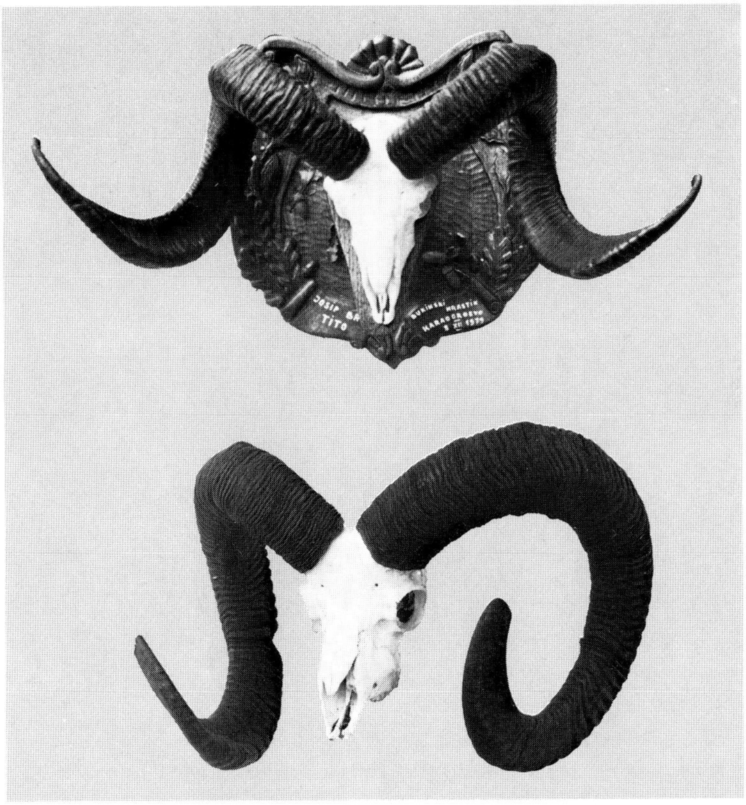

Abb. 99. Oben: Weltrekord-Widder mit 242,15 IP, erlegt 1979 in Karadjordjevo von Josip Broz Tito. *Unten:* Rekord-Widder mit 240,65 IP aus Zamberk-Zajeciny, ČSSR, erlegt 1974

Entwurf der Satzung einer Muffelwildhegegemeinschaft

Muffelwildhegegemeinschaft Weserbergland

I

Das Muffelwild im Raume des Weserberglandes soll so behandelt werden, daß ein Bestand herbeigeführt und erhalten wird, der sowohl den Erfordernissen der Landeskultur Rechnung trägt als auch einer einheitlichen, planmäßigen Bewirtschaftung nach waidmännischen Gesichtspunkten unterliegt.

II

Um diese Ziele gemeinschaftlich zu erreichen, wird auf freiwilliger Grundlage eine

Muffelwildhegegemeinschaft Weserbergland

gebildet. Hieran sind beteiligt:

1. die Eigenjagdbezirke
2. die Staatsforstämter
3. die gemeinschaftlichen Jagdbezirke

III

Die Mitglieder der Muffelwildhegegemeinschaft sind sich darüber einig, daß die erstrebten Ziele nur erreicht werden können, wenn:

1. beim Muffelwild die zulässige Wilddichte sowie ein angemessenes Geschlechter- und Altersklassenverhältnis herbeigeführt und erhalten wird,
2. der Muffelwildbestand durch sachgemäße *Zählungen* ermittelt oder wahrheitsgetreu angegeben wird,
3. der Muffelwildabschuß nach gemeinsam erarbeiteten *Richtlinien* im Rahmen der jagdgesetzlichen Bestimmungen durchgeführt wird. Die Abschußplanung und -verteilung soll Sache der Muffelwildhegegemeinschaft sein und im Einvernehmen mit dem zuständigen Kreisjägermeister festgesetzt werden. Es wird empfohlen, mit den Jagdnachbarn Wildfolgevereinbarungen schriftlich zu treffen,
4. die Jagdausübung in *waidgerechter Weise,* Nachsuchen sorgfältig und grundsätzlich mit guten Hunden vollzogen und das jagdliche Brauchtum gepflegt werden,
5. die Beteiligten sich verpflichten, sämtliche von ihnen und ihren Gästen erbeuteten und gegebenenfalls gefundenen Schnecken sowie gegebenenfalls auch Fotos in gemeinsamen *Trophäen-Schauen* vorzuzeigen.

IV

Die Leitung der Muffelwildhegegemeinschaft besteht aus

1. dem Vorsitzenden
2. dem stellvertretenden Vorsitzenden
3. dem Geschäftsführer
4. einem Beirat von fünf Mitgliedern.

V

Im März eines jeden Jahres soll eine Mitgliederversammlung der Hegegemeinschaft stattfinden, auf der

1. die letztjährig erbeuteten Trophäen in einer Schau gezeigt werden,
2. der Abschuß für das neue Jagdjahr festgesetzt wird und
3. Maßnahmen erörtert und beschlossen werden, die zur Erreichung der Ziele des Hegerings notwendig sind.

VI

Zur Deckung der Unkosten bestimmt die Mitgliederversammlung nach den gegebenen Erfordernissen eine Umlage.

VII

Die Mitglieder der Muffelwildhegegemeinschaft verpflichten sich, die Abschußrichtlinien einzuhalten, den jährlich festgesetzten Abschuß anzuerkennen und sich Strafen zu unterwerfen, die von der Versammlung im Falle von groben Verstößen beschlossen werden.

VIII

Da es sich bei der Muffelwildhegegemeinschaft nicht um einen Verein oder eine Gesellschaft im Sinne des BGB, sondern lediglich um einen losen Zusammenschluß handelt, kann eine Haftung der Beteiligten aus irgendeinem Anlaß nicht hergeleitet werden.

Literatur

ANONYMUS, 1874: Das europäische Wildschaf. Jagdzeitung, Nr. 23, Wien.

ÁDÁMFI, T., 1969: Néhány a muflonrol (Einiges über das Mufflon). Nimrod 1, Budapest.

ALTMANN, D., 1970: Ethologische Studie an Mufflons. Der Zoologische Garten, Bd. 39, S. 297.

AMON, R., 1929: Einbürgerung des Muffelwildes in Österreich. Wiener Allg. Forst- u. Jagdztg., Nr. 58/50.

– 1960: Faunenfälschung. Der Anblick 2.

BAKKAY-KOZMA-SZÜCS, 1971: Trophäenkatalog der Weltjagdausstellung, Budapest.

BÁN-FODOR-IZRAEL, 1973: Nagyvodgazdálkodás muflon (Die Bewertung der Mufflonschnecke und deren Wachstumsnormen). A vadgazdálkodás fejlesztese 8, Budapest.

BENDOVA, E., 1979: Kraniometrie des Muffelwildes und Wachstumspause bei Muffelschnecken. Symposium des CIC, Prag.

BECHMANN, G., 1980: Moderhinke-Infektion beim Muffelwild. Tierärztl. Praxis, S. 443.

BERG, F. G. v., 1979: Zähltreiben zum Erfassen von Wilddichten. Allg. Forstz. Nr. 44/45.

BIEGER, W., 1942: Handbuch der Deutschen Jagd. Berlin: Paul Parey.

BIEGER, W.; NÜSSLEIN, F., 1977: Die Bewertung der europäischen Jagdtrophäen. Hamburg und Berlin: Paul Parey.

BLAUPOT TEN CATE, S. J., 1971: Muffelwildbestände in Österreich und Deutschland. Ein Reisebericht. Eigenverlag.

BLEICHERT, H. v., 1963: Anlage und Unterhaltung von Dauergrünlandäsungsflächen im Walde. Allg. Forstz. Nr. 24–25.

BÖSENER, R., 1958: Untersuchungen über die Ernährungsweise des Muffelwildes. Arch. f. Forstwesen, S. 874.

BOHLKEN, H., 1961: Haustiere und Zoologische Systematik. Z. Tierz. u. Züchtungsbiologie, Bd. 76, S. 107–113.

BOULE ET VILLENEUVE, 1927: La grotte de l'observatoire à Monaco (Die Besichtigungshöhle von Monaco). Arch. Paleont. hum. mem. 1

BRAUNSCHWEIG, A. v., 1961: Magenwurmtherapie beim Muffelwild. Z. Jagdwiss., Bd. 7, S. 172.

– 1962: Beitrag über das Auswachsen der Schalen beim Wild. Z. Jagdwiss., Bd. 8, S. 19.

BUBENIK, A. B., 1959: Grundlagen der Tierernährung. Dt. Bauernverl. Berlin, N 4.

BURGER, H., 1973: Fangmethoden beim Wild, VII. Intern. Sympos. ÖWG. Wien: Eigenverlag.

CARSON, R. L., 1963: Der stumme Frühling. München: Biederstein.

DAUSTER, K. H., 1938/39: Die Verbreitung des Muffelwildes in Deutschland. Jahrbuch der Dt. Jägerschaft.

– 1938: Das Muffelwild. Waidwerk der Welt. Berlin: Paul Parey.

– 1955: Das Muffelwild. Jagd und Hege in aller Welt. Düsseldorf: H. Kölzig.

– 1963: Das Muffelwild. Das Waidwerk in Deutschland. Hamburg und Berlin: Paul Parey.

DIECKERT, H., 1979: Über das Muffelwild im Solling. Niedersächsischer Jäger, Nr. 16.

EISFELD, D; ELLENBERG, H., 1974: Die Körpergröße des Rehes als Bioindikator. Verh. Gesellsch. f. Ökologie, Erlangen.

FORGACH, C., 1875: Noch ein Wort über den Mufflon. Jagdzeitung, Nr. 2, Wien.

FREVERT, W; TÜRCKE, F., 1981: Das Jagdliche Brauchtum. Hamburg und Berlin: Paul Parey.

GOSSOW, H., 1976: Tragfähigkeitskriterien und Schalenwildregulierung. Forstarchiv. Hannover: Schaper.

GROMOV, V., 1936: Über Kraniologie und Geschichte der Gattung *Ovis*. Duerst Festschrift, Moskau.

HABERLAND, K. H., 1929: Vom Muffelwild in der Göhrde, Dt. Jägerzeitung, S. 39.

HABERMEHL, K. H., 1961: Altersbestimmung bei Haustieren, Pelztieren und beim jagdbaren Wild. Hamburg und Berlin: Paul Parey.

HALTENORTH, TH.; TRENSE, W., 1956: Das Großwild der Erde und seine Trophäen. München: BLV.

HALTENORTH, TH., 1963: Die Klassifikation der Säugetiere. Handb. der Zoologie Bd. 8, S. 127. W. d. Gruyter.

Hatlapa, H. H.; Reuss, H., 1974: Wild in Gehegen. Hamburg und Berlin: Paul Parey.
Hatlapa, H. H.; Wiesner, H., 1982: Praxis der Wildtierimmobilisierung. Hamburg und Berlin: Paul Parey.
Heck, L., 1931: Über die Einbürgerung des Muffelwildes in Deutschland. Sitzungsber. d. Ges. d. Naturfreunde, Berlin, S. 257.
– 1968: Waidwerk mit bunter Strecke. Hamburg und Berlin: Paul Parey.
Hennig, R., 1962: Die Abschußplanung beim Schalenwild. München: BLV.
Hepner, W.; Nasimowitsch, A.; Banikow, A., 1961: Die Säugetiere der Sowjetunion. Moskau.
Herre, W.; Kesper, K. D., 1953: Zur Verbreitungsgeschichte von *Ovis ammon* in Europa. Zoolog. Anzeiger, S. 204.
Hewicker, H. A., 1970: Zum Auswachsen der Schalen beim Muffelwild, Dipl., Hann. Münden.
Hoffmann, H., 1928: Über die Zusammensetzung von Rotwildbeständen und deren graphische Darstellung, Wild u. Hund, Nr. 16–18.
Hof- und Staatsarchiv Wien, 1569: Lit. J. fasc. 4. Neugebäude.
Huttel, H., 1936: In der Heimat des Muffelwildes, Wild u. Hund, S. 539.
– 1957: Der Korsische Widder. Berlin: Safari-Verlag.
Keltsch, A., 1927: Messungen und Vererbungsstudien an Schädeln und Hörnern von Mufflonschafen und ihren Kreuzungsprodukten. Diss., Halle.
Kesper, K. D., 1953: Phylogen. u. entwicklungsgesch. Studien an den Gattungen Capra und Ovis. Diss., Kiel.
Kniewallner, K., 1977: Wildpretgewinnung und Wildpretverarbeitung. XI. Intern. Symposium ÖWGV. Wien: Eigenverlag.
Kullmann, W., 1979: Telinjekt. Ludwigshafen: Eigenverlag.
Lauvergne, J. J., 1977: Hybridation entre un Mouflon de Corse (Kreuzung korsischer Mufflons). Geńet, amin. 9, 2, S. 151.
Lindner, K., 1978: Jagd, Verteidigung einer Definition. Bonn: Habelt-Verlag.
Lochman, J., 1979: Mufloni zver (Das Muffelwild). Prag.
Markl, H., 1980: Ökologische Krisen – eine biologische Herausforderung. F. A. Z., Nr. 298.
Massoli-Novelli, R., 1976: Attuale distribuzione del cervo sardo e del muflone sardo in Sardegna (Die derzeitige Verbreitung des sardischen Hirsches und sardischen Mufflon in Sardinien). Laboratorio Zoologia, Bologna.
Matthäi, H. J., 1954: In der Heimat des Muffelwildes. Die Pirsch, S. 591.
Matrai, G., 1980: A muflon és vadászata (Der Mufflon und seine Bejagung). Budapest.
Mottl, St., 1960: Mufloni zver (Das Muffelwild). Prag.
– 1960: Einige Kenntnisse über die Postnatalentwicklung des Muffelwildes. Z. Jagdwiss., Bd. 6, S. 88.
Neumann, A., 1973: Erfahrungen bei der Einbürgerung von Muffelwild im Wildforschungsgebiet Hohenbuckow. Jagdinfo. Nr. 3.
Niethammer, G., 1963: Die Einbürgerung von Säugetieren und Vögeln in Europa. Hamburg und Berlin: Paul Parey.
Nüsslein, F., 1964: Jagdbetriebliche Folgerungen aus dem Verhältnis zwischen der Größe der Jagdbezirke und dem Wohnraum einiger jagdbarer Tiere. Z. Jagdwiss., Bd. 10, S. 2.
– 1980: Jagdkunde. München: BLV.
Onderscheka, K., 1980: Sind Wilddichte und Biotopbelastung identisch? Tagung Wald u. Wild. Wien: Eigenverlag.
Oppermann, L., 1946: Lehrbuch der Krankheiten des Schafes. Hannover: Schaper.
Perko, F., 1979: Der Mufflon auf Sardinien und in Italien. Symposium, CIC, Prag.
Pfeffer, P., 1967: Le mouflon de Corse Position Systematique, ecologie et ethologie comparees. Mamalia, Paris.
Prossinagg, H., 1979: Lainzer Muffelwild. Wild und Hund, S. 185.
Rieck, W., 1954: Die Bestände des Muffelwildes im Bundesgebiet. Säugetierkundl. Mitt., S. 54.
– 1963: Muffelwildeinbürgerung im Kauffunger Wald. Z. Jagdwiss., Bd. 9, S. 14.
Rock, A., 1941: Das Ansprechen der Muffelschnecken hinsichtlich der Abschußnotwendigkeit. Dt. Jagd (Mai-Nr.).
– 1942: Das Ansprechen lebenden Muffelwildes nach dem Alter. Zeitschr. f. Jagdkunde, Bd. IV, 3, 4.
Sabados, K., 1966: Potrovná ekológia a regulácia populácií muflónej zveri na slovensku (Die Muffelwildzucht in der Slowakei). Pol. ovnicke studie, Zvolen.
Schmidt, V., 1935: Das Muffelwild. Stettin: Verlag Neumann-Neudamm.

Schmincke, S., 1958/1959: Beiträge zur Muffelwildfrage. Dt. Jägerzeitung, S. 322; 352.
Schmitt, J.; Ulbrich, F., 1968: Die Chromosomen verschiedener Caprini Simpson. Z. Säugetierkunde, Bd. 33, S. 180.
Schnarrendorf, O., 1908: Mufflon-Jagd auf Sardinien. Dt. Jägerzeitung, S. 549.
Silvestri, A.; 1975: Il Muflone sardo (Der sardische Mufflon). Editrice Forum, Sardinien.
Stahlecker, E., 1920: Der Mufflon. Die Hohe Jagd. Berlin: Paul Parey.
Stubbe, Ch., 1975: Biotop, Zuwachs, Tagesrhythmus, Rudelbildung und sonst. Verhalten des Muffelwildes. Beiträge z. Jagd- u. Wildforschung, IX, S. 165.
Stubbe, M., 1970: Kraniologische Untersuchungen am Harzer Muffelwild. Beiträge z. Jagd- und Wildforschung, VII, S. 143.
Szunyoghy, J., 1949: Kritische Bemerkungen zur Beschreibung des *Ovis musimon sinesella* Turcek. Säugetierkundliche Mitteilungen, S. 6.
Tänzer, E.; Spöttel, W., 1922: Das Zackelschaf unter besonderer Berücksichtigung der Zuchten des Landw. Instituts der Univ. Halle/S. f. Abstammungslehre und Vererbungslehre.
Tesdorpf, O. L., 1910: Einbürgerung des Muffelwildes auf dem europäischen Festlande. Stettin: Verlag Neumann-Neudamm.
– 1922: Das Muffelwild, Lebensbilder aus der Tierwelt Europas. Verlag Voigtländer.
Thenius, E., 1972: Grundzüge der Verbreitungsgeschichte der Säugetiere. Jena.
Tomiczek, H., 1964: Wildgatter und Tiergärten. Jagd in Österreich. Wien: Verlag Fürlinger.
– 1979: Muffelwild in Österreich. Der Anblick.
– 1979: Rammverletzungen bei Muffelwiddern. Wild und Hund, S. 672.
Trense, W.; Hettier de Boislambert, A.-J.; Whitehead, G. K., 1981: Die Jagdtrophäen der Welt. Hamburg und Berlin: Paul Parey.
Tschudi, L., 1878: Muffelwild. Winkell's Handbuch. Brockhaus.
Turcek, F., 1956: Über den Mufflon, *O. musimon*, in der Slowakei. Säugetierkundliche Mitteilungen, S. 167.
Türcke, F., 1970: Mittel gegen Wildschäden und ihre Anwendung. München: Verlag F. C. Mayer.
Ueckermann, E., 1957: Wildstandsbewirtschaftung und Wildschadenverhütung. Neuwied: Euting Verlag.
– 1971: Die Fütterung des Schalenwildes. Hamburg und Berlin: Paul Parey.
– 1980: Hinweise zum Muffelwildabschuß im Lande Nordrhein-Westfalen. Düsseldorf.
– 1981: Die Wildschadenverhütung in Wald und Feld. Hamburg und Berlin: Paul Parey.
Uloth, W., 1963: Zur Frage der Mischblütigkeit beim Muffelwild. Z. Jagdwiss., Bd. 9, S. 112.
– 1976: Das Muffelwild. Neue Brehm-Bücherei, Wittenberg.
Vlotho, W., 1956: Muffelwidder in einer Schafherde. Wild und Hund, S. 531.
Voronzov, N., 1972: Zytogenetische Differenzierung und Artgrenzen bei den rezenten paläarktischen Schafen. Zool. Jahrb. Moskau.
Wagenknecht, E.; Neumann, A., 1964: Die Neubegründung von Muffelwildbeständen. Unsere Jagd, S. 266.
Wetzel, R; Rieck, W., 1972: Krankheiten des Wildes. Hamburg und Berlin: Paul Parey.
Wiesner, H., 1978: Tiermedizin und Fütterung. Frankfurt/Main: Verlag Buchner.
Witt, H., 1980: Beiträge zur Biologie des Muffelwildes. Diss., Kiel.
Wuttky, K., 1963: Der Verlauf der Einbürgerung des Muffelwildes im Ostharz. Tagungsber. d. Arb. Gem. f. Jagd- und Wildforschung, S. 23.
Zalkin, W., 1951: Die Bergschafe Europas und Asiens. Moskau.

Sachregister